丰碑 永立天地间

烈士纪念设施保护单位的建设与管理

吴晓霞 著

江苏大学出版社
JIANGSU UNIVERSITY PRESS
·镇江·

图书在版编目(CIP)数据

丰碑永立天地间：烈士纪念设施保护单位的建设与
管理 / 吴晓霞著. —镇江：江苏大学出版社，2015.7
ISBN 978-7-5684-0025-1

Ⅰ. ①丰… Ⅱ. ①吴… Ⅲ. ①烈士—纪念建筑—保护
—中国 Ⅳ. ①TU251②TU-87

中国版本图书馆 CIP 数据核字(2015)第 165328 号

丰碑永立天地间：烈士纪念设施保护单位的建设与管理
Fengbei Yongli Tiandijian

著　　者/吴晓霞
责任编辑/吴小娟
出版发行/江苏大学出版社
地　　址/江苏省镇江市梦溪园巷 30 号(邮编：212003)
电　　话/0511-84446464(传真)
网　　址/http：//press. ujs. edu. cn
排　　版/镇江文苑制版印刷有限责任公司
印　　刷/句容市排印厂
经　　销/江苏省新华书店
开　　本/718 mm×1 000 mm　1/16
印　　张/16
字　　数/300 千字
版　　次/2015 年 7 月第 1 版　2015 年 7 月第 1 次印刷
书　　号/ISBN 978-7-5684-0025-1
定　　价/38.00 元

如有印装质量问题请与本社营销部联系(电话：0511-84440882)

目 录

序

　　烈士，是为国家和民族而英勇献身的英雄。为了祖国和平与人民的安居乐业，面对生与死、正义与邪恶的严峻考验，烈士们临危不惧、前赴后继，用鲜血和生命换来了我们欢乐祥和、欣欣向荣的美好生活。

　　烈士精神是进行爱国主义和革命传统教育、培育社会主义荣辱观、推进社会主义核心价值体系建设的重要内容，具有强大的民族凝聚力。近年来，国家相继出台了多项烈士纪念方面的政策法规，开辟了烈士纪念工作的新局面。

　　镇江市烈士陵园是全国烈士纪念建筑物管理先进单位、国家级保护单位、全国爱国主义教育基地、全国文明优抚事业单位。从设施建设与管理到环境整治，从烈士资料搜集到烈士事迹宣讲，从队伍建设与管理到服务接待，各项工作井然有序、成绩喜人。吴晓霞同志从1992年工作至今，一直坚守在烈士陵园的岗位上，见证和陪伴了烈士陵园的成长，拥有丰富的管理经验和深厚的文化功底。

　　烈士纪念设施保护单位是表达整个国家和民族对烈士的崇敬及弘扬传承烈士精神的基地，强化建设与管理烈士纪念设施保护单位至关重要。本书对烈士纪念设施保护单位的建设与管理进行了系统、详细的梳理与解读，提升了学术理论与实践的高度，弥补了烈士纪念工作方面指导用书稀缺的遗憾，为同行及相关单位提供了借鉴与参考。本书的出版在烈士纪念工作领域具有重要的价值和意义。

　　烈士与国家同在！和平安宁是烈士们追寻的梦，我们在新时代再添国富民强、振兴中华之梦，并且勇于追梦、筑梦。我们要铭记烈士功勋，有效建设与管理烈士纪念设施保护单位，让烈士安息、让烈士精神发扬光大！

朱玉军

民政部优抚安置局烈士褒扬事业处处长

第一章　综述

烈士纪念设施是弘扬爱国主义精神、凝聚民族力量、教育激励群众的重要载体与阵地,具有不可估量的社会价值。烈士纪念设施保护单位是烈士纪念设施的保护机构,肩负着管理与维护烈士纪念设施、褒扬宣传烈士精神、教育广大群众的神圣使命。加强烈士纪念设施保护,是一项让烈士精神永续传承的伟大工程,具有重要而深远的意义。随着社会的进步与发展,如何做好新形势、新情况下烈士纪念设施的建设与管理,如何充分发挥烈士纪念设施的作用,是烈士纪念设施保护单位必须认真思考的问题。

第一节　"烈士""烈士纪念设施"等名称的历史沿革及定义

一、"烈士"一词的演变

"烈士"一词,古已有之。曹操有诗曰:"烈士暮年,壮心不已。"这里的"烈士"意指志向远大的英雄。古代所谓的"烈士",一般指临危不惧的节义之士,是活着的人。元、明、清时,战死的军人称阵亡或战殁将士,而不称烈士。① 辛亥革命后,为纪念在 1911 年广州起义中死难的烈士,由华侨捐资修建了黄花岗七十二烈士陵园。1921 年,孙中山应邹鲁请求为《黄花岗七十二烈士事略》一书写序,热情赞颂了烈士为国捐躯的英雄气概,这是近代以来将阵亡将士称为"烈士"的开端。第一、第二次国内革命战争时期,在中国共产党的领导下,逐步建立起优抚抚恤制度,但未能明确对"烈士"一词的意义进行界定。抗日战争时期,在战场上牺牲的指战员仍沿用旧时"阵亡将士"的用语。抗日战争胜利前夕的中共"七大"召开了中国革命死难烈士追悼大会,毛泽东题挽词"死难烈士万岁",并在演说中将在中国革命队伍中、在各个战线上牺牲的人称为"烈士",这是党在历史上第一次明确地使用

---

① 阎泽川:《烈士称号的由来与演变》,《内蒙古日报》,2013 年 9 月 11 日。

"烈士"一词。1947年4月，东北行政委员会、东北民主联军总政治部在《东北解放区爱国自卫战争阵亡烈士抚恤暂行条例》中将阵亡将士改称阵亡烈士，"烈士"一词始成为现在意义上的光荣称号并被广泛使用。

新中国成立初期，由政务院1950年11月25日批准，内务部1950年12月11日公布了《革命军人牺牲、褒恤暂行条例》《革命工作人员伤亡褒恤暂行条例》《民兵民工伤亡抚恤暂行条例》，统一了烈士评定的条件。

《革命军人牺牲、褒恤暂行条例》中规定：革命军人因参战、公干牺牲者（被俘不屈慷慨就义或被特务暗杀等）均得称烈士。这里的烈士主要指人民解放军及人民公安部队取得军籍的人员。《革命工作人员伤亡褒恤暂行条例》规定：凡对敌斗争或因公光荣牺牲者，给予烈士称号。这里的烈士主要指革命工作人员，即国家公务人员（不含企事业单位）。在《民兵民工伤亡抚恤暂行条例》中规定：民兵民工因参战牺牲者，应由配合作战之部队或县（市）人民政府按照《革命军人牺牲、褒恤暂行条例》妥为安葬，给予烈士称号。这里的烈士主要指民兵民工。从这些文件中可以看出，烈士的身份主要指革命军人、革命工作人员和民兵民工。评定烈士的条件主要指对敌斗争或因公牺牲。

病故革命军人、革命工作人员原则上不得评定烈士，但《革命军人牺牲、褒恤暂行条例》中规定，病故革命军人对革命有特殊功绩或工作历史在八年以上因积劳病故者，可给予烈士称号；《革命工作人员伤亡褒恤暂行条例》中则规定，病故革命工作人员对革命有特殊功绩或工作历史在十年以上确因积劳病故者，给予烈士称号。这两个条例中，对病故革命军人、革命工作人员评烈的规定在《革命烈士褒扬条例》颁布后已不再执行。

1980年6月4日颁布实施的《革命烈士褒扬条例》规定：我国人民和人民解放军指战员，在革命斗争中、在保卫祖国和社会主义现代化建设事业中壮烈牺牲的称为革命烈士。并规定有下列情形之一的（不含十周岁以下的儿童），批准为革命烈士：

1. 对敌作战牺牲或对敌作战负伤后因伤死亡的；

2. 对敌作战致成残废后不久因伤口复发死亡的；

3. 在作战前线担任向导、修建工事、救护伤员、执行运输等战勤任务牺牲，或者在战区守卫重点目标牺牲的；

4. 因执行革命任务遭敌人杀害，或者被敌人俘虏、逮捕后坚贞不屈遭敌人杀害或受折磨致死的；

5. 为保卫或抢救人民生命、国家财产和集体财产壮烈牺牲的。

这里首次将为保卫或抢救人民生命、国家财产和集体财产壮烈牺牲的人员确定为革命烈士。评定烈士的范围扩大至全体公民，但依然沿用"革命烈士"一词。

2011年8月1日施行的《烈士褒扬条例》规定:公民在保卫祖国和社会主义建设事业中牺牲被评定为烈士的,依照本条例的规定予以褒扬。并规定公民牺牲符合下列情形之一的,评定为烈士:

1. 在依法查处违法犯罪行为、执行国家安全工作任务、执行反恐怖任务和处置突发事件中牺牲的;

2. 抢险救灾或者其他为了抢救、保护国家财产、集体财产、公民生命财产牺牲的;

3. 在执行外交任务或者国家派遣的对外援助、维持国际和平任务中牺牲的;

4. 在执行武器装备科研试验任务中牺牲的;

5. 其他牺牲情节特别突出,堪为楷模的。

现役军人牺牲,预备役人员、民兵、民工及其他人员因参战、参加军事演习和军事训练、执行军事勤务牺牲应当评定烈士的,依照《军人抚恤优待条例》的有关规定评定。

该法规中已不再出现"革命"一词,"革命烈士"已演变为"烈士",其中的"公民"一词表明,在和平年代,一切为了国家和人民的利益牺牲生命的人都可以被评定为烈士,牺牲的现役军人不再是追烈的主体。至此,在以后的政策法规文件中,也不再出现"革命烈士",而统称为"烈士"。近年来,一批国民党抗战牺牲人员被追认为烈士。2015年1月12日,原国民党军第150师师长许国璋被国家民政部追认为烈士,并收入第一批国家级著名抗日英烈名录中,这表明凡是在革命斗争、保卫祖国、社会主义现代化建设事业中及为争取大多数人的合法正当利益而壮烈牺牲的人员均可被评定为烈士。

二、烈士纪念设施等名称的演变

随着"烈士"这一专有名词的演变,一批烈士纪念设施的名称也随着时代的发展而改变。如"革命烈士陵园"现在统称为"烈士陵园";"革命烈士纪念馆"统称为"烈士纪念馆";"革命烈士纪念碑"统称为"烈士纪念碑"等。凡是带有明显时代特征的"革命"一词已不再沿用。

1995年颁布的《革命烈士纪念建筑物管理保护办法》,将烈士纪念设施统称为"革命烈士纪念建筑物",1986年至2009年国务院批准了五批全国重点保护单位(现称国家级保护单位),均称为"全国重点烈士纪念建筑物保护单位"。2011年公布的《烈士褒扬条例》第四章"烈士纪念设施的保护和管理"中,已不再出现"烈士纪念建筑物""烈士纪念建筑物保护单位"等表述,而改为"烈士纪念设施""烈士纪念设施保护单位"。2013年颁布的

《烈士纪念设施保护管理办法》中,表述更加明确,"烈士纪念设施"和"烈士纪念设施保护单位"取代了"烈士纪念建筑物"和"烈士纪念建筑物保护单位"的表述。烈士纪念设施是为纪念烈士而建的,在理解上比"烈士纪念建筑物"更加简洁明了,而且更能体现出其特有的系统性,它不是一个单独的建筑体,而是为纪念烈士建造的功能完备的建筑设施体系。同时,《烈士纪念设施保护管理办法》在分级的表述上也有了变化,如:"全国重点烈士纪念建筑物"改为"国家级烈士纪念设施"等。

三、烈士纪念设施及烈士纪念设施保护单位的定义

2014 年 7 月,民政部制定了《烈士纪念设施保护单位服务规范》,对烈士纪念设施和烈士纪念设施保护单位给出了明确的定义。

烈士纪念设施的定义:为纪念烈士专门修建的永久性设施,包括烈士陵园、纪念堂(馆)、纪念碑(亭)、纪念塔(祠)、纪念雕塑、烈士骨灰堂、烈士墓区(地)等。烈士纪念设施是开展烈士纪念活动的重要载体。

烈士纪念设施保护单位的定义:经批准,负责划定范围内烈士纪念设施管理保护机构。烈士纪念设施保护单位分以下四级:国家级保护单位;省、自治区、直辖市级保护单位;自治州、市、(地区、盟)级保护单位;县(市、旗、自治县)级保护单位。烈士纪念设施保护单位是开展爱国主义教育和革命传统教育的重要阵地。

第二节 烈士纪念设施保护单位的类型

一、综合性烈士纪念地

综合性烈士纪念地是党和国家及地方政府为纪念在中国革命各个时期,以及在社会主义建设和改革开放中牺牲的先烈们所建的安息之地。

综合性烈士纪念地一般具有以下特点:一是牺牲的烈士历史跨度长。综合性烈士纪念地一般安葬了多个历史时期牺牲的烈士,或者将多个历史时期牺牲的烈士作为自己褒扬宣传的对象。如上海龙华烈士陵园安葬了自鸦片战争、辛亥革命、土地革命、大革命、抗日战争、解放战争和社会主义建设与改革开放以来七个时期的烈士 1600 余名,属典型的综合性烈士纪念地。二是烈士数量多。由于安葬和宣传了不同时期的烈士,这类纪念地烈士数量少则数十上百,多则成千上万。南京雨花台烈士陵园内安葬了从 1927 年至 1949 年牺牲的烈士十万余人。三是纪念设施完善。综合性烈士纪念地一般规模较大,烈士纪念碑、纪念馆、墓地等纪念设施比较完善。四

上海龙华烈士陵园

是功能齐全。烈士纪念地以人代史、以史串人的功能可以将人物、历史和事件有机地联系起来，因此能很好地突显其教育纪念功能和历史文化功能，深厚的文化内涵又使这类纪念地具有红色旅游的价值。上海龙华烈士陵园、华东烈士陵园、常州烈士陵园等皆属这类综合性烈士纪念地。

常州烈士陵园

二、重大历史事件纪念地

重大历史事件纪念地是为纪念在中国近代历史进程中发生的重大事件而建造的纪念设施的统称。如：抗美援朝烈士陵园、皖南事变烈士陵园、广州起义烈士陵园、百色起义纪念馆等。这类烈士纪念设施保护单位主要侧重于对历史事件的纪念，所宣传的烈士一般为历史事件中牺牲的人员。

三、重大战役纪念地

重大战役纪念地是为纪念在中国革命斗争史上产生重大影响的军事战役而兴建的纪念性建筑的统称。如：辽沈战役烈士陵园、淮海战役烈士纪念馆、孟良崮战役烈士陵园等。这类烈士纪念设施保护单位主要侧重于对重大战役的纪念，宣传的烈士大都是在该战役中牺牲的烈士。

辽沈战役烈士陵园

孟良崮战役烈士陵园

四、革命根据地纪念地

革命根据地是在革命战争中据以长期进行武装斗争的地方。特指中国共产党及其领导的军队在第二次国内革命战争、抗日战争和解放战争时期所建立的根据地。革命根据地纪念地主要指为纪念在根据地牺牲的烈士而建的纪念设施,如:井冈山革命烈士纪念塔、川陕革命根据地红军烈士陵园、湘鄂西苏区革命烈士陵园、晋冀鲁豫烈士陵园、太行太岳烈士陵园等。

井冈山革命先烈纪念塔

五、近代历史遗址纪念地

近代历史遗址是中国共产党在领导人民进行长期斗争中留下的,以及中国人民在对抗外敌入侵的斗争中留下的历史文化遗产。近代历史遗址纪念地主要是为纪念在中国革命斗争中和对抗外敌入侵的斗争中的重要历史事件和人物而保留的遗址遗迹,以及在此基础上修建的纪念设施。主要有重要历史事件和重要机构旧址、重要历史事件及人物活动纪念地、领导人故居等。如:遵义红军烈士陵园、上海中共一大会址纪念馆、南湖革命纪念馆等,这类烈士纪念设施保护单位具有地域的特定性。

遵义红军烈士陵园

上海中共一大会址纪念馆

南湖革命纪念馆

　　2014年9月1日,为隆重纪念中国人民抗日战争暨世界反法西斯战争胜利69周年,经党中央、国务院批准,国务院发出通知,公布第一批80处国家级抗战纪念设施和遗址名录。南京抗日航空烈士纪念馆、台儿庄大战纪念馆、台湾义勇队纪念馆暨台湾义勇队成立旧址等一批抗战纪念设施和遗址也成为重要的历史遗址纪念地。

台儿庄大战纪念馆

台湾义勇队纪念馆暨台湾义勇队旧址

六、重要人物纪念地

重要人物纪念地是为纪念在中国革命中和在社会主义建设及改革开放中做出重要贡献、产生重大影响、堪称楷模的先进人物而修建的纪念地。如：李大钊烈士陵园、方志敏烈士陵园等。还有为纪念国际友人而建的纪念地，如重庆库里申科烈士墓园，是为纪念在反法西斯战争和中国人民的抗战事业中牺牲的苏联飞行员格里戈里·库里申科而建的。重要人物纪念地的主要特征是以某一个具有重要影响的人物或一个群体中的人物为主，宣传对象具有特定性和单一性。

烈士纪念设施保护单位主要包括以上六种类型，但这六种类型并不是完全独立的，有些类型是交叉的，如综合性烈士纪念地也可能是重大事件或革命遗址的纪念地，革命根据地纪念地、重要战役纪念地也可能是历史遗址纪念地。

李大钊烈士陵园

方志敏烈士陵园

第三节　烈士纪念设施保护单位的特征与功能

一、特征

烈士纪念设施保护单位不同于一般意义上的博物馆、公园、园林,也不同于一般的殡葬公墓,它具有非常鲜明的特征,主要体现在以下几个方面:

（一）纪念性

烈士纪念设施是党和政府为"褒扬烈士、教育群众"而修建的永久性纪念设施,其根本目的是为了纪念烈士、弘扬烈士精神,因此纪念性是烈士纪念设施保护单位的主要特性。

（二）教育性

褒扬烈士,是通过对烈士精神的弘扬和传承,让广大群众接受革命传统和爱国主义教育,培养良好的思想品德,形成正确的世界观、人生观和价值观。因此,教育性是烈士纪念设施保护单位的重要特征。

（三）文化性

烈士纪念设施是重要的历史文化遗产,是社会主义文化建设的重要组成部分。每一位烈士都有一段动人的历史和篇章,每一个事件都构成了历史的脉络,每一处遗址和每一个文物都是历史的见证,烈士纪念设施保护单位因此蕴藏着丰富的、鲜明的革命历史文化性。

（四）艺术性

烈士纪念设施保护单位的艺术性主要体现在纪念馆、亭及雕塑周围环境的园林化等方面。如烈士纪念馆、纪念亭、雕塑等往往融合了建筑学、美学的特征。由于烈士纪念设施保护单位对环境的要求很高,其环境建设往往体现了一定的园林艺术。因此,烈士纪念设施保护单位的建设必须始终体现艺术性。

（五）公益性

弘扬烈士精神、利用特有的教育资源为广大社会群众提供服务是烈士纪念设施保护单位的本职工作,其主要的经费来源于地方财政部门拨款和上级有关部门的支持,因此,烈士纪念设施保护单位是非营利性的单位,决定了其公益性特征。

二、功能

烈士纪念设施保护单位的宗旨和性质决定了其固有的主体功能,但随着时代的发展,人们的认识在转变,期待和要求也在不断增加。时代发展的要求使得烈士纪念设施保护单位的功能也在不断拓展和显现。

（一）教育纪念功能

"褒扬烈士、教育群众"是烈士纪念设施保护单位的工作宗旨，即利用现有的爱国主义教育资源，通过组织群众瞻仰、纪念烈士，广泛开展革命传统教育和爱国主义教育活动，大力弘扬和宣传烈士精神。

（二）历史文化功能

烈士纪念设施属于重要历史文化遗产范畴。我国很多烈士纪念设施保护单位都是历史文化的见证地，尤其是革命历史文化，如南京雨花台烈士陵园、皖南事变烈士陵园等。镇江市烈士陵园是地方历史文化与革命历史文化相交融的典范：古老的三国传说和神秘的铁瓮城遗址是镇江地方历史文化的代表；镇江军民奋勇抗英的十三门古战场、20世纪30年代国民党反动派屠杀共产党人的刑场是镇江革命历史文化的象征。历史的遗迹留给今人无穷的遐想，形成了独特的人文景观。因此，烈士纪念设施保护单位如果发挥好其特有的历史文化功能，必然会促进教育功能的发挥，使之成为传播社会主义先进文化的重要阵地。

（三）红色旅游功能

随着时代的发展，烈士纪念设施保护单位的功能在不断扩大。2004年12月，中共中央办公厅、国务院办公厅印发《2004—2010年全国红色旅游发展规划纲要》，2011年9月又印发了《2011—2015年全国红色旅游发展规划纲要》。为大力发展红色旅游，中央还专门成立了由13个政府部门组成的全国红色旅游办公室，领导、组织和协调全国的红色旅游工作。国家先后公布了两批红色旅游经典景区，一大批烈士纪念设施保护单位成为红色旅游胜地。可见，积极开发红色资源、传播先进文化、开展红色旅游已成为烈士纪念设施保护单位的重要功能。

（四）生态休闲功能

烈士纪念设施保护单位大都处于城市的中心，环境优美、绿化覆盖率高，具有良好的生态系统。绿化既体现了环境特有的庄重、肃穆，也体现了园林赏心悦目的精致、优美，是城市的天然"氧吧"，对城市生态系统具有修复补充作用，往往成为当地群众生态休闲的最佳场所。利用好这一功能，让群众在潜移默化中接受爱国主义教育，也是烈士纪念设施保护单位发挥作用的有效途径。

第四节　烈士纪念设施保护单位
建设管理工作的作用和意义

烈士纪念设施保护单位是党和国家为加强对烈士纪念设施的保护和管理专门设立的保护机构,是人们纪念烈士、弘扬烈士精神、开展爱国主义教育和革命传统教育、激发爱国热情、构建社会主义核心价值观的重要场所,设立和建设烈士纪念设施保护单位具有十分重要的作用和现实意义。具体体现在以下三个方面:

一、有利于规范对烈士纪念设施的保护与管理

烈士纪念设施是党和政府为"褒扬烈士、教育群众"而修建的永久性设施,是我党在长期革命斗争和社会主义建设中形成的宝贵财富,是进行社会主义核心价值体系教育的重要载体。设立专门的保护单位、制定专门的保护管理措施,有利于加强对烈士纪念设施的维护、始终保持烈士纪念设施的完好无损和庄严肃穆。

二、有利于有效发挥烈士纪念设施的主体功能

烈士纪念设施是承载爱国主义教育的重要平台,每一座烈士纪念设施都凝聚着丰富而深刻的纪念意义和教育内涵。烈士纪念设施保护单位通过向群众揭示烈士纪念设施特有的象征意义和教育意义、组织人们开展瞻仰、纪念活动,能有效发挥烈士纪念设施"褒扬烈士、教育群众"的主体功能。

三、有利于充分发挥爱国主义教育基地的作用

烈士纪念设施保护单位通过对烈士纪念设施的保护管理、对烈士资料的征集整理、对烈士事迹的陈列展示、对烈士精神的挖掘宣传,以及组织群众开展形式多样的爱国主义教育活动,能充分发挥烈士纪念设施保护单位爱国主义教育宣传基地的作用。

第五节　烈士纪念设施保护单位的分级

烈士纪念设施的保护和管理是烈士褒扬工作的一项重要内容,对于弘扬烈士的高尚品质和崇高精神具有重要作用。我国烈士纪念设施具有数量多、范围广、分布散的特点,为加强保护,1986 年,我国制定了烈士纪念设施分级管理办法;1995 年,在此基础上完善了四级管理保护体制,奠定了烈士纪念设施

管理保护工作政策法规体系形成的基础。① 近年来,随着一批法规政策的出台,民政部对相关工作做了全面部署。至此,中国烈士纪念设施管理制度全面建立。目前已将全国7000多处烈士纪念设施分级管理、有效保护。②

一、政策法规内容

1986年10月28日颁布的民〔1986〕优33号文《民政部、财政部关于对全国烈士纪念建筑物加强管理保护的通知》中,首次提出了对烈士纪念建筑物实行分级管理的办法。对现有和今后新建的烈士纪念建筑物,根据其纪念意义及规模大小,分别确定为全国重点保护单位,省、自治区、直辖市级保护单位和县(市)保护单位。该文件还公布了首批32处全国重点烈士纪念建筑物保护单位。

1995年《革命烈士纪念建筑物管理保护办法》第三条规定:根据革命烈士纪念建筑物的纪念意义和建筑规模,革命烈士纪念建筑物分为以下各级保护单位:全国重点保护单位;省、自治区、直辖市级保护单位;自治州、市(地区、盟)级保护单位;县、(市、旗)自治县级保护单位。

未列为县级以上保护单位的革命烈士纪念建筑物,由建设单位负责管理保护。

2011年颁布的《烈士褒扬条例》也明确了国家对烈士纪念设施实行分级保护。

2013年颁布的《烈士纪念设施保护管理办法》第三条规定:根据烈士纪念设施的纪念意义和建设规模,对烈士纪念设施实行分级管理。

烈士纪念设施分为国家级烈士纪念设施、省级烈士纪念设施、设区的市级烈士纪念设施、县级烈士纪念设施。

未列入等级的零散烈士纪念设施,由所在地县级人民政府民政部门保护管理或者委托有关单位、组织或者个人进行保护管理。

二、分级基本条件

《烈士褒扬条例》规定,国家对烈士纪念设施实行分级保护,分级的具体标准由国务院民政部门规定。《烈士纪念设施保护管理办法》规定,符合下列基本条件之一的可以申报国家级烈士纪念设施:

1. 为纪念在革命斗争、保卫祖国和建设祖国等各个历史时期的重大事件、重要战役和主要革命根据地斗争中牺牲的烈士而修建的烈士纪念设施;

---

① 《改革开放中的烈士褒扬工作》,http://www.360doc.com/content/11/0113/20/1298788_86331029.shtml。

② 《中国将排查摸底零散烈士纪念设施 加强保护管理》,http://www.chinanews.com/gn/2011/04-06/2953923.shtml。

2．为纪念在全国有重要影响的著名烈士而修建的烈士纪念设施；

3．为中国革命斗争牺牲的知名国际友人而修建的纪念设施；

4．位于革命老区、少数民族地区的规模较大的烈士纪念设施。

各地民政部门应当根据当地实际，制定省级以下各级烈士纪念设施保护单位的申报条件。如江苏省规定的省级烈士纪念设施保护单位的申报条件为：

1．为纪念各个革命时期在全省有重大影响的事件、重要战役、著名战斗和主要革命根据地斗争中牺牲的烈士而修建的烈士纪念建筑物；

2．为纪念在全省有重大影响的著名烈士而修建的烈士纪念建筑物；

3．我省对外开放的重点地区修建的规模较大的烈士纪念建筑物。

由此可见，烈士纪念设施分级的基本条件主要侧重于历史事件、历史战役、历史遗址、历史人物在国家、地方所具有的重要性、影响力及烈士纪念设施的规模等。

三、申报标准

申报标准是指烈士纪念设施保护单位申报相应等级的烈士纪念设施必须具备的基础性条件。申报的标准主要指体制机制是否健全、是否实行对口管理、政府部门是否重视、是否建立相应的保护管理制度及是否能充分发挥爱国主义教育基地作用等。这里提供《江苏省省级烈士纪念设施保护单位的申报标准》，供参考。

江苏省烈士纪念设施保护单位申报标准：必须有正规的名称和级别；必须由所在地人民政府民政部门负责管理；同级人民政府应根据烈士纪念设施保护单位的等级规模，设立相应的管理机构；申报的烈士纪念设施保护单位及其周围的建筑必须纳入当地城乡建设总体规划；烈士纪念设施保护单位能为社会提供较好的瞻仰和教育场所；必须健全瞻仰凭吊服务制度，在做好日常开放接待工作的同时，深入开展形式多样的共建共育活动，切实发挥烈士纪念设施的爱国主义教育基地作用。

四、考评细则

考评细则是对烈士纪念设施保护单位考评标准的细化，是对烈士纪念设施保护单位进行全方位考核的依据，对开展烈士纪念设施保护管理工作具有指导性作用。各地民政部门应根据国家级烈士纪念设施保护单位的考评细则，制定相应等级的烈士纪念设施保护单位考评细则，并组织专家对照考评细则进行检查验收，只有符合了相应等级的考评要求，才能确定为一定等级的保护单位。申报单位也应对照考评细则，加强对烈士纪念设施的管理与保护工作。

附：

国家级烈士纪念设施考评细则

考评项目	序号	考评内容	分值	评分标准	考评得分
一、纪念设施的建设规划和维修保护（25分）	1	将烈士纪念设施建设和保护纳入当地国民经济和社会发展规划，提高建设水平，提升服务品质。	5	1. 将烈士纪念设施建设和保护纳入当地国民经济和社会发展规划的得1分；2. 维修改造经费纳入当地财政预算的得2分；3. 日常管理经费纳入当地财政预算的得2分。	
	2	争取将烈士纪念设施纳入红色旅游景区（路线），创建A级旅游景区，充分发挥红色资源教育作用。	2	1. 纳入红色旅游景区（路线）的得1分；2. 创建3A级以上旅游景区的得1分。	
	3	科学制定烈士纪念设施建设和维修改造规划，建立健全烈士纪念设施管理制度，加强日常管理和修缮，做到设施齐全、功能完备。	1	1. 烈士纪念设施建设和维修改造规划明确、思路清晰、措施具体可行的得0.5分；2. 烈士纪念设施管理制度健全，日常管理和修缮工作落实到位的得0.5分。	
	4	协助有关部门划定烈士纪念设施保护范围，设置保护标志，及时制止破坏、污损烈士纪念设施，以及在烈士纪念设施保护范围内进行其他工程建设的行为。	2	1. 烈士纪念设施保护范围明确，并设置保护标志的得1分；2. 烈士纪念设施保护范围内没有与纪念烈士无关的建筑物的得1分。	
	5	合理设置烈士纪念设施功能区域，对外公布开放时间，标明引导提示标识，完善配套服务用房和设施，为社会公众创造人性化的瞻仰和悼念环境。	2	1. 烈士纪念设施功能区域设置合理、引导提示标识明晰的得1分；2. 对外公布开放时间的得0.5分；3. 服务用房和设施完善的得0.5分。	
	6	烈士纪念馆（堂）要布局合理、主题鲜明、史料翔实，形式和内容统一，运用现代信息技术手段，不断完善和提高布展水平。	5	1. 烈士纪念馆（堂）布局合理的得0.5分；2. 布展主题鲜明、脉络清晰的得1分；3. 文物史料翔实的得1.5分；4. 纪念馆运用现代信息技术手段布展的得2分。	

考评项目	序号	考评内容	分值	评分标准	考评得分
一、纪念设施的建设规划和维修保护（25分）	7	烈士纪念碑亭、塔祠、塑像、英名墙、骨灰堂等设施要外观完整、清洁，镌刻的题词、碑文、烈士名录清晰，用字规范，无褪色、脱落。	3	1. 烈士纪念碑亭、塔祠、塑像、英名墙、骨灰堂等设施外观完整、清洁的得1.5分；2. 镌刻的题词、碑文、烈士名录清晰，用字规范，无褪色、脱落的得1.5分。	
	8	烈士墓区要规划科学、布局合理。烈士墓形制统一、用材优良。墓碑碑文字迹工整，碑文内容应镌刻烈士姓名、性别、民族、籍贯、出生年月、牺牲时间、单位、职务、简要事迹等基本信息。	5	1. 烈士墓区规划科学、布局合理。烈士墓形制统一、用材优良的得2分；2. 墓碑碑文字迹工整、清晰的得1分；3. 烈士的姓名、籍贯、生卒时间、牺牲情节等基本信息镌刻完整的得2分。	
二、烈士安葬和祭扫服务（12分）	9	建立健全烈士安葬、凭吊瞻仰、祭扫等制度规定，明确相关礼仪规范标准。	2.5	有烈士安葬、凭吊瞻仰、祭扫等制度规定的，每项得0.5分，累计不超过2.5分。	
	10	积极配合机关、团体、企事业单位和部队开展经常性的烈士纪念和主题教育实践活动，精心组织烈士亲属和社会公众日常祭扫和瞻仰活动，提供必要的祭扫用品，做好引导、讲解等服务工作。	4	1. 积极配合机关、团体、企事业单位和部队开展经常性的烈士纪念和主题教育实践活动的得1分；2. 免费为烈属和社会公众日常祭扫和瞻仰提供必要的祭扫用品的得1分；3. 积极提供引导、讲解等服务工作的得1分；4. 工作人员服务意识强、态度热情的得1分。	
	11	对年老体弱、身体残疾、少年儿童等特殊群体，要提供人性化服务，方便其进行参观、凭吊、祭扫等活动。	1	对年老体弱、身体残疾或少年儿童等特殊群体，提供人性化服务，方便其进行参观、凭吊、祭扫等活动的得1分。	
	12	动员和引导社会力量支持烈士纪念活动，研究制定社会捐赠、志愿服务、义务劳动等方面的制度规定。	3	1. 动员和引导社会力量开展志愿服务10批次以下的得1分、10批次以上（含10次）的得2分；2. 建立社会捐赠、志愿服务、义务劳动等相关制度规定的得1分。	

考评项目	序号	考评内容	分值	评分标准	考评得分
二、烈士安葬和祭扫服务（12分）	13	每年清明节、国庆节等节日和重要纪念日，要积极配合当地人民政府和有关部门承办专项烈士纪念活动。	1.5	清明节、国庆节等节日和重要纪念日，积极配合当地人民政府和有关部门承办专项烈士纪念活动的得1.5分。	
三、教育宣传作用发挥（27分）	14	加强文献史料、烈士英雄事迹的搜集整理和研究编纂，深入挖掘不同历史时期烈士精神的实质内涵。	5	1. 近三年在省级刊物或媒体每发表1篇相关内容的文章得0.5分，累计不超过2分；2. 近三年在国家级刊物或媒体每发表1篇相关内容的文章的得1分，累计不超过3分。	
	15	注重做好烈士遗物、实物史料的收集、鉴定工作，设立专柜陈列展示馆藏文物和烈士遗物，充分发挥教育功能。对可移动文物要设立专门文物库房，分级建档，妥善保管，做到无丢失、无虫害、无霉变、无锈蚀。	3.5	1. 有国家级文物20件以内（含20件）的得1分，每增加5件得0.5分，累计不超过2分；2. 设立专柜陈列展示馆藏文物和烈士遗物的得0.5分；3. 对文物分级建档的得0.5分；4. 设立专门文物库房，文物无丢失、无虫害、无霉变、无锈蚀的得0.5分。	
	16	抓住节假日、重要纪念日等参观、祭扫人员集中的有利时机，开展专题展览、烈士英雄事迹宣讲、红色经典影视展播等多种形式的主题教育活动，广泛宣扬烈士精神和优良传统。	3.5	1. 制定年度宣传计划的得0.5分；2. 开展专题展览、烈士英雄事迹宣讲、红色经典影视展播等多种形式的宣传教育活动，每开展1项得0.5分，累计不超过3分。	
	17	积极开展共建活动，有计划地组织流动小分队，深入机关、企事业单位、社区、农村、学校、驻军等开展巡回展览和宣讲活动，宣传烈士英雄事迹。	2	1. 与当地社区、学校、驻军等开展结对共建的得1分；2. 有计划地组织流动小分队开展巡回展览或宣讲活动的得1分。	
	18	讲解员熟悉馆藏内容和相关背景知识，服装统一、佩戴标志、仪表端庄、发音吐字清晰、讲解富有较强感染力。	5	1. 熟悉馆藏内容和相关背景知识的得0.5分；2. 服装统一、佩戴标志、仪表端庄的得0.5分；3. 发音吐字清晰的得0.5分；4. 讲解富有较强感染力的得0.5分；5. 近三年参加省级比赛获奖的得1分，参加国家级比赛获奖的得2分，累计不超过3分。	

考评项目	序号	考评内容	分值	评分标准	考评得分
三、教育宣传作用发挥（27分）	19	加大网络教育宣传力度，定期更新丰富"中华英烈网"展示内容，有条件的可建立专门门户网站，为社会公众提供网上祭扫和学习交流平台。	5	1. 在"中华英烈网"开通专栏，且内容丰富、信息翔实无误的得2分；2. 每月至少更新一次展示内容的得2分；3. 建立专门门户网站，利用网络宣传烈士事迹，为社会公众提供网上祭扫和学习交流平台的得1分。	
	20	有条件的可在适当区域设置以弘扬烈士精神为主题的展板、海报等，配备必要的休闲设施，为群众提供独具特色的红色文化活动场所，将弘扬烈士精神融入群众性文化活动中。	1	1. 在适当区域设置以宣传烈士事迹、弘扬烈士精神为主题的展板、海报等，营造良好宣传氛围的得0.5分；2. 配备必要休闲设施的得0.5分。	
	21	与宣传、党史、地方志、文物、军史等部门或研究机构建立工作协调机制，共同开展烈士事迹学习宣传、史料研究编撰、文物收集鉴定等工作。	1	与相关部门或研究机构建立相应工作机制，在烈士事迹宣传、史料研究编撰、文物收集鉴定等方面取得成效的得1分。	
	22	积极创新宣传教育方式方法，努力扩大社会影响。	1	在学习宣传英烈事迹、弘扬英烈精神的方式方法上有重大创新、值得借鉴推广的得1分。	
四、园容园貌（9分）	23	园区规划应布局完整、合理、协调，建筑设施外观整洁，道路平坦干净。	3	1. 园区规划布局完整、合理、协调的得1分；2. 建筑设施外观整洁的得1分；3. 道路平坦干净，无大面积凹陷、开裂等得1分。	
	24	注重绿化美化环境，实现园林化。园内花木与纪念设施相协调，四季常青，按照有关规定做好园内珍贵花木的保护工作。	2.5	1. 园内花木与纪念设施相协调，无意外多株枯死的得1分；2. 绿化面积达到应绿化面积80%以上的得1分；3. 对园内珍贵花木建档保护的得0.5分。	
	25	有专人负责公用设施、公共场所的维修保养和清扫保洁工作，确保园区环境干净整洁，供水、供电、卫生等服务设施处于良好状态。	1.5	1. 公用设施、公共场所的维修保养和清扫保洁工作有专人负责的得0.5分；2. 园区环境干净整洁，供水、供电、卫生等服务设施处于良好状态的得1分。	

考评项目	序号	考评内容	分值	评分标准	考评得分
四、园容园貌（9分）	26	创新园区管理方式，努力实现从封闭围墙式的管理向开放、人性化的管理方式转变。	2	实行开放式管理的得2分。	
五、纪念设施保护单位自身建设（20分）	27	建立规范的行政领导人办公会议、全体职工会议制度，建立健全日常工作制度，保证烈士纪念设施保护管理工作科学规范运行。	1	各种会议制度和日常工作制度健全的得1分。	
	28	按照党章要求设置党组织，严格落实党的组织生活制度，加强学习型、服务型、创新型党组织建设，积极开展创先争优活动，发挥政治核心作用。加强党风廉政建设，坚持政务公开、事务公开、财务公开，坚持重大事项、重大问题集体研究，民主决策，增强保护管理工作的透明度和科学化水平，杜绝违法乱纪现象发生。	3	1. 领导班子团结有力、开拓创新、廉洁自律、组织领导能力强的得1分；2. 党组织健全，严格落实组织生活制度的得1分；3. 重大事项、重大问题集体研究，民主决策的得1分。	
	29	根据事业发展和实际工作需要科学合理设置管理岗位、专业技术岗位和工勤岗位。明确工作人员选录条件，严格按照标准选人用人，确保各类工作人员具备本职岗位所需的基本文化素质和专业知识。明确工作人员岗位职责，建立健全岗位职责制，做到有章可循，职责分明。	7	1. 管理岗位、专业技术岗位和工勤岗位等设置合理，岗位职责明确的得1分；2. 制定并严格执行人才选拔录用标准的得1分；3. 配有研究馆员的得1分，2名以上（含2名）的得2分；4. 配有专职讲解员的得1分，3名以上（含3名）的得3分。	
	30	制定工作人员学习教育计划，定期组织业务培训、进修和学习交流，鼓励工作人员考取相关职业资格和专业技术职称。加强思想政治工作和作风建设，教育和激励工作人员牢固树立爱岗敬业精神，热爱烈士褒扬事业。	4.5	1. 制定工作人员学习教育计划，定期组织业务培训、进修和学习交流的得1分；2. 近三年有工作人员考取相关职业资格和专业技术职称的，每人得1分，累计不超过3分；3. 有年度思想政治教育计划的得0.5分。	

考评项目	序号	考评内容	分值	评分标准	考评得分
五、纪念设施保护单位自身建设（20分）	31	加强经费管理，按照财务管理规定设置账簿、账户、科目。完善财务审批制度和管理流程，坚持大项资金支出集体议定制度，主动接受有关部门监督审计，防止违规违纪现象的发生。建立健全资产登记制度，加强资产管理，防止国有资产流失。	2.5	1. 按照财务管理规定设置账簿、账户、科目的得0.5分；2. 严格按规定使用管理经费，无违规违纪问题发生的得1分。3. 资产登记制度健全、管理规范、未造成国有资产流失的得1分。	
	32	建立健全服务管理绩效评估工作制度，明确绩效责任、工作目标及保障措施，定期组织绩效评估并及时通报相关情况。注重改进服务管理质量，通过设立意见箱、留言簿、回访烈属和社会公众、走访开展纪念活动的单位等形式，取得服务质量、内容、方式、需求等多角度的信息反馈。在园区醒目位置明示服务承诺，自觉接受监督，及时处理服务对象和社会公众的投诉、意见和建议，制定改进方案。	2	1. 服务管理绩效评估工作制度健全，绩效责任、工作目标及保障措施明确的得1分；2. 采取多种方式收集改进服务质量等意见建议的得0.5分；3. 园区醒目位置明示服务承诺、自觉接受服务对象监督的得0.5分。	
六、安全管理（7分）	33	坚持把安全工作纳入日常服务管理和专项纪念活动中，做到有机构、有制度、有预案、有演练。岗位人员安全意识强，熟悉安全要求，熟练掌握应急处理的程序，定期进行安全检查，及时消除安全隐患，杜绝安全责任事故发生。	3.5	1. 安全管理机构健全的得0.5分；2. 有各类灾情、突发事件处置预案的得0.5分；3. 岗位人员熟知安全职责，熟悉安全要求，熟练掌握应急处理程序的得1分；4. 按规定定期进行安全检查的得1分；5. 每季度至少进行一次安全演练的得0.5分。	
	34	水、电、气及易燃易爆品管理符合行业规范，按照有关规定配备防火、防盗、防自然损坏的设施，落实设施器械安全管理责任，确保馆藏文物、烈士遗物、纪念设施安全。合理、醒目设置安全标识，做到疏散通道和安全出口畅通。	3.5	1. 水、电、气及易燃易爆品管理符合行业规范的得1分；2. 按照规定配备防火、防盗、防自然损坏的设施，设施器械安全管理责任落实严格的得1分；3. 安全标识设置合理、醒目的得1分；4. 疏散通道和安全出口畅通的得0.5分。	

考评项目	序号	考评内容	分值	评分标准	考评得分
六、安全管理（7分）	35	争创全国爱国主义教育基地、全国文物保护单位、全国红色旅游经典景区、国家国防教育示范基地等国家级荣誉称号，扩大社会影响力。	5	获得全国爱国主义教育基地、全国文物保护单位、全国红色旅游经典景区、国家国防教育示范基地等国家级荣誉称号的，每获得1项加1分，累计不超过5分。	
	36	积极争取机构编制和维修改造、日常管理经费。	4	1. 烈士纪念设施保护单位行政级别是副县级以上的加2分；2. 近三年当地补助的维修改造和日常管理经费每年增长15%以上的加2分。	
七、附加（10分）	37	积极承办公祭烈士活动。	1	近三年承办过省级以上公祭烈士活动的加1分。	

说明：1. 本《细则》共7项37条，总分值100分，加分项10分。达到评分标准的得相应分值，未达到评分标准的不得分；2. 本《细则》由民政部优抚安置局负责解释。

国家级烈士纪念设施评审表

考评项目	考评内容	主要依据	是否属实	专家评审意见
基本条件	为纪念在革命斗争、保卫祖国和建设祖国等各个历史时期的重大事件、重要战役和主要革命根据地斗争中牺牲的烈士而修建的烈士纪念设施。			
	为纪念在全国有重要影响的著名烈士而修建的烈士纪念设施。			
	为纪念为中国革命斗争牺牲的知名国际友人而修建的纪念设施。			
	位于革命老区、少数民族地区的规模较大的烈士纪念设施。			
纪念意义、内容及建设规模概述（不少于500字）				

说明：1. 申报单位根据符合的基本条件填写烈士纪念设施的纪念意义、内容、建设规模及主要依据；2. 考核组实地进行检查，判定申报内容是否属实；3. 由民政部组织的专家评审组研究提出评审意见；4. 符合四项基本条件中多项条件的，可填写多项。

五、申报程序

《烈士褒扬条例》规定:国家级烈士纪念设施,由国务院民政部门报国务院批准后公布。地方各级烈士纪念设施,由县级以上地方人民政府民政部门报本级人民政府批准后公布,并报上一级人民政府民政部门备案。《烈士纪念设施保护管理办法》规定:确定国家级烈士纪念设施,由民政部报国务院批准后公布;确定地方各级烈士纪念设施,由民政部门报本级人民政府批准后公布,并报上一级人民政府民政部门备案。各地应对照拟申报的等级,在符合条件、符合标准的情况下,根据《烈士褒扬条例》和《烈士纪念设施保护管理办法》规定的申报程序提出申报。

六、国家级烈士纪念设施

1986 年 10 月发布的《民政部、财政部关于对全国烈士纪念建筑物加强管理保护的通知》中首次提出对烈士纪念建筑物实行分级管理办法的同时,公布了李大钊烈士陵园等 32 处第一批国家级烈士纪念设施(原称为全国重点烈士纪念建筑物保护单位)名单。其后,国务院分别于 1989 年、1996 年、2001 年、2009 年公布了第二至五批国家级烈士纪念设施,各地政府部门也分别制定了各级纪念设施的分级标准和考评细则,对各地的烈士纪念设施级别进行了评定。2011 年民政部开展了烈士纪念设施普查和信息登记工作,根据普查信息统计,我国有县级以上烈士纪念设施 4151 个,其中,国家级 181 个、省级 419 个、地级市 315 个、县级 2811 个、部队和其他管理的 389 个。

1995 年 3 月,民政部确定了第一批(100 处)爱国主义教育基地。1997 年 7 月,中宣部向社会公布了首批百个爱国主义教育示范基地。2001、2005、2009 年,中宣部又先后公布了三批爱国主义教育示范基地,以此影响和带动全国爱国主义教育基地的建设。全国红色旅游工作协调小组办公室(以下简称红办,由国家发展和改革委员会、中共中央宣传部、国家旅游局等 13 个部门联合组成)于 2005 年和 2011 年分别公布了两批红色旅游经典景区,在全国大力推进红色旅游建设。

国家国防教育示范基地是指烈士陵园、革命遗址和其他具有国防教育功能的博物馆、纪念馆、科技馆、文化馆、青少年宫等对有组织的中小学生免费开放的、在全民国防教育日向社会免费开放的、有关国防教育的基本阵地。中华人民共和国国防教育办公室分别于 2009 年和 2012 年公布了两批国家国防教育示范基地。烈士纪念设施保护单位具有大量的红色文化资源,是开展爱国主义教育和国防教育的重要阵地,可创造条件,同时申报中宣部命名的全国爱国主义教育基地、全国红办命名的红色旅游经典景区和国家国防教育办公室命名的国家国防教育示范基地。将烈士纪念设施的管理和保护纳入爱国主义教育基地、红色旅游经典景区和国防教育示范基地建设的管理体系中，进一步发挥其应有的作用。目前，全国有 111 家烈士纪念设施保护单位被评为全国爱国主义教育基地，有 56 家被评为全国红色旅游经典景区，有 60 家被评为全国国防教育示范基地。①

附：

181 处国家级烈士纪念设施名录

北京：

1. 李大钊烈士陵园
2. 平西抗日烈士陵园
3. 平北抗日烈士纪念园

天津：

1. 天津市烈士陵园
2. 盘山烈士陵园

河北：

1. 华北军区烈士陵园
2. 冀东烈士陵园
3. 晋冀鲁豫烈士陵园
4. 冀南烈士陵园
5. 保定烈士陵园
6. 晋察冀烈士陵园
7. 狼牙山五勇士纪念塔
8. 察哈尔烈士陵园
9. 热河烈士纪念馆
10. 董存瑞烈士陵园

山西：

1. 牛驼寨烈士陵园

2. 太行太岳烈士陵园
3. 李林烈士陵园
4. 临汾烈士陵园
5. 刘胡兰纪念馆
6. 晋绥烈士陵园

内蒙古：

1. 内蒙古烈士陵园
2. 大青山革命英雄纪念碑
3. 集宁烈士陵园
4. 乌兰浩特市烈士陵园

辽宁：

1. 抗美援朝烈士陵园
2. 雷锋纪念馆
3. 本溪烈士陵园
4. 辽沈战役烈士陵园
5. 解放锦州烈士陵园

吉林：

1. 吉林市革命烈士陵园
2. 四平市烈士陵园
3. 杨靖宇烈士陵园

---

① 包丰宇：《在全国优抚事业单位能力建设经验交流会上的讲话》。

4. "四保临江"烈士陵园

5. 白城烈士陵园

6. 延边烈士陵园

黑龙江：

1. 哈尔滨烈士陵园

2. 尚志烈士陵园

3. 西满烈士陵园

4. 珍宝岛革命烈士陵园

5. 饶河抗日游击队纪念碑

6. 佳木斯烈士陵园

7. "八女投江"烈士群雕

8. 杨子荣烈士陵园

上海：

1. 上海市龙华烈士陵园

2. 高桥烈士陵园

江苏：

1. 淮海战役烈士纪念塔

2. 抗日山烈士陵园

3. 常州烈士陵园

4. 镇江市烈士陵园

5. 扬州烈士陵园

6. 王杰烈士陵园

7. 杨根思烈士陵园

8. 泗洪烈士陵园

浙江：

1. 浙江革命烈士纪念馆

2. 四明山烈士陵园

3. 温州市革命烈士纪念馆

4. 解放一江山岛烈士陵园

安徽：

1. 安徽革命烈士事迹陈列馆

2. 双堆集烈士陵园

3. 大别山烈士陵园

4. 皖东烈士陵园

5. 宿州烈士陵园

6. 皖西烈士陵园

7. 金寨县烈士陵园

8. 皖南事变烈士陵园

福建：

1. 林祥谦烈士陵园

2. 厦门烈士陵园

3. 闽中革命烈士陵园

4. 东山战斗烈士陵园

5. 闽西革命烈士陵园

6. 瞿秋白烈士纪念碑

江西：

1. 江西省革命烈士纪念堂

2. 方志敏烈士墓

3. 卢德铭烈士陵园

4. 于都烈士纪念馆

5. 兴国县烈士陵园

6. 红军烈士纪念塔

7. 吉安烈士纪念馆

8. 井冈山革命烈士纪念塔

9. 茅家岭烈士陵园

山东：

1. 济南革命烈士陵园

2. 青岛市革命烈士纪念馆

3. 青岛莱西革命烈士陵园

4. 淄博革命烈士陵园

5. 胶东革命烈士陵园

6. 潍坊革命烈士陵园

7. 羊山革命烈士陵园
8. 泰安革命烈士陵园
9. 荣成革命烈士陵园
10. 莱芜战役纪念馆
11. 华东革命烈士陵园
12. 孟良崮战役烈士陵园
13. 渤海革命烈士陵园
14. 冀鲁豫边区纪念馆
15. 湖西革命烈士陵园

河南：
1. 郑州烈士陵园
2. 开封市烈士陵园
3. 焦裕禄烈士陵园
4. 洛阳烈士陵园
5. 林州烈士陵园
6. 淮海战役陈官庄烈士陵园
7. 鄂豫皖苏区革命烈士陵园
8. 竹沟革命烈士陵园

湖北：
1. 向警予烈士陵园
2. 施洋烈士陵园
3. 湘鄂赣边区鄂东南革命烈士陵园
4. 宜昌烈士陵园
5. 鄂豫边区革命烈士陵园
6. 湘鄂西苏区革命烈士陵园
7. 黄麻起义和鄂豫皖苏区革命烈士陵园
8. 麻城烈士陵园
9. 湘鄂边苏区革命烈士陵园
10. 孝感烈士陵园

湖南：
1. 湖南烈士公园

2. 湖南革命陵园
3. 醴陵烈士陵园
4. 韶山烈士陵园
5. 衡阳烈士陵园
6. 华容烈士陵园
7. 平江烈士陵园
8. 湘西剿匪烈士纪念园

广东：
1. 广州起义烈士陵园
2. 十九路军淞沪抗日阵亡将士陵园
3. "八一"起义军三河坝战役烈士纪念碑
4. 海丰县烈士陵园
5. 河源烈士陵园

广西：
1. 广西壮族自治区烈士陵园
2. 柳州烈士陵园
3. 红军长征突破湘江烈士纪念碑园
4. 百色起义烈士碑园
5. 靖西烈士陵园
6. 那坡烈士陵园
7. 东兰烈士陵园
8. 宁明烈士陵园
9. 龙州烈士陵园
10. 法卡山英雄纪念碑园

海南：
1. 李硕勋烈士纪念亭
2. 解放海南岛战役烈士陵园
3. 六连岭烈士纪念碑阵亡将士

陵园

4. 白沙起义烈士纪念碑园

重庆：

1. 万州革命烈士陵园
2. 库里申科烈士墓园
3. 张自忠烈士陵园
4. 杨闇公烈士陵园
5. 邱少云烈士纪念馆

四川：

1. 自贡市烈士陵园
2. 遂宁烈士陵园
3. 南充烈士陵园
4. 雅安烈士陵园
5. 川陕革命根据地烈士陵园

贵州：

1. 遵义红军烈士陵园
2. 毕节市烈士陵园
3. 黎平烈士陵园

云南：

1. 虎头山烈士陵园
2. 威信扎西红军烈士陵园
3. 蒙自烈士陵园
4. 屏边烈士陵园
5. 麻栗坡烈士陵园

西藏：

1. 山南烈士陵园

陕西：

1. 西安烈士陵园
2. 杨虎城烈士陵园
3. 扶眉战役烈士陵园
4. 永丰革命烈士陵园
5. "四八"烈士陵园
6. 子长革命烈士纪念馆
7. 刘志丹烈士陵园
8. 瓦子街战役烈士陵园

甘肃：

1. 兰州市烈士陵园
2. 红西路军临泽烈士陵园
3. 高台烈士陵园

青海：

1. 西宁市烈士陵园
2. 循化烈士陵园

宁夏：

1. 吴忠涝河桥烈士陵园
2. 同心烈士陵园
3. 任山河烈士陵园

新疆：

1. 乌鲁木齐烈士陵园
2. 伊吾县烈士陵园
3. 叶城烈士陵园
4. 孙龙珍军垦烈士陵园
5. 伊宁烈士陵园

第二章 烈士纪念设施

烈士纪念设施是党和政府为"褒扬烈士、教育群众"而修建的永久性设施,是我党在长期革命斗争和社会主义建设中形成的宝贵财富,是进行社会主义核心价值体系教育的重要载体。[①] 本章对主要烈士纪念设施介绍如下。

第一节 烈士陵园

一、定义

《烈士纪念设施保护单位服务规范》(GB/T 29356—2012)将烈士陵园定义为:为纪念烈士所建的纪念性建筑。也有另一种解释,即:烈士陵园是后人为纪念中国革命先贤们所建的纪念性建筑的统称。

我国早期的烈士陵园一般专指烈士墓。随着时代的发展,烈士纪念设施逐渐完善,烈士陵园已不再是单一的烈士纪念设施,作为烈士的安息地和纪念地,它必须由纪念墓地(区)、烈士纪念碑等纪念设施组成。烈士陵园也不仅仅是为纪念革命先贤而建的纪念性建筑,那些在革命斗争、保卫祖国、社会主义现代化建设事业中,以及为争取大多数人的合法正当利益而壮烈牺牲的人员均是纪念的对象。因此,烈士陵园应是为纪念烈士所建的纪念设施的统称,是安葬烈士的专门场所。从狭义上讲,烈士陵园就是烈士纪念设施保护单位。

二、基本特征

(一)烈士纪念设施的群组性

作为烈士纪念设施保护单位,烈士陵园一般具有完备的烈士纪念设施,具有群组性特征。烈士陵园是烈士的安息地,必须有安葬烈士的墓

---

① 《我国开展烈士纪念设施全面普查》,http://news. xinhuanet. com/politics/2011 - 01/05/c_12947795. htm。

地或安放烈士骨灰的纪念堂（馆）；烈士陵园是烈士的纪念地，必须有纪念烈士的设施，如纪念碑（塔、亭）和纪念广场等；烈士陵园是弘扬烈士精神、开展爱国主义教育的阵地，还必须有展示烈士精神和事迹的设施，如烈士纪念馆（堂）等。烈士墓地或烈士骨灰纪念堂（馆）、烈士纪念碑（塔、亭）、烈士纪念馆（堂）、纪念广场等是构成烈士陵园的主要烈士纪念设施。

（二）纪念对象的特定性

烈士陵园不同于一般的陵园，它是为纪念烈士所建的永久性纪念设施，纪念的对象是特定的，只能是烈士。按照《烈士褒扬条例》规定，烈士以外的任何人是不能安葬在烈士陵园内的。

（三）宣传教育的政治性

烈士陵园是为特定的阶级服务的，任何国家和民族都有本国、本民族的烈士，因此，不仅在中国，在其他国家烈士陵园也同样存在。每一个烈士陵园都承担着宣传烈士事迹、教育本国民众、激发爱国热情、服务经济社会发展的职责，具有鲜明的政治性。

三、社会作用

"褒扬烈士、教育群众"是烈士陵园的根本宗旨，这决定了烈士陵园的社会作用，即：弘扬和宣传烈士精神，用烈士的典型事迹教育群众，开展广泛深入的爱国主义教育和革命传统教育，为经济建设、社会文明进步提供强大的精神力量。

四、发展概况

我国的烈士陵园是随着近代烈士褒扬制度的建立而产生的。20世纪20年代，中国共产党创建了人民军队，掀开了烈士褒扬工作的新篇章。1931年11月颁布的《红军抚恤条例》是我党烈士褒扬工作的第一个全面、系统的法规。1933年颁布了《中华苏维埃共和国地方苏维埃暂行组织法》，在艰苦卓绝的人民战争中，以伤亡抚恤、褒扬优待为内容的全新烈士褒扬制度初步确立。中华苏维埃中央政府在江西瑞金建起一座"红军烈士纪念塔"，在附近还建有纪念著名烈士赵博生、黄公略的"博生堡"和"公略亭"。以后各个革命战争时期，都制定了有关褒扬革命烈士、抚恤烈士家属的行政法规，修建了一批纪念著名烈士和重大战役的建筑设施。如：王坪烈士陵园、抗日山烈士陵园、子长革命烈士纪念馆、胶东革命烈士陵园、晋冀鲁豫烈士陵园、冀南烈士陵园、华东革命烈士陵园等，均为新中国成立前建立的烈士陵园。大规模建设烈士陵园主要还是在新中国成立以后，1950年12月

11日,中华人民共和国中央人民政府内务部颁发的《革命军人牺牲、病故褒恤暂行条例》规定:为对烈士瞻悼景仰,各地得建立烈士纪念碑、塔、亭、林、墓等。由此,全国各地先后修建了1100多处烈士陵园。新中国成立后,中国烈士陵园建设以时间为分界,可大致分为三期:50—70年代建设的烈士陵园;80年代建设的烈士陵园;90年代建设的烈士陵园。它们均具有典型的时代特征,经过半个世纪的发展建设,许多地方的烈士陵园都经历了从无到有、从初具规模到调整完善的过程。

博生堡

公略亭

冀南烈士陵园

第二节　纪念碑（塔、亭）

一、定义

烈士纪念设施保护单位内的烈士纪念碑（塔、亭）是指为纪念烈士所修建的纪念性碑（塔、亭），是烈士纪念设施保护单位的标志性建筑，一般建在烈士纪念设施保护单位最显要的位置，具有气势宏伟、庄严肃穆的特征。

二、基本特征

作为烈士纪念设施保护单位的标志性建筑，烈士纪念碑（塔、亭）具有以下基本特征：

（一）识别性

识别性就是用符号表达某种不在意指的事物。如：五角星在革命战争年代代表了革命精神，是进步的象征。烈士纪念碑（塔、亭）上往往运用五角

"九一八"事变纪念碑

星代表战争年代的革命精神,红旗代表中国革命的伟大胜利,和平鸽代表和平与希望等。这些都具有很强的识别性,让人一看到就能意会。如惠安革命烈士纪念碑、井冈山红军纪念碑。

(二)象征性

象征性即用具体的事物表示某种特殊的意义。象征是对事物的升华,烈士纪念碑(塔、亭)往往采用相关联的具体物体表达潜在的含义,如:广西百色起义纪念碑外形似一杆红缨枪直指天宇,传达的是"枪杆子里出政权"的意象。① 贵州遵义红军烈士纪念碑的顶端是镰刀、锤子标志,碑的外围是一个直径20米、高2.7米、离地面2米的大圆环,圆环外壁镶嵌着28颗闪光的星,象征着中国共产党经过28年艰苦奋斗,取得了全国政权。圆环内壁是4组汉白玉石浮雕,内容是"强渡乌江""遵义人民迎红军""娄山关大捷""四渡赤水"。大圆环还由4个5米高的红军头像托着,头像用紫色花岗岩石雕凿而成,东南侧为老红军形象,西南侧是一个青年红军形象,东北侧是赤卫队员形象,西北侧是女红军形象,寓意着红军威震四方。② 象征的运用,可以更好地让群众直观地体会烈士纪念碑所传达的主题。

---

① 马英俊:《我国纪念碑符号特征研究》,南京艺术学院硕士论文,2008年。

② 《红军烈士陵园:凝聚遵义人的红色情结》,http://www. people. com. cn/n/2014/0902/c32306 - 25589592. html。

百色起义纪念碑

遵义红军烈士纪念碑

（三）独特性

独特性指能被人们认知和区分的特性，即鲜明的特点，这是烈士纪念碑（塔、亭）是否具有生命力的关键。独特性表现为以下几个方面：安放的场地特殊，具有典型性，一般为事件的发生地、人物的出生地或特定的纪念空间等；体量特殊，以室外环境氛围的营造为最终目标，以较大体量表现，与一般性雕塑有着根本的区别；表达方式特殊，在特定的年代，受政治、经济文化等因素的影响，由于其独特性，在特定的场所才能营造出特定的氛围。

三、社会作用

烈士纪念碑（塔、亭）象征着烈士的牺牲精神和中国革命的伟大胜利，它能通过艺术的形式传达某种力量，以独特的表达方式实现纪念和教育的意义，使后人感动和记忆，并受到烈士精神的感召，实现自我反省。

四、主要概况

（一）烈士纪念碑（塔、亭）的发展

1931年7月，为纪念红三军在房县牺牲的革命烈士，柳直荀亲自率领军干校的学员在湖北房县兴建了烈士陵墓，墓前立有"苏维埃红军烈士纪念塔"，这是笔者已知最早的烈士纪念碑（塔、亭）。1934年2月，为褒扬先烈且永远纪念在革命战争中光荣牺牲的红军指战员而建成了瑞金红军烈士纪念塔；1937年4月，为纪念在滦州起义中的殉难烈士而建立了辛亥滦州革命纪念塔；1948年4月，为纪念在四平战斗中和各次作战中英勇殉国的将士建立了四平市烈士纪念塔；1950年建成的华东革命烈士纪念塔等，是我国较早建立的烈士纪念碑（塔、亭）。为纪念中国近现代史

湖北房县苏维埃红军烈士纪念塔

上的革命烈士而修建的人民英雄纪念碑,碑高 37.94 米,是新中国成立后首个国家级公共艺术工程,也是中国历史上最大的纪念碑。

瑞金红军纪念塔

辛亥滦州革命纪念塔

四平市烈士纪念塔

华东革命烈士纪念塔

人民英雄纪念碑

（二）烈士纪念碑（塔、亭）的组成

传统意义上的烈士纪念碑由碑台、碑座、碑身、碑帽和文字等部分组成，有些纪念碑还有栏杆、台阶、雕塑等组成部分，碑身正面镌刻有"革命烈士（人民英雄）永垂不朽"或"×××纪念碑（塔、亭）"等大字。随着时代的发展，烈士纪念碑在继承中有发展，形式越来越多样，由繁到简，组成部分也逐步简化，有些就是几何形石块与文字的组合，简约但不简单，纪念的主题更加突出。

（三）烈士纪念碑（塔、亭）的类型

现代烈士纪念碑一般有竖式和卧式（横碑）等类型。竖式纪念碑适宜建在占地面积较大、空间开阔的保护单位内，碑体高度从几米到几十米不等，纪念碑前一般有可容纳数千人以上开展纪念活动的广场，或拾阶而上，整个环境气势比较恢宏。如天安门广场前的人民英雄纪念碑、南京雨花台烈士纪念碑等。卧式纪念碑高度偏低，碑前的纪念广场视整个保护单位的占地面积而定。如上海龙华烈士纪念碑采用的是卧式纪念碑。除竖碑和卧碑外，也有一些异型碑，如惠安革命烈士纪念碑、井冈山红军纪念碑等。还有雕塑与碑结合的纪念碑，如抗美援朝纪念碑；也有勒石作碑纪念的，如卧牛山战斗纪念碑等。

上海龙华烈士纪念碑

惠安革命烈士纪念碑

井冈山红军纪念碑

抗美援朝纪念碑

卧牛山战斗纪念碑

　　纪念亭是烈士纪念碑（塔、亭）的一种类型。亭是有柱有顶无墙的建筑物，纪念亭是为纪念某一历史事件或为纪念某一著名人物而建的纪念性建筑，是将纪念性与中国传统建筑形式相结合的一种建筑。纪念亭一般与碑结合，在亭子 中间竖碑勒石，记载历史事件或人物事迹及建亭原因，让参观者在浏览休闲时，接受革命传统教育。如镇江烈士陵园内的忠烈亭碑，是为纪念鸦片战争时期著名的镇江保卫战而修建的，亭中有当年镇江府衙为在战争中牺牲的青州兵而立的碑（复制品），碑上记载了当年牺牲将士的姓名及立碑的原因、时间等，游人在亭间休憩时可通过碑文了解历史，接受教育。

镇江烈士陵园忠烈亭

（四）纪念碑（塔、亭）的形态

淞沪战役阵亡将士纪念碑

纪念碑（塔、亭）有人工处理的自然形态、几何化形态、自然形态3种形态。人工处理的自然形态指创作者根据需要，对自然形体进行人为的艺术加工处理，以获得更强的象征意义。淞沪战役阵亡将士纪念碑以细腻传神的手法，通过人物的体态动作，传达出将领与士兵的人物关系，他们与环绕在四周的炸弹，一静一动，既传达了战争中人物活动的基本特点，又形象、直观地表现了战争的残酷，而氛围的渲染更加强有力地体现了淞沪战役中将士们英勇无畏的精神，这种视觉的冲击力是无法用简单的文字来表述的。几何化形态指创作者以简洁的几何形状塑造出的纪念碑碑身，几何形状是当今设计界的主流，因其简洁、明快、大气和抽象性而被大量应用在纪念碑设计中。高度提炼的碑身造型，有时可以视为一个抽象雕塑的形体。如浙江温州市的洞头解放纪念碑整体呈箭头形态，昂扬向上的动势传达了奋发进取的积极意义。几何化形态的烈士纪念

洞头解放纪念碑

碑可以使人们获得新的意象,给人以清新的感受。自然形态烈士纪念碑则是人们利用原材料的自然形体,简单加以注解,增强其具体可感性和亲和力,反映出其真正表达的主体内涵及表现出特定时期人们的审美追求。①如卧牛山战斗纪念碑,其碑身采用原始石材,直接镌刻上纪念的主体文字,不加任何修饰,体现其独特性,引发人们对碑体延伸意义的思考。

第三节 烈士纪念馆(堂)

一、定义

纪念馆是博物馆的主要类型,是纪念杰出历史人物或重大历史事件的专题博物馆,用声、光、电、图、实物等多种方式展现人物的品质和精神,体现历史事件的意义和价值。烈士纪念馆则是为纪念近现代中国革命斗争史上或在社会主义建设和改革开放中牺牲的烈士或重大事件,并依托于有关的历史遗址、纪念建筑而建的纪念馆。烈士纪念馆是烈士纪念设施保护单位的主要纪念设施,是人们学习历史、了解国情、缅怀先烈光辉业绩、激发爱国热情的重要场所,是保护单位对外服务的重要窗口。

二、基本特征

烈士纪念馆具有以下3个基本特征:

(一)纪念性博物馆

烈士纪念馆不同于文化馆、图书馆、展览馆等其他文化机构,它属于博物馆类。烈士纪念馆是为纪念烈士和重大历史事件而建立的,但也不同于艺术类、科技类和综合类等其他类型的博物馆,而是具有纪念性的博物馆。

(二)有特定的纪念对象

烈士纪念馆纪念的是在中国近现代革命斗争史上、社会主义建设和改革开放中为了民族独立、国家富强、人民解放和保护国家人民生命财产安全而英勇牺牲的烈士及重大的历史事件,这使得它不同于一般的纪念性博物馆,而是一种特定的纪念性博物馆。

(三)具备特定的物质条件

烈士纪念馆依托于历史遗址、纪念设施,同时,烈士纪念馆必须通过广泛征集大量的文史资料、烈士资料和遗物,并通过对这些文物资料的保护、管理、展示来开展教育工作,大大丰富了教育内容的科学性和完整性。这些

---

① 马英俊:《我国纪念碑符号特征研究》,南京艺术学院硕士论文,2008 年。

特定的物质条件使它不同于一般的陵、墓、碑、亭等其他单一类型的纪念设施。

三、社会功能

烈士纪念馆是烈士和重大历史事件有关遗址、遗物和纪念建筑的保护收藏机构、宣传教育机构和史料研究机构。其社会功能是：利用烈士和历史事件的遗址、遗物、纪念建筑，实事求是地反映烈士、历史人物、历史事件的历史地位和历史作用；颂扬烈士崇高的品质和伟大的爱国主义精神；讴歌中国革命和建设的伟大进程；传播有关历史知识，对群众尤其是青少年进行革命传统教育和爱国主义教育，帮助他们树立正确的世界观、人生观和价值观。

四、发展概况

烈士纪念馆的建设与发展是随着中国革命和社会主义建设的历史进程而不断发展的。1931 年中华苏维埃共和国临时中央政府颁布的《中国工农红军优待条例》规定："死亡战士的遗物应由红军机关或政府收集，在革命历史博物馆中陈列以表纪念。"为保存和展示这些革命文物，中华苏维埃共和国临时中央政府成立了中央革命博物馆，这是党和革命政府领导的第一所具有纪念性质的革命博物馆。抗日战争时期，中国共产党领导的解放区政府更加重视革命文物的保护和宣传，在延安筹备了革命历史博物馆，还通过举办展览等形式开展宣传工作。这些都是早期烈士纪念馆的萌芽。[①] 1946年哈尔滨解放后，东北行政委员会决定成立"东北抗日暨爱国自卫战争殉难烈士纪念事业筹备委员会"，经过筹备，"东北烈士纪念馆"于 1948 年10 月正式开馆。据史料记载，这是被公认的中国第一所专门的烈士纪念馆。新中国成立以后，党和政府高度重视优抚工作，1950 年颁布了《革命军人牺牲、病故褒恤暂行条例》，要求各地要建设烈士纪念设施，搜集、编纂烈士英勇事迹，延安革命纪念馆、西柏坡纪念馆等相继建成。20 世纪八九十年代，随着《革命烈士褒扬条例》和《革命烈士纪念建筑物管理保护办法》的出台，烈士纪念馆的建设得到了新的发展和振兴，东北烈士纪念馆等老馆进行了改、扩建，中国人民抗日战争纪念馆、上海龙华烈士纪念馆、辽沈战役纪念馆等一批独具魅力的新馆诞生。近年来，党和国家高度重视烈士纪念工作，出台了一系列政策法规，开启了新一轮烈士纪念馆建设的局面。

---

① 安延山：《中国纪念馆概论》，文物出版社，1996 年，第 198 页。

延安革命纪念馆（1950 年建成）

西柏坡纪念馆

东北烈士纪念馆

上海龙华烈士纪念馆

辽沈战役纪念馆

中国人民抗日战争纪念馆

第四节 烈士墓区(地)、烈士骨灰堂(馆)

一、定义

烈士墓区(地)是专门为在中国革命和社会主义建设中,为了国家的利益和人民的幸福而牺牲的烈士,以及对国家有巨大贡献的著名人物而修建的陵墓。烈士墓区（地）是烈士纪念设施保护单位的重要纪念设施，也是供群众永久瞻仰和缅怀的纪念地。

烈士骨灰堂（馆）主要是指用于安放烈士骨灰的纪念设施。烈士骨灰堂（馆）既可用作烈士骨灰的临时性安放，也可用于烈士骨灰的永久性安放。烈士骨灰堂与烈士墓区（地）相比，具有占地面积小、易于管理、祭扫方便等优势，也更符合现代绿色殡葬的理念。

二、基本特征

烈士墓区（地）和烈士骨灰堂（馆）一般都具有以下基本特征：

（一）安葬地点的专门性

《烈士安葬办法》规定，烈士陵园、烈士集中安葬墓区是国家建立的专门安葬、纪念、宣传烈士的重要场所。

（二）安葬对象的特定性

《烈士褒扬条例》规定，任何单位或者个人不得在烈士纪念设施保护范围内为烈士以外的其他人修建纪念设施或者安放骨灰、埋葬遗体。可见，烈士墓区（地）和烈士骨灰堂（馆）只能用于安葬烈士。

（三）安葬设施的统一性

《烈士安葬办法》对烈士墓穴和骨灰安放的格位、面积、碑文的内容等都有明确规定和要求，并指出烈士墓和烈士骨灰存放设施应当形制统一。这完全不同于可根据各自的经济状况选择材质、规格、地点、形式的普通墓地。

（四）祭扫人员的广泛性

一般墓地只有安葬者生前的亲朋好友来祭扫，寄托哀思之情，寻求心灵慰藉。而烈士墓区（地）和烈士骨灰堂（馆）安葬的对象是烈士，在某种层面上，烈士已不单单属于自己的亲人，而且是属于国家的宝贵资源，祭扫烈士的人员是广大的社会群众。因此，烈士墓区（地）和烈士骨灰堂（馆）具有祭扫人员广泛性的特征。

三、社会功能

烈士墓区（地）和烈士骨灰堂（馆）是安葬烈士的场所，其社会功能主要是人们通过对烈士安葬地的瞻仰，表达自己内心对烈士的崇敬和缅怀，学习烈士的高尚品德，寻求精神的力量，激发爱国、敬业、奉献的热情和动力。

四、发展概况

1931年颁布的《中国工农红军优待条例》规定，死亡战士应由当地政府帮助红军机关收殓，并立纪念碑，在共产党领导下的烈士安葬工作由此开始。位于四川巴中市通江县的川陕革命根据地红军烈士陵园,原名王坪红军烈士墓,始建于 1934 年,安葬了 2.5 万名烈士,是我国较早、也是目前中国最大的红军烈士墓地。为了集中安葬烈士,一批烈士墓地在战争中先后建立,如:建于 1933 年的红军烈士纪念塔;建于 1941 年的抗日山烈士陵园,这是我国在抗日战争期间建立的唯一以"抗日"命名的一座烈士陵园;建于 1943 年的刘志丹烈士陵园;建于 1946 年的冀南烈士陵园等。1950 年颁发的《革命军人牺牲、病故褒恤暂行条例》规定:"革命军人牺牲或病故后,由所在部队妥为安葬,并用砖石镌刻或用木牌书明其姓名、籍贯、年龄、职务等,竖在墓前以志纪念,其名单交葬地村人民政府登记保存,并按时扫墓。"同时还要求各地建立烈士纪念碑、塔、亭、林、墓等供人们对烈士瞻悼景仰,由此,全国各地先后修建烈士墓、烈士陵园,用于集中安葬烈士。据有关数据显示,我国现有烈士墓 98.9 万余座。

王坪红军烈士墓

目前我国的烈士墓主要有集中安葬墓地、著名烈士墓园和散葬烈士墓 3 种。集中安葬指多名烈士统一安葬于烈士纪念设施保护单位、有专人统一管理的安葬形式。综合性烈士陵园一般都有集中安葬的烈士墓区。著名烈士墓园一般指安葬在重要人物纪念设施保护单位内的墓地,亦指为对中国革命有巨大影响或有突出贡献的人员专门修建的墓地,如李大钊烈士墓等。散葬烈士墓主要是指战争年代因环境恶劣,牺牲的烈士就地安葬而形成的大量散葬烈士墓。这些烈士墓大都无专人管理,历经多年的风吹雨打,有的破旧失修,有的藏匿在杂草丛中,有的被耕地、道路逐渐蚕食,还有部分位于农民责任田里,亟待保护。① 据国家民政部 2011 年对烈士纪念设施进行的

①《散葬烈士墓》,《齐鲁晚报》,2012 年 12 月 31 日。

灌南县"慰烈工程"烈士墓

全面普查结果显示,全国的散葬烈士墓约61万座,安葬了约99万余名烈士。为了让烈士得到安息,2011年5月,民政部、财政部联合下发《关于加强零散烈士纪念设施建设保护工作的通知》,对散葬烈士墓开展了抢救性的保护措施,全国各地民政部门掀起了让烈士"回家"的行动,近年来,散葬烈士墓已基本得到妥善安置。

据史料记载,我国约有20多万烈士安葬在境外。为纪念这些烈士,受援国政府和人民、我国政府、部队和有关部门在烈士战斗、牺牲的地方修建了大量烈士纪念设施。长期以来,由于种种原因,这些烈士纪念设施大都没有得到有效管理和保护,影响了我国的国际形象。2008年《国务院办公厅关于印发民政部主要职责内设机构和人员编制规定的通知》(国办发〔2008〕62号)中,首次明确了民政部承办境外我国烈士和外国在华烈士纪念设施保护事宜的职责。境外烈士纪念设施的管理与保护正式提上了日程。①

---

① 《改革开放中的烈士褒扬工作》,http://www. 360doc. com/content/11/0113/20/1298788_86331029. shtml。

第五节　纪念性雕塑

一、定义

纪念性雕塑是雕塑艺术之一。《辞海》对其的解释为：以表彰历史人物或纪念重大历史事件为题材的雕塑，一般安置在特定的环境或纪念性建筑的综合体中，具有庄严、永久的特征。烈士纪念设施保护单位内的纪念性雕塑一般以烈士、对中国革命有重大贡献的历史人物或重大历史事件为题材，通过具有象征意义的特殊符号，运用艺术的手法，使用能长期保存的雕塑材料制作而成的圆雕或浮雕，安置于室内外纪念场所中，具有激发情感、烘托纪念氛围的作用。

二、基本特征

（一）艺术性

纪念性雕塑是用艺术的手段通过特定的符号和形象，塑造出具有特殊寓意的纪念建筑，它不是对事物简单的还原，而是通过特定符号的运用和艺术的创造，在形式上起到震撼人心的效果，使其思想性得到进一步升华。

（二）象征性

纪念性雕塑与纪念碑一样具有象征性，采用一些相关联的具体物体表达某种特殊的意义，揭示其潜在的内涵。

（三）纪念性

纪念性雕塑不同于普通的雕塑，普通雕塑更多地体现的是艺术性，而纪念性雕塑是为纪念人物或重大事件而塑造的，是纪念性与艺术性的结合。

三、社会功能

纪念性雕塑是紧密联系广大群众的、最生动形象的有效宣传教育手段，通过纪念性雕塑再现伟大历史事件、塑造杰出历史人物，可体现一个国家和民族的崇高理想。人们从纪念性雕塑的艺术形象中了解过去，震撼心灵，接受教育，从做出伟大贡献的历史人物形象中受到启迪和鼓舞，振奋精神，达到润物细无声的作用。纪念性雕塑与园林、建筑相互衬托，对周围环境可起到装饰和美化的作用，从而营造出浓厚的纪念氛围。

四、主要概况

纪念性雕塑一般有户外雕塑和户内雕塑两种。户外雕塑一般与碑体相搭配,或雕塑本身就具有碑体功能。现代的烈士纪念馆(陈列馆),一般序厅内都会有表现著名人物、当地革命斗争史或烈士精神的雕塑和浮雕,如毛主席纪念堂的主席像。雕塑一般采用石材、金属、玻璃钢材质等。镇江烈士纪念馆序厅有一组40米长的反映镇江革命斗争史的雕塑,是用铸铁锻造而成的,具有很强的视觉冲击力,是采用新材料、新工艺制作雕塑作品的成功尝试。序厅中间表现烈士精神的红色雕塑则采用了玻璃钢材质制作,设计巧妙,且具有历史的厚重感,在造价上也比石材大大降低。

镇江烈士纪念馆序厅雕塑

纪念性雕塑有大型的,如南京雨花台烈士群雕,群像由179块花岗石拼装而成,像高10.3米,宽14.3米,重达1300多吨。雕塑不一定都是以大取胜,要看具体环境与总体的关系而定,如镇江烈士陵园内的李超时烈士铜像则是比真人稍大的胸像。

李超时烈士铜像

南京雨花台烈士雕塑

第三章 烈士纪念设施保护单位的规划与建设

第一节　发展与建设规划

一、法规政策内容

1992 年民政部制定的《县级以上管理的烈士纪念建筑物单位开展争创管理工作先进单位的条件》中规定：当地人民政府和民政部门重视烈士纪念建筑物的建设和管理工作，并制定了发展规划和实施规划的具体措施。《革命烈士纪念建筑物管理保护办法》规定：革命烈士纪念建筑物及其周围的建筑应当纳入当地城乡建设总体规划。《烈士纪念设施保护管理办法》规定：烈士纪念设施应当纳入城乡建设规划。2013 年，中共中央办公厅、国务院办公厅、中央军委办公厅印发的《关于进一步加强烈士纪念工作的意见》规定：发展改革部门要将烈士纪念设施建设和保护纳入国民经济和社会发展规划，将重要烈士纪念设施纳入红色旅游发展规划。2014 年 7 月，民政部制定的《国家级烈士纪念设施保护单位服务管理指引》规定：将烈士纪念设施建设和保护纳入当地国民经济和社会发展规划，提高建设水平，提升服务品质；争取将烈士纪念设施纳入红色旅游经典景区（线路）、爱国主义教育基地，创建 A 级旅游景区，拓展教育功能，扩大社会影响。根据以上法规政策，烈士纪念设施的建设应纳入当地的城乡建设发展规划。

二、建设与发展总体规划设计

我国的烈士纪念设施保护单位具有数量多、分布广的特点。在爱国主义教育职能不变的前提下，烈士纪念设施保护单位的建设正朝着多样化、个性化的方向发展。注重与环境共生、文脉的继承、可持续发展，注重高科技的运用和人文精神的弘扬是当今烈士陵园、烈士纪念设施建设的发展趋势。① 烈士纪念设施保护单位无论是新建还是改扩建都应编制总体规划，然后依据总体规划，根据保护单位的实际，从近期到中期再到长期，逐步实现建设的总体目标。

烈士纪念设施保护单位首先要编制总体规划设计方案，规划设计一般通过招标或委托设计等形式，交由设计单位设计，但总的设计思路和素材则由烈士纪念设施保护单位提供给设计者。设计方案大致由以下几方面构成：

（一）项目概况

烈士纪念设施保护单位的总体规划必须与当地的城乡建设相结合，项目概况一定要说明当地城市的总体建设情况、人文景观、历史传承、城市特色等，还要介绍烈士纪念设施保护单位的区域、规划面积、地形地势、文化特色等。

（二）规划依据

规划依据指规划设计主要依据的各项政策法规、规范性文件及历史资料，如《公园设计规范》CJJ48—92、《烈士纪念设施保护管理办法》、各地的地方志等。

（三）规划原则

规划原则指规划设计所依据的准则。一般烈士纪念设施保护单位规划设计应遵循以人为本、因地制宜、可持续发展、陵园公园化等原则，并始终坚持突出纪念性和教育性。

（四）建设定位

建设定位即通过规划预计要达到的目标，如要建成什么样的烈士纪念设施保护单位，其在全国、省、市中处于什么级别的位置等。只有定位准确，烈士纪念设施保护单位的建设才能避免走弯路。

（五）环境景观设计

1. 功能分区

烈士纪念设施保护单位结合各自的实际情况，在功能上可分为烈士纪念区、游览休闲区、遗址文化展示区和生态观赏区等。

2. 建筑设计

一是风格设计。烈士纪念设施的建筑设计、其他配套设施建筑设计，应结合烈士纪念设施保护单位的特点和原有的建筑风格，或采用仿古设计风格，或采用现代设计风格，但原则是风格一定要统一。二是道路设计。要考虑园区的交通系统、出入口、停车场是否能满足清明等祭扫高峰的人流。三是给排水、供电、监控、网络设计。水系既要满足单位正常的生产生活用

---

① 马纯立：《西安烈士陵园总体规划与纪念性建筑设计研究》，西安建筑科技大学硕士论文，2003年。

水,还要考虑绿化灌溉用水,同时要考虑旱涝等自然灾害时的应急用水问题。电系统在保障正常使用的情况下,要考虑广场音响用电、绿地布置草坪灯、音乐背景及应急用电等。同时,监控线路和网络线路等均需体现在设计中。

3. 植被规划

烈士纪念设施保护单位具有生态休闲功能,做好植被的规划,有利于烈士纪念设施保护单位的生态环境建设。植被规划既要体现烈士纪念设施保护单位特有的庄严肃穆,又要体现烈士纪念设施保护单位公园化、园林化的发展思路,要规划好植被的品种配置和区域分布。

三、建设规划的实施

规划完成后,更重要的是要付诸实施,使规划成为现实。新建或改扩建烈士纪念设施保护单位如果能争取到足够的经费,按照总体规划一次性完成新建和改扩建任务,能避免多次施工造成的前后不衔接和新旧不统一等问题,但多数烈士纪念设施保护单位受财力限制,建设规划需分步实施,烈士纪念设施需逐步完善。

(一) 遵循原则

烈士纪念设施保护单位建设规划实施应遵循"量力而行、质量至上、宁缺毋滥"的原则。量力而行是指要根据争取到的经费情况,考虑实施项目的大小,不能好高骛远,造成项目无法实施或施工过程中的偷工减料。质量至上就是要求烈士纪念设施保护单位在实施项目过程中一定要严把工程质量关,不能因质量问题造成不良的社会影响。宁缺毋滥是指烈士纪念设施是为纪念烈士而建的永久性建筑,每一项工程都要做到精益求精。

(二) 建设立项

烈士纪念设施保护单位向当地发展与改革委员会(以下简称发改委)申请,发改委结合当地经济发展和城乡规划,对整个工程进行各方面的评估,认为可行后予以立项审批。现在各级部门均实行项目化管理,这就要求烈士纪念设施保护单位建设工程必须先立项,后实施。在工程立项之前对各个方面的评估应该包括工程概算,即完成这项工程预估需要进行的成本投资。

(三) 建设经费

《烈士纪念设施保护管理办法》第四条规定,县级以上烈士纪念设施由所在地人民政府负责保护管理,纳入当地国民经济和社会发展规划或者有关专项规划,所需经费列入当地财政预算。民政部会同财政部安排国家级烈士纪念设施维修改造补助经费,地方各级人民政府民政部门会同财政部门安排当地烈士纪念设施维修改造经费。维修改造经费的使用和管理接受审计等部门的监督。可见,财政拨款是烈士纪念设施保护单位建设与发展经费的主要来源,在上级拨款不足的情况下,烈士纪念设施保护单位也可接受社会捐赠,广泛争取社会支持。

（四）组织实施

烈士纪念设施保护单位应成立专门的工程领导小组,负责工程的组织与实施。按照国家规定,做好项目的招标工作。在施工过程中,除聘请监理对质量和安全进行监督外,单位工程领导小组成员也要亲临现场,严格把关,确保工程质量和安全。施工结束后,要组织设计人员、施工人员、监理、工程质检部门人员对工程进行全面的检查和验收,若存在问题则限期整改。整个工程结束后,要接受审计部门的审计。

第二节 保护范围和建设控制地带的确定

烈士纪念设施是进行社会主义核心价值体系教育的重要资源,不可再生。烈士纪念设施保护单位应根据民政部要求,积极争取政府部门明确保护范围,取得土地权属证明,并根据规范设立保护标志。

一、定义

保护范围,是指对文物保护单位本体及周围实施重点保护的区域。保护范围要确保烈士纪念设施保护单位的真实性和完整性,以基本界划为基础向外,结合地理环境即成地理界划,即实际保护范围。①

建设控制地带,是指在文物保护单位的保护范围外,为保护文物保护单位的安全、环境、历史风貌对建设项目加以限制的区域。②

烈士纪念设施属于不可移动的革命文物,很多都纳入了当地文物部门的管理范畴。因此,烈士纪念设施保护单位的保护范围和建设控制地带一般均参照文物法的规定。

二、法规政策内容

《革命烈士纪念建筑物管理保护办法》规定:全国重点革命烈士纪念建筑物保护单位,由省、自治区、直辖市人民政府的民政部门负责划定保护范围,设置保护标志,建立资料档案。这是国家层面在法规性文件中,首次专门针对烈

---

① 《中华人民共和国文物保护法实施条例》,2013 年。
② 同①。

士纪念设施保护单位提出划定保护范围这一要求,当时还仅局限在全国重点烈士纪念设施保护单位,也没有对保护范围内的管理做更多的说明。

2011年8月颁布的《烈士褒扬条例》规定:各级人民政府应当确定烈士纪念设施保护单位,并划定烈士纪念设施保护范围。划定保护范围的单位扩大至各级烈士纪念设施保护单位,也就是说只要被确定为烈士纪念设施保护单位,各级政府都应该及时划定保护范围。《烈士褒扬条例》还对烈士纪念设施保护单位保护范围内的管理做出了明确的要求,任何单位或者个人不得侵占烈士纪念设施保护范围内的土地和设施。禁止在烈士纪念设施保护范围内进行其他工程建设。任何单位或者个人不得在烈士纪念设施保护单位范围内为烈士以外的其他人修建纪念设施或者安放骨灰、埋葬遗体。在烈士纪念设施保护范围内不得从事与纪念烈士无关的活动。禁止以任何方式破坏、污损烈士纪念设施。可见,烈士纪念设施保护单位范围内安葬的对象只能是烈士;实施的建筑工程只能是烈士纪念设施或与之有关的附属设施;开展的活动必须是烈士纪念活动。

《烈士纪念设施保护管理办法》第八条规定:烈士纪念设施保护单位的上级主管部门应当提出划定保护范围的方案,报同级人民政府批准和公布。对属于文物的烈士纪念设施,应当按照文物保护法律法规划定保护范围和建设控制地带。县级以上烈士纪念设施保护单位应当设立保护标志。烈士纪念设施保护标志由民政部统一制定。烈士纪念设施保护单位应当办理烈士纪念设施土地使用权属文件。[1] 这里对保护范围的提出部门作了明确规定,即由烈士纪念设施保护单位的上级主管部门提出,而且必须由同级人民政府批准和公布。并提出了"建设控制地带",同时也首次提出了办理土地使用权属文件的要求。

《中华人民共和国文物保护法》第十八条规定:根据保护文物的实际需要,经省、自治区、直辖市人民政府批准,可以在文物保护单位的周围划出一定的建设控制地带,并予以公布。在文物保护单位的建设控制地带内进行建设工程,不得破坏文物保护单位的历史风貌;工程设计方案应当根据文物保护单位的级别,经相应的文物行政部门同意后,报城乡建设规划部门批准。

三、确定程序

根据《烈士纪念设施保护管理办法》规定,烈士纪念设施保护单位划定保护范围的方案应由上级民政部门提出,并报同级人民政府批准公布,且必

---

[1] 《让烈士精神永续传承——民政部有关负责人解读新颁布的〈烈士纪念设施保护管理办法〉》,http://news.xinhuanet.com/2013 - 07/04/c_116410372.htm。

须设立保护标志,办理烈士纪念设施土地使用权属文件。属于文物的烈士纪念设施,应当按照文物保护法律法规划定保护范围和建设控制地带。国家级烈士纪念设施保护范围和记录档案,应由省级人民政府批准并报国务院民政部门备案。

划定的基本原则是保证烈士纪念设施的完整性,并在烈士纪念设施本体之外保证一定的安全距离。采取划定保护范围并划定建设控制地带的方式予以确定。

四、保护标志的设立

为了贯彻民政部、财政部民发〔1986〕优 33 号《关于对全国烈士纪念建筑物加强管理保护的通知》精神,加强对全国重点烈士纪念建筑物保护单位的维护管理工作,民政部下发了《关于对全国重点烈士纪念建筑物保护单位设置保护标志的通知》(民〔1987〕优字 6 号),要求全国重点烈士纪念建筑物保护单位必须统一设置保护标志,并制定了标志式样。随后,各地先后对3000 余个县级以上烈士纪念设施保护单位设立了保护标志。① 近年来,由于名称的变更,原规定标志中的"全国重点烈士纪念建筑物保护单位"应更名为"国家级烈士纪念设施保护单位"。

附:

全国重点烈士纪念建筑物保护单位保护标志制作说明

一、标志的内容

1. 烈士纪念建筑物保护单位名称;

2. 烈士纪念建筑物保护单位的级别;

3. 批准机关、批准日期;

4. 公布机关、公布日期;

5. 标志设立机关(省、自治区、直辖市人民政府)、设立日期。

二、标志形式

标志一律采用横三、竖二比例的横匾式,其规格最小限定为 60 × 40 厘米,最大限定为 150 × 100 厘米。可视烈士纪念建筑物保护单位规模,选择适当尺寸。

标志的文字一律采用经国务院批准最近发表的规范的简化字,用仿宋或楷书、隶书,由左至右书写、镌刻。单位名称较多的可排列成两行。

---

① 《改革开放中的烈士褒扬工作》,http://www.360doc.com/content/11/0113/20/1298788_86331029.shtml。

为了保持标志坚固耐久，一般采用石料等耐久质料制作。字迹的颜色要庄重朴素、显明协调。

三、标志应设置在明显易见的地方。标志可以镶嵌或悬挂于墙壁上，也可以另加边框和底座，但要朴实大方，不宜过于烦琐复杂。

附标志式样两份，以供参考。

标志式样之一

```
┌─────────────────────────────────────┐
│   全国重点烈士纪念建筑物保护单位        │
│                                       │
│      广 西 壮 族 自 治 区              │
│                                       │
│        烈 士 陵 园                     │
│                                       │
│      中华人民共和国国务院              │
│      一九八六年十月十五日批准          │
│                                       │
│  中华人民共和国民政部一九八六年十月二十八日公布  │
│  广西壮族自治区人民政府一九八七年  月立  │
└─────────────────────────────────────┘
```

标志式样之二

```
┌─────────────────────────────────────┐
│   全国重点烈士纪念建筑物保护单位        │
│                                       │
│      李大钊烈士陵园                    │
│                                       │
│      中华人民共和国国务院              │
│      一九八六年十月十五日批准          │
│                                       │
│  中华人民共和国民政部一九八六年十月二十八日公布  │
│  北 京 市 人 民 政 府 一 九 八 七 年    月立  │
└─────────────────────────────────────┘
```

第三节　基础设施建设

一、纪念设施建设

烈士纪念设施主要指烈士陵园、纪念堂（馆）、纪念碑（塔、亭）、纪念塑像、烈士骨灰堂、烈士墓区（地）等按照国家规定修建的设施。国务院公布的《烈士褒扬条例》明确规定，按照国家有关规定修建的烈士陵园、纪念堂馆、纪念碑亭、纪念塔祠、纪念塑像、烈士骨灰堂、烈士墓等烈士纪念设施，受法律保护。

（一）烈士陵园建设

从某种意义上讲,烈士陵园就是烈士纪念设施保护单位,是为纪念烈士所建的纪念性建筑群,是多个烈士纪念设施的组合,是以纪念人物为主的纪念设施保护单位。烈士陵园最基本的纪念设施主要有烈士墓地(区)、烈士纪念碑(塔、亭)、烈士纪念馆等,有些乡镇级烈士陵园受条件所限没有纪念馆,但也应有烈士事迹的展示区域。

1. 遵循原则

烈士陵园建设应该遵循"庄严、肃穆、生态、协调"的原则,突出纪念性。

2. 建设要求

① 科学规划。烈士陵园建设应该纳入当地城市建设的总体目标之中,整体规划是烈士陵园建设的关键。烈士陵园应聘请规划部门专家,编制陵园总体建设规划,新建和改造工程应编制项目可行性报告,使规划具有科学性,避免走弯路。

② 合理布局。规划设计应根据陵园的地形、地貌和内外环境,合理布局烈士纪念设施和附属设施,规划好环境绿化。如各烈士纪念设施的位置和体量、相互间的关系、环境绿化的配套等,都要合理布局,做到建筑与建筑、建筑与配套设施、建筑与环境相互统一,相互协调。

③ 突出功能。烈士陵园可根据其功能分为纪念区、展示区、休闲区、绿化观赏区等。纪念碑、纪念墓区(地)、骨灰堂(室)及其广场区域一般为纪念区,可供群众瞻仰烈士、开展大型主题教育活动。展示区域一般为纪念堂(馆),通过大量文物、图片、文字资料的集中展示,突出烈士的光辉事迹和牺牲精神,达到教育人、感染人的目的。休闲区域一般为群众游览、休闲、健身的场所,这一场所的建设可将红色文化融入景观建设中,达到寓教于乐的效果。绿化观赏区主要通过符合陵园特点的园林绿化景观、园艺作品等,为群众提供赏心悦目的参观环境。

镇江市烈士陵园多年来始终坚持"南陵北园"的建园规划,经过多年的努力,南面形成了由纪念碑、纪念墓、纪念馆为核心的烈士褒扬区,北面则形成了由多种景观植物、烈士诗文碑墙等组成的游览休闲区域,与陵园外围的北固山、长江遥相呼应。人们登高远望,忆古思今,爱国情感便油然而生。

（二）烈士墓区(地)建设

烈士墓区(地)是为安葬烈士修建的墓区、墓地,是烈士的安息地。

1. 遵循原则

《烈士纪念设施保护单位服务规范》要求墓区(地):"规划整齐、布局合理、庄严肃穆。"烈士墓区(地)建设应遵循这一原则。

2. 建设要求

《烈士安葬办法》第七至十条规定：烈士墓穴、骨灰安放格位，由烈士纪念设施保护单位按照规定确定。安葬烈士骨灰的墓穴面积一般不超过1平方米。允许土葬的地区，安葬烈士遗体（骸）的墓穴面积一般不超过4平方米。烈士墓碑碑文或者骨灰盒标示牌文字应当经烈士安葬地人民政府审定，内容应当包括烈士姓名、性别、民族、籍贯、出生年月、牺牲时间、单位、职务、简要事迹等基本信息。随着现代化技术手段的发展，将烈士基本信息和事迹制作成二维码，人们通过智能手机扫描便能了解烈士的信息，各地在建设时也可以采用。烈士墓区应当规划科学、布局合理。烈士墓和烈士骨灰存放设施应当形制统一、用材优良，确保施工建设质量。《烈士安葬办法》对烈士墓的建设提出了具体的要求，具有很强的操作性，烈士纪念设施保护单位在烈士墓区建设中可很好地把握。

烈士墓区（地）建设既要有肃穆感，让群众进入墓区就能平静下来，融入对烈士追思的氛围中，也要考虑群众的心理，切不能让人产生畏惧感。镇江烈士陵园原纪念墓地为一座座传统的棺木式水泥墓，占地面积大，分布在纪念碑广场两侧，墓地周边绿化为清一色的松树，进入烈士陵园给人以凝重阴森的感觉，很多群众仅把烈士陵园当成了普通的墓园，不愿意进入参观。1995年，镇江市烈士陵园通过参观学习，因地制宜，将烈士陵墓移至纪念碑两侧的垄埂上，呈月牙形排列，墓碑用红色花岗岩，掩映在绿草丛中，碑文为金箔刻字，美观大方，成为烈士陵园的重要纪念景观。

镇江烈士陵园烈士墓

(三) 烈士骨灰堂(室)建设

烈士骨灰堂(室)是安放烈士骨灰的纪念性建筑。

镇江烈士陵园烈士骨灰堂

1. 遵循原则

烈士骨灰堂(室)建设一定要体现"以人为本"的原则。建设中要充分考虑烈士家属和来园群众的需求和情感寄托,要创造良好的祭扫环境和服务环境。

2. 建设要求

骨灰堂的建筑风格应与整个烈士陵园建筑风格相协调,建筑规模应根据实际安放烈士骨灰的数量,并预留一定数量的穴位来确定。由于烈士骨灰堂(室)是烈士亲属祭扫的特定场所,必须设有祭奠区域,同时,应设有烈士家属的休息区域。根据《烈士安葬办法》,烈士安葬地县级以上地方人民政府应当举行烈士安葬仪式。因此,有条件的地方,在建烈士骨灰堂(室)时,可安排一个举行安放仪式的吊唁厅。

烈士骨灰的安放方式有墙壁式和橱柜式两种,格位根据骨灰盒大小确定,一般略大于骨灰盒,内预留放烈士遗像、简介的位置和供烈士家属放置鲜花等祭奠物品的空间。由于烈士特殊的身份,格位设计和室内设计一定要简洁大方,既能使人产生追思和遐想,又能给人以宁静感。社会上流行的金色和带有迷信色彩的图案、物品等不宜采用。

（四）烈士纪念碑（塔、亭）建设

烈士纪念碑（塔、亭）是烈士纪念设施保护单位的标志性建筑，是开展烈士纪念工作的重要载体。它是碑体建筑、雕塑、绘画、文字、相关环境规划、灯光、绿化等要素构成的综合体，烈士纪念碑既具有建筑的特征，又更多地向雕塑造型领域拓展。烈士纪念碑是为纪念烈士而建的纪念性建筑，具有鲜明的政治性，承载了特定的历史文化符号和人文情感。这些都造就了我国烈士纪念碑独特的形态。

1. 遵循原则

烈士纪念碑（塔、亭）建设应遵循"科学合理，完美统一"的原则，无论是选址、体量、形式，还是与其他建筑的关系都应该科学合理，不能随意为之。烈士纪念碑（塔、亭）须综合考虑碑体建筑、雕塑、绘画、文字、相关环境规划、灯光、绿化等要素，坚持完美统一的原则。

雨花台烈士纪念碑

2. 建设要求

① 特征体现。烈士纪念碑（塔、亭）的设计建设应充分体现其特有的识别性、象征性、独特性的特点，可结合烈士纪念设施保护单位的地理位置、所在城市的地域特色、人文历史、重要事件和人物等。通过具有象征意义的符号，以艺术表现的形式，体现出历史的厚重感，揭示其深刻的教育意义。雨花台烈士纪念碑兀立在海拔 61 米、占地面积 5010 平方米的雨花台主峰广场上，纪念碑高 42.3 米——纪念南京 1949 年 4 月 23 日解放。碑额似红旗、如火炬，碑身镌刻着邓小平手书的"雨花台烈士纪念碑"镏金大字。碑前立有烈士铜像，这尊青铜圆雕高 5.5 米，重 5 吨多。叮当作响的钢铸铁链，象征着共产党人、爱国志士"宁死不屈"的精神。① 整个纪念碑给人以气势宏伟的感觉，又给人以强烈的心灵震撼。

② 位置合理。烈士纪念碑（塔、亭）应设计在烈士纪念设施保护单位的

---

① 《雨花台》，http://blog.sina.com.cn/s/blog_5173300b01008rko.html。

醒目位置,一般为一进门就能映入眼帘的位置。如:镇江市烈士陵园纪念碑位于陵园中轴线上,处于北固山前峰山体的最高点,不仅成为烈士陵园的标志性建筑,也成为一个城市的坐标。苏南抗战胜利纪念碑坐落于当年新四军浴血奋战的茅山北麓、望母山山巅之上,纪念碑宽6米,高36米,由于其独特的地理位置,形成了纪念碑下燃放鞭炮时,碑前上空就传出"嘀嘀嗒"的军号声这一奇特现象,使此景点成为"世界一绝"。

苏南抗战胜利纪念碑

③ 体量得当。烈士纪念碑的体量大小根据烈士纪念设施保护单位的规模和环境确定,应同烈士纪念地的整体建筑和风格相统一、相协调。如果烈士纪念地规模较大、场地较开阔,纪念碑一般采用竖碑,碑的高度可达到数十米。位于北京天安门广场中心的人民英雄纪念碑,总高37.94米,庄严肃穆,是中外代表性纪念建筑。镇江烈士纪念碑碑体高度为30米,在山体的烘托下,显得气势恢宏。如果烈士纪念地规模较小、场地局促,可采用碑体高度适宜的竖碑,也可采用卧碑。国家级烈士陵园常州烈士陵园纪念碑

高仅9.3米碑,可视为卧碑类型,但与周围的环境也极为协调。

常州烈士陵园纪念碑

④ 选材准确。纪念碑的材质以大理石、花岗岩为主,能够体现纪念碑的厚重感;也可采用自然石块、金属材质。具体选择什么样的材质,需根据碑的形式、周围的环境和空间等因素来确定。

⑤ 形态独特。纪念碑有人工处理的自然形态、几何化形态、自然形态三种形态。[1] 选择什么形态应根据具体需要表达的内容、其他烈士纪念设施的风格形态等选择,如果烈士纪念设施保护单位整体风格比较古典,可以选择人工处理的自然形态;如果整体风格比较现代、简约,则可选择几何化形态的纪念碑;如果是崇尚自然、风格纯朴的,则可选择自然形态的纪念碑。不同的烈士纪念地的纪念碑应有不同的形态和风格。

（五）烈士纪念雕塑建设

烈士纪念雕塑用其特有的艺术语言,形象生动地塑造了历史事件和烈士的高大形象,使人们受到启迪和鼓舞,振奋精神,从而达到教育群众、感染群众的目的。

1. 遵循原则

烈士纪念雕塑要坚持"因地制宜、特色鲜明、寓意深刻"的原则。

因地制宜即根据需要、根据地形地势和环境等设计制作雕塑。特色鲜

---

① 马英俊:《我国纪念碑符号特征研究》,南京艺术学院硕士论文,2008年。

明指烈士纪念设施保护单位的雕塑作品一定要有自己的地域特色、建筑特色及表达内容上的特色等。寓意深刻就是让观众透过雕塑能产生丰富的联想,灵魂能得到震撼,思想能得到升华。

2. 建设要求

烈士纪念雕塑的建设一定要因地制宜。不能为建雕塑而建雕塑,也不能一味地追求建大型雕塑,而是要根据纪念地的教育内容和实际需要,确定是否需要建雕塑、建什么样的雕塑、建多大体量的雕塑。基于"南陵北园"的建园思路,镇江烈士陵园北面没有纪念设施,从北侧山体拾阶而上,首先映入眼帘的就是这面斑驳的石墙,很煞风景。为此,陵园选取了百年以来镇江烈士的诗文,建设了"北固壮歌"烈士诗文碑墙。该墙用花岗岩制作,墙体长44米,高6.4米,主体为革命烈士群像的高浮雕,两旁展示了不同历史时期革命烈士的豪言壮语17篇。碑墙上翱翔的白鸽和灼热的阳光,象征着烈士们崇高的人生追求和与日月同辉的不朽精神。代表镇江地理特征的"江水",烘托了烈士们的伟大胸怀,整个碑墙将画面、文字、块石与北固山紧密融合在一起,具有鲜明的立体感。这组雕塑弥补了陵园北区无教育内容的缺憾,是陵园因地制宜设景的成功典范。

"北固壮歌"烈士诗文碑墙

烈士纪念雕塑作为艺术品,具有很高的观赏性和纪念性,但无论多高雅的艺术,都必须与环境相协调,纪念性雕塑只有与园林、建筑相互衬托,才能对周围环境起到装饰、美化的作用。在上海龙华烈士陵园主轴线北端的无名烈士墓上坐落着一组《无名烈士》雕塑,人物匍匐在绿草地上,一只手呈托举状,雕塑前方是象征英烈精神永远不灭的长明火,雕塑周围的无名烈士墓、长明火、绿草地互相衬托,象征着这些无名烈士虽然为国捐躯却魂归祖国大地,他们的崇高精神激励着后人继续前进。雕塑的艺术性和纪念性都完美地呈现了出来。

二、配套设施建设

配套设施建设主要指纪念广场、附属用房、道路、停车场、公厕、围墙等设施建设。

(一) 纪念广场建设

纪念广场是供参观群众举行祭典仪式、开展纪念活动的场地。纪念广场以革命遗址和文化遗址、纪念性建筑为主体,在广场上设置突出的纪念物,如纪念碑、纪念塔、人物雕塑等,其主要目的是供人瞻仰。

纪念广场不同于供人们休闲娱乐的市民广场,在设计上要充分考虑其特有的"纪念性、教育性"。纪念性要求设计者充分考虑纪念广场必须能同时容纳数百、成千、上万人开展纪念活动;教育性要求设计者在地面的铺装、周边的构筑物、植物的配置等设计中都能融入深刻的教育内涵。纪念广场还必须注重环境氛围的营造,纪念广场设计应与周围的纪念建筑物,如纪念碑、纪念馆、雕塑(浮雕)、升旗台及绿化景观等有机配合,互相衬托,以营造出纪念广场庄严肃穆的氛围。

从纪念广场的实际使用上来看,设计师必须综合考虑纪念广场土建、道路、给排水、构筑物、电气等设施,尤其是纪念广场的音响布控和监控设施布点,这些是确保纪念活动顺利开展和人员安全的根本保障。

(二) 附属用房建设

烈士纪念设施保护单位附属用房是除烈士纪念馆、烈士骨灰纪念堂(室)等房屋建筑以外的所有用房,主要指工作人员的办公用房,管理用房和接待用房等。有些烈士纪念地的附属用房是与烈士纪念馆、烈士骨灰纪念堂等合并在一起的,有些烈士纪念设施保护单位的附属用房是单独建设的,选择何种形式,主要由烈士纪念设施保护单位根据自身的实际情况而定,如堂、馆建设的面积大小、人员数量多少等。

单独建设的附属用房是烈士纪念设施保护单位建筑群体的组成部分,因此在建设时,不能与其他烈士纪念设施割裂开来设计。尤其是在建筑风格上,设计时一定要注意园内建筑风格的整体性、协调性。如整体建筑以古典园林为主的,附属用房也应体现古典建筑风格;如整体建筑以现代风格为主,附属用房则应沿用现代建筑风格。在体量上,附属用房也应与烈士纪念设施保护单位空间大小、其他烈士纪念设施的体量相协调。有些烈士纪念设施保护单位的纪念堂(馆)等展示区域矮小、简陋,但办公用房却高大、气派、豪华,这样便本末倒置了。附属用房的面积也应根据单位的管理人员数量、群众接待量的多少、实际使用率等来综合考虑;国家对办公用房面积有严格的控制,在建设时不可违反国家规定,更不能使房屋闲置,造成不必要的浪费。

（三）道路建设

烈士纪念设施保护单位的道路是指贯穿园内各纪念设施和景点,并供来园群众和车辆通行的基础设施,一般分为甬道、人行道、车行道、林间小道等。

甬道,一种是院落或墓地中用砖石砌成的路,也叫"甬路";另一种是复道,是指在楼阁之间架设的通道。这里的甬道特指陵园内通向烈士瞻仰区的主要通道,在烈士纪念地的道路建设中至关重要。由于烈士纪念设施保护单位特有的纪念性,甬道建设一般以直而宽为宜,上行的甬道更显气势,如果在甬道的两侧栽上高大的银杏、松柏或辅以有象征意义的雕塑等,则更能体现其庄严与肃穆。如南京中山陵甬道从牌坊到祭堂,共有石阶392级,8个平台,落差73米,台阶用花岗石砌成,行走在台阶上,人们就会不由自主地产生高山仰止的情怀。江苏赣榆抗日山烈士陵园内有8个坡段,363级台阶,每个坡段内都有烈士纪念设施,这些由坡段构成的甬道使整个陵园显得气势恢宏,景色秀丽,蔚为壮观。甬道的地面可采用花岗岩、大理石、青石板、各种地面砖(如仿古砖、青砖)等材质,也可以根据周围环境,将几种材质混合使用,使路面既具有传统风格,又兼具现代风格。还可通过色彩的搭配、材料的块数或简洁抽象的图案铺设来表达一定的寓意。

抗日山烈士陵园

人行道是供来园群众祭扫、参观、游览的道路,是连接各烈士纪念设施的通道。传统的习惯中有"不走回头路"的说法,参观道路的设置要尽可能循环,使参观者沿着一条道路便能参观所有的烈士纪念设施,并且尽量没有断头路,这样也能避免人员过多时发生拥挤等现象。在材质的选用上,可选择花岗岩、大理石、各种地面砖(如仿古砖、青砖)等,既可整铺,也可将几种材质混合铺设,还可以用碎大理石铺设出龟裂状等自然纹路,具体应根据整体纪念环境来定。

车行道是供进入烈士纪念设施保护单位的车辆通行的道路。车行道的设计应尽量避开烈士纪念设施,最好是在纪念地的外围,以免破坏烈士纪念地安宁、庄严的气氛,避免与祭扫人群的交会,确保交通安全。车行道的设计还要考虑来回车辆的交会,通道不宜过于狭窄。地面可以是水泥路面、花岗岩路面、沥青路面等,地基要牢固,要考虑车辆的承重,如花岗岩路面的石材不宜太薄。

林间小道是烈士纪念设施保护单位休闲区域内供游人观赏、休憩的小路。根据烈士纪念地功能的分布和开展红色旅游的需要,结合地形地貌,在休闲区域的景点和绿化带间铺设的道路即为林间小道。由于林间小道更多的是为群众提供游览休闲用的,形式可以多种多样,如青石路、鹅卵石路、木质路面、栈桥、龟裂纹路、青砖路,也可以将大石板随意地铺在草坪中。总之,可根据周围景观选择铺设方法。路面宽度随景点的空间而定,不宜过宽。

烈士纪念设施保护单位在道路建设中,还应同步做好配套排水管(沟),设置地下电线电缆等,以免日后对道路造成二次破坏。同时,在道路建设中应设置残疾人通道,方便残障人士和老年人参观。

(四)停车场建设

烈士纪念设施保护单位每年都要接待大批来园开展烈士纪念活动和游览参观的群众,尤其是清明祭扫和重大活动时,人员车辆比较集中,停车场成为人员集散的重要场地之一。停车场宜设置在烈士纪念地的入口处附近,确保车辆出入方便,烈士纪念设施保护单位应根据接待人数,尤其是高峰时段的接待量确定停车场的大小和车位的数量,有条件的可以在不同方位的入口设置数个停车场。停车场地面可以用大理石等材质铺设路面,也可以用草坪砖等铺设路面。

(五)公厕建设

烈士纪念设施保护单位内的公厕是指在参观活动场所建设的、供来园群众使用的公用厕所。《国家级烈士纪念设施保护单位服务管理指引》要求烈士纪念设施保护单位争取将烈士纪念设施纳入红色旅游经典景区(线路）、爱国主义教育基地,创建 A 级旅游景区。因此,烈士纪念设施保护单位的公厕应按照旅游景区的公厕标准建设。根据旅游景区标准,每个 A 级旅游景区都应有一座相应等级的星级公厕,AAAAA 级旅游景区应有一座五星级公厕,三星级以上厕所比例应为 100%。烈士纪念设施保护单位应根据 A 级景区的要求,建设相应星级的公厕。《旅游厕所质量等级的划分与评定》对一至五星级公厕有具体的标准,烈士纪念设施保护单位在建设公厕时可对照标准建设。

公厕建设的风格应与周围的环境和建筑物的风格相协调。厕所的数量和坑位要根据高峰时接待参观人员的数量充分考虑,男女坑位数的比例应该在 1∶2.5 到 1∶3 之间,这样才能有效减少景区公厕男疏女堵的情况,确保参观者不用长时间排队如厕。① 最好在入口不远处设置公厕,方便刚入园的群众解决内急问题。建设公厕时,还要充分考虑特殊人群如厕,设置残疾人无障碍设施,厕所出入口有轮椅进出坡道,并符合坡道设计的国家标准,厕内地面及厕间内均应做到无障碍。公而内还应设置坐便器、扶手架等,方便老年人如厕。

（六）围墙建设

围墙在建筑学上是指一种垂直向的空间隔断结构,用来围合、分割或保护某一区域。烈士纪念设施保护单位的围墙是用以与外界隔离、保护纪念设施区域的墙体。近年来,随着人们观念的不断转变,人们到烈士纪念设施保护单位参观游览已成为常态。2008 年,中宣部、财政部、文化部、国家文物局联合下发《关于全国博物馆、纪念馆免费开放的通知》,全国所有的烈士纪念设施保护单位对群众已完全实行免费开放政策,其开放度也越来越高。《国家级烈士纪念设施保护单位服务管理指引》要求,烈士纪念设施保护单位要创新园区管理方式,努力实现从封闭、围墙式的管理向开放、人性化的管理方式转变。除特殊情况外,烈士纪念设施保护单位应实行开放管理,可不再设置围墙。即使建围墙,也应采用通透式的围墙,减少距离感和违和感,拉近群众与烈士纪念设施保护单位之间的距离,使烈士纪念设施能更好地为民所用,最大限度地发挥其应有的教育作用。

三、烈士纪念设施的建立、维修和迁移

烈士纪念设施是中华民族为争取民族独立、实现伟大复兴而奋斗,特别是中国共产党领导下的新民主主义革命和社会主义革命与建设光辉历程的

---

① 《旅游厕所质量等级的划分与评定》,中华人民共和国国家质量监督检验检疫总局发布,2003 年 2 月。

重要实物见证，①具有重要的纪念意义、教育意义和史料价值。为此，党和政府高度重视烈士纪念设施的建设。在20世纪八九十年代，曾多次发文，严格控制建立纪念设施。涉及烈士纪念设施保护单位的主要内容有：纪念设施必须报经党中央、国务院批准，不经批准不得新建个人纪念馆和设立个人故居，不得在公共场所、工作区域修建任何历史事件的纪念设施和个人塑像、纪念碑、纪念亭等；建立纪念设施必须严格按照规定程序批报；经党中央、国务院批准建立的纪念设施，要纳入基本建设审批项目，严格按照基建程序办理并从严掌握经费开支等。《关于加强革命文物工作的若干意见》（文物博发〔2008〕22号）指出："要严格遵照中央、国务院有关文件的规定，加强宏观调控和分类指导，统筹安排革命纪念设施的建设和管理，新建和扩建革命纪念设施，应充分论证，严格报批，着力于功能完善，规模适当，环境协调；改建革命纪念设施，应尊重原有建筑的历史传统，提倡将具有使用价值的纪念建筑物辟为革命纪念馆（地），对已不存在的革命文物'复建'，要严加限制。"因此，烈士纪念设施的建立，必须严格报批、科学论证、控制规模、尊重历史。

1998年《中央宣传部、国家教委、民政部、文化部、国家文物局、共青团中央关于加强革命文物工作的意见》（以下简称《意见》）中提出：对革命文物的维修保护要坚持"不改变原状"的原则，维护革命旧址、革命纪念建筑特有的历史环境风貌，给人以身临其境、庄严肃穆的感受，切忌修旧如新、富丽堂皇。对由于历史原因已经不复存在的革命旧址和革命纪念建筑，原则上不再复建。烈士纪念设施的维修应严格按《意见》要求认真执行。

《烈士纪念设施保护管理办法》规定，未经批准，不得迁移烈士纪念设施。因重大建设工程确需迁移地方各级烈士纪念设施的，须经原批准等级的人民政府同意，并报上一级人民政府的民政部门备案。迁移国家级烈士纪念设施的，应当由所在地省级人民政府报国务院批准。烈士纪念设施具有固定性、永久性，任何单位和个人不得随意迁移烈士纪念设施。随着形势的变化和社会的发展，目前，我国大多数烈士纪念设施保护单位地理位置比较优越，很多处于城市的中心，有些地方政府为了追求地方经济利益，随意拆除和搬迁烈士纪念设施，这是严重违反国家法律法规的行为。

---

① 《关于加强革命文物工作的若干意见》，文物博发〔2008〕22号，2008年3月20日。

第四节　烈士纪念馆的建设

一、烈士纪念馆的建筑与维修

烈士纪念馆由于其具有纪念性的特点，在建筑设计中应不同于一般的博物馆建筑。

（一）烈士纪念馆建筑

1. 烈士纪念馆建筑设计原则

烈士纪念馆建筑应遵循"突出精神性，体现实用性"的原则。烈士纪念馆是具有实际使用功能的纪念性建筑，它主要肩负着对烈士资料和文物史料的收藏、陈列与研究的任务。烈士纪念馆的建筑既要满足精神功能的要求，也要满足实用功能的要求，即通过纪念馆的建筑能体现出烈士的精神内涵，实现对文物展示、收藏、研究的功能。烈士纪念馆建得再好看，如果没有内涵、不实用，就不能算作成功的纪念馆。

2. 建筑设计要求

① 注重环境协调。烈士纪念馆在烈士纪念设施保护单位内仅是一个个体的纪念设施，在建筑设计时，应注重与其他纪念设施的相互依托与协调，从而形成一个整体性的纪念建筑群。在建筑设计时要在建筑风格、建筑内涵、建筑选址、建筑体量等方面达到协调统一。

规划前的调查。在确定好烈士纪念馆选址后，建筑设计师需对周围环境的现状作进一步的了解，调查考证，搞清周围建筑和遗址的数量、规模、现存情况等，这些都属于烈士纪念馆的组成部分，调查情况是烈士纪念馆进行总体规划的依据。①

确定参观路线。烈士纪念设施保护单位一般有多处纪念设施，在确定烈士纪念馆的具体位置时，必须规划好各烈士纪念设施间的参观线路和纪念馆的参观线路，以便对原有道路作修复、整治，增设必要的新路。

提出建设设想。建设设想应结合《关于加强革命文物工作的若干意见》要求，充分论证，对烈士纪念馆建筑在形式、风格、体量、尺度、色调、材质等方面提出具体的规划设想，从而使建成的烈士纪念馆能与周围的建筑和遗址等环境相统一。如果是在遗址上重建，则应慎重，新建馆不能破坏遗址的原状。

② 体现纪念意义。烈士纪念馆建筑首先必须有一定的纪念意义，意义越浓厚，其纪念性越强，纪念的效果就越好。建筑作为一门艺术，具有自己

---

① 安延山：《中国纪念馆概论》，文物出版社，1996年，第147页。

独特的语言。设计师通过运用统一与对比、比例与尺度、平衡与稳定、比拟与联想等手法,通过特殊符号语言的运用和表达,营造纪念性的环境氛围,增强烈士纪念馆的纪念效果。

南京雨花台烈士纪念馆建筑平面呈"凹"字形,是一座具有民族风格的现代建筑。屋顶采用中国传统古建筑的重檐形式,加以简化,轮廓简洁而庄重,富有纪念性的美感。特制的白色琉璃瓦屋面,白色马赛克饰面的外墙,白色大理石窗框及白色栏杆,使整个建筑呈现出浑然一体的白色,在馆周围的绿色树林的掩映下显得分外巍峨壮丽。门庭南上方刻有邓小平手书的馆名,门庭南北两面均雕有"日月同辉"花岗石浮雕,象征着烈士精神与山河共存、与日月同辉,这也是纪念馆的馆徽。整个纪念馆从外形上看就具有很强的纪念性,是烈士纪念馆的精品之作。

遗址上的遗留建筑对纪念对象来说极具纪念性,用来辟为纪念馆,通过对历史环境的真实再现,可以突出纪念性,增强历史的真实感,做到"有址可寻、有物可看、有史可讲、有事可说"。[①] 如重庆歌乐山烈士陵园中,白公馆、松林坡、渣滓洞都是在原址上的复原馆。延安革命遗址中,杨家岭、凤凰山、王家坪、枣园等处的革命旧址均是在 1954 年后陆续按原状修复。以革命先辈所在的历史时代的建筑和所在地区的建筑风格来建造纪念馆,也具有很强的纪念意义。此外,新馆在建设中对遗址上遗留建筑中的个别残迹或少量残留建筑构件合理利用,也能增强纪念性。

渣滓洞

---

① 《关于加强革命文物工作的若干意见》,文物博发〔2008〕22 号,2008 年 3 月 20 日。

白公馆

③ 表现对象主题。烈士纪念馆纪念的对象都是烈士,但不同的馆具体纪念的烈士人物是不同的,如东北纪念馆纪念的是东北地区有影响、有代表性的烈士事迹;中国人民抗日战争纪念馆是全国唯一一座全面反映中国人民抗日战争历史的大型综合性专题纪念馆;牡丹江市八女投江烈士纪念馆纪念的是东北抗日联军第五军妇女团的 8 名女战士的事迹;镇江烈士纪念馆纪念的是从鸦片战争时期至社会主义建设时期近百年历史中牺牲的镇江籍烈士和外籍牺牲在镇江的烈士。烈士纪念馆建筑应根据不同的纪念对象,确定不同的主题,并通过对建筑艺术的创作,来表现纪念对象与主题的特点与个性。如南京雨花台烈士纪念馆是为纪念被国民党屠杀的大批爱国人士、革命志士而建。迎面而立的是一长近 100 米、主堡高 26 米的白色花岗岩重檐建筑,坐落在 8 米高的台阶上,宏伟壮观,馆后的雕塑与国歌碑点题,充分表现了死难者生的伟大、死的光荣这一纪念主题。

(二)建筑总体布局

烈士纪念馆的用房主要分为两大类,一类是陈列展示用房;一类是管理用房,包括文物用房、管理人员用房等。陈列展示是烈士纪念馆的主要功能,也是在纪念馆建筑中必须重点考虑的。

1. 新建馆的布局

新建馆是专为纪念、宣传烈士而兴建的,在整体布局上可以根据布展的实际需要科学合理布局,以取得更为理想的效果。由于纪念性是烈士纪念馆的主体特征,陈列展示是纪念馆的主要功能,在总体布局中要突出纪念性,规划好陈列展示的区域和路径。新建纪念馆由序厅、展厅、缅怀厅组成。

序厅一般安排在门厅之后的位置,也可与门厅合并,序厅是对整个烈士纪念馆内容的高度概括,通过对序厅的参观,可以了解展示的内容和主题,好的序厅能使人很快进入缅怀烈士的状态。展厅一般安排在序厅的后侧或周围,在布局时,一定要考虑观众参观的顺序,展线一定要流畅,或按时间顺序,或按专题内容陈列,观众依次参观,脉络清晰。缅怀厅安排在陈列内容的最后,是对整个馆内容的升华。

2. 改造馆的布局

在老旧馆或遗留建筑上改造的馆,由于原有建筑类型复杂,无论是在内部结构、布局上,还是在空间上都不尽合理,一般无法达到新建馆陈展的布局要求。因而,在布局时要因地制宜,突出优势,弥补不足。对于一些老旧馆可通过具体的陈展内容,用石膏板、钢筋龙骨等材料来分割空间,重新组织功能。序厅的位置要尽量安排在一进门厅的地方。由于改造馆面积一般比较狭小,在功能布局上,一定要考虑好观众的观展流线,尽可能优化展馆功能。在遗址建筑上改造的馆,在布局上应先确定原状陈列和纪念厅用房,原状陈列即保持纪念对象当时所在环境原状或尽量恢复当时的原状。对表现纪念对象有意义的部分应尽可能地安排作原状陈列或复原陈列①,发挥其特有的优势。原状陈列用房确定后,可确定序厅位置。由于序厅是供人们瞻仰凭吊的场所,应尽可能选择面积比较大、位置在入口处附近的房屋。确定了原状陈列和序厅用房,可根据陈列内容与各陈列单元所需面积比例来确定基本陈列与辅助陈列所需的房间数量与位置。

（三）烈士纪念馆的维护

烈士纪念馆的维护工作是烈士纪念设施保护单位的一项日常工作。烈士纪念馆为开放式的纪念建筑,难免受到自然的或人为的破坏,经常性的维护与维修是必不可少的。日常维修的原则是保持原貌,修旧如旧,即保持开馆时的原貌。

烈士纪念设施保护单位应有专人负责纪念馆的维护工作,每天开展巡查,一旦发现损坏,及时进行修补。日常局部的小修小补须慎重对待,要按原有材料及原有施工工艺,对损坏部分按"修旧如旧"的原则进行修补,做必要的仿旧处理,使其与原建筑保持一致。

烈士纪念设施保护单位每隔三五年应对烈士纪念馆进行一次全面的保养与修缮,使烈士纪念馆建筑始终保持良好的运行状态,以便更好地服务社会。

---

① 安延山:《中国纪念馆概论》,文物出版社,1996 年,第 159 页。

（四）烈士纪念馆建筑管理

1. 建筑使用管理

烈士纪念馆是专供群众瞻仰、纪念烈士，接受爱国主义教育的场所，建筑具有纪念性，纪念对象具有特定性。因此，为了保证烈士纪念馆的纪念功能与纪念气氛，建筑内部的活动与建筑的社会环境要一致。[①] 烈士纪念馆应始终围绕对烈士事迹的宣传教育来开展，不开展与烈士无关的活动，不收藏与烈士无关的资料，不举办与纪念烈士无关的展览，避免冲淡烈士纪念馆特有的纪念教育主题。为了扩大纪念馆的社会效益，应在宣传烈士事迹、挖掘教育内涵上做文章，扩大烈士纪念馆的宣传面。

2. 建筑档案管理

烈士纪念馆作为纪念烈士而建的永久性纪念设施，须将烈士纪念馆建筑的全部资料收集、整理、归档，在本馆保管的同时，还应将完整的建筑资料送城建档案馆保留。这项工作对今后烈士纪念馆的修复、重建等都有重要的价值。纪念馆建筑档案资料包括：全部建筑图纸、全部的形象资料及全部的文献资料。建筑图纸，即新建馆的全套施工图纸。形象资料，指为了能更形象地记录建筑的真实情况，对纪念馆建筑进行全方位的摄影、摄像而留存的影像资料。这些影像资料包括每一个角落、每一个重要的细部，对雕刻、纹样、碑碣等还应作拓片资料。文献资料，包括烈士纪念馆建立的各种文件、记录着遗留建筑的有关文献和考证结论，以及寻访了解情况的记录、建筑建造或维修的文字资料及日常历次维修的文字记录、纪念建筑各种变动情况记录等。[②]

3. 建筑环境管理

烈士纪念馆是纪念性场所，必须严格做好日常管理工作，保持良好的环境氛围。主要做好以下几个方面：一是保持环境整洁。室内外应有专人负责打扫，随时随地保证纪念馆的整洁卫生，无垃圾、无污染、无灰尘。二是保持安静。烈士纪念设施保护单位由于环境优美，很多市民到此锻炼，管理人员应严禁此类人员进入纪念区，尤其是纪念馆周边禁止播放音乐、唱歌、嬉戏等。在纪念馆内应安放肃静标志，入口应设有入馆须知，不允许参观人员在馆内打骂、吵闹等，严禁携带宠物进入纪念馆。三是保持纪念馆周边的环境整洁、美观。在纪念馆周边和门前可栽种有纪念意义的植物，如五针松、竹子、梅花等。在门厅入口处也可布置花卉及其他绿色植物，以烘托纪念的气氛。

---

① 安延山：《中国纪念馆概论》，文物出版社，1996 年，第 167 页。
② 同①。

二、烈士纪念馆的陈列展示

烈士纪念馆的陈列展示就是将烈士事迹资料和各种零散的陈列品,通过艺术加工和组合,使陈列展示的内容条理清楚、重点突出、形象生动、富有感染力,容易被观众接受。历年来,民政部高度重视烈士事迹的展示工作,在多个法规政策中都对烈士资料的征集和展示有明确的规定。新颁布的《国家级烈士纪念设施保护单位服务管理指引》中要求:烈士纪念馆(堂)要布局合理、主题鲜明、史料翔实,形式与内容统一,运用现代化的信息技术手段,不断完善和提高布展水平。这是当前对烈士纪念馆展示工作的指引,各地在布展时应认真执行。

(一)陈列原则和程序

烈士纪念馆的布展应本着"因地制宜、以人为本、特色鲜明、高标准建设"的原则。"因地制宜"就是要根据各地的实际来进行陈展。上海龙华等大型纪念馆布展动辄上亿元,一般的中小型纪念馆是根本无法企及的。因此,中小型纪念馆还是应根据经费的多少、场馆面积的大小、资料的多少等来合理规划布展工作。"以人为本"就是要根据观众的心理需求来进行陈展。只有观众喜欢的、认可的陈列展览才是成功的,陈展时应在生动性、感染力上下功夫,增强互动功能。"特色鲜明"就是烈士纪念馆在陈展时,不盲目攀比,不盲目跟从,要有自己的特色。在陈展的内容上、形式上和地域特点的把握上尽可能体现纪念馆的特色,中小型纪念馆陈展时不要求面面俱到,哪怕能突出一个亮点,也就具有了与众不同的特点。"高标准建设"就是要求烈士纪念馆布展中的每一个步骤、每一个环节、每一个细节都要从质量、效果上严格把握,烈士纪念馆是永久性的烈士纪念设施,陈列展览也是长期性、固定性的展览,在纪念馆的陈展中要始终追求"人无我有,人有我精"的境界。突出亮点、精益求精是纪念馆的生命。

陈展的主要程序是:编写陈列大纲—陈展艺术设计—陈列制作。编写陈列大纲是陈展的基础,艺术设计是陈展的关键,陈列制作是陈展的保障。

(二)陈列大纲的编纂

陈列大纲是为纪念馆陈列展示而撰写的文字稿,是陈列展览实施的第一步,陈列展览大纲准备的充分与否决定了纪念馆布展工作的成败。纪念馆在布展中应高度重视这项工作。

1. 陈列大纲的基本架构

烈士纪念馆的陈列大纲主要由前言、各部分(单元、组)标题及说明、烈士事迹简介、图片及遗物文字说明、结束语等构成。

前言是全馆内容的概括性说明,是观众走进展馆接触到的第一段文字。

通过前言说明,观众能一目了然地知道展览的意图、展出的内容等。

各部分(单元、组)标题及说明是陈列大纲的内容主干,各层级从高到低层层递进、逐步展开,如小说中的章节一般。部分、单元、组标题分别称为二级、三级、四级标题,各级说明则是对相应部分、单元、组内容的概括性文字说明。① 烈士事迹简介是说明烈士生平、反映烈士主要信息的一段文字,如烈士的生卒年代、籍贯、主要职务、参加革命及牺牲的经过、烈士的主要精神等。

图片及遗物文字说明,是对照片、图文和遗物的简短说明,帮助观众了解图片、遗物与烈士之间的关系,以及在烈士成长过程中的作用等。

结束语是对整个纪念馆展览内容的完整提炼概括和总结升华。

2. 陈列大纲的撰写原则

① 脉络清晰。这里讲的是陈列大纲的结构问题。在写作大纲时,一定要把握整体,做到结构科学合理,各部分、单元、组和图片、文物之间层次分明,内在逻辑关系清晰,主题突出。

② 重点突出。在大纲写作时要做到重点人物突出。编写陈列大纲时,应在众多的烈士中,选取事迹感人、图文和遗物资料丰富、历史地位突出的烈士事迹来进行展出。同时,重点内容突出,大纲编写时应选出最能反映烈士品质和精神的图片或实物,即与烈士内在关系最密切的资料。

③ 内容真实。烈士纪念馆是通过对烈士史料的展出,真实反映烈士的精神,达到教育群众的目的,因此,陈列大纲的编写必须坚持内容真实性的原则,做到文字说明客观准确。

④ 情节生动。大纲编写人员应从大量的烈士资料中选取最能打动人心的情节,对之进行提炼,进而编写为独立的故事。如南京雨花台烈士陵园通过对烈士事迹的选取,编写成烈士故事,以"正气乾坤"为主题进行展示,具有很强的震撼力。

⑤ 语言简练。烈士纪念馆讲究的是视觉艺术,通过大量图片、遗物的展出来反映烈士的事迹。文字说明在陈列展出中是属于辅助性的,文字说明应做到语言精练,惜字如金,否则会影响展出的实际效果。

3. 陈列大纲的撰写标准

① 确定体例。烈士纪念馆的体例一般采取编年体、专题、编年体与专题相结合三种。综合性的烈士纪念馆在撰写大纲时,一般采用编年体或编年体与专题相结合的方法,或按时间顺序来展开,或在分阶段、分时期展开的同时将同一阶段、同一类型的内容按专题来展示。此外,反映特定历史时

---

① 李建丽:《陈列文字说明如何撰写》,《中国文物报》,2010 年 9 月 22 日。

期的烈士纪念馆一般采用专题的方式。

② 写作方法。烈士纪念馆的文字写作，一定要按照"龙头猪肚豹尾"的写作方法。开头，即前言部分一定要如龙头一样漂亮有力，具有吸引力和震撼力。中间部分，即各部分(单元、组)标题及说明、烈士事迹简介、图片及遗物文字说明是展览的中心内容，在写作上要像"猪肚"一样，信息量要大，内容要丰富。结尾，即结束语，在写作上要像"豹尾"一样，简短有力，不拖泥带水。

③ 语言风格。烈士纪念馆是一个纪念性、教育性的场所，陈列大纲主要采用说明性、阐述性的文字，在语言风格上要庄重朴实、内敛含蓄、简洁明了、通俗易懂，无须用过于华丽的辞藻，更不宜用过于轻松活泼的语言，整个大纲从头至尾的语言风格要统一。

④ 格式标准。格式标准主要涉及的内容包括：纪年表示法、字体及字号、符号使用、前言、部分说明、图片说明、展品说明等。格式标准可保证陈列大纲行文规范。

4. 写作的基本程序

① 征集资料。烈士资料是编写陈列大纲的基础和前提，资料越完善，陈列大纲的编写就越容易。在编写陈列大纲之前，应组织专门人员开展烈士资料的征集、整理工作。

② 搭建班子。陈列大纲的编写人员必须具备丰富的党史知识，具有很强的写作能力，还必须熟悉馆内所有的烈士事迹和史料。一些中小型烈士纪念馆，党史文博类研究人员不足，在陈列大纲写作之前可搭建一个由烈士纪念馆资料编研人员、党史部门专家组成的编写班子，以提高陈列大纲的编写水平。

③ 精选素材。写作班子搭建后，写作人员首先要熟悉资料、对资料进行整合与取舍，从大量的资料中精选最有价值、最能体现烈士精神的资料，这些素材可以是文字的，也可以是图片的，还可以是烈士生前使用过的遗物等。

④ 分工写作。写作人员要通过召开编委会，确定主编和编委，明确展览的主题、写作的思路、写作的标准、大纲的结构，并分时期或分专题进行分工写作。在具体写作过程中，应定期召开会议，对各自在写作中遇到的问题进行研究讨论。初稿完成后，主编需对大纲进行整合、修改，做到前后标准统一、风格致一。

⑤ 写作评审。烈士纪念馆的陈展是长期的固定性展出，由于其政治性强、社会关注度高，对陈列的内容要求比较高。因此，陈列大纲写好后，一般应组织由专家、领导和社会群众组成的评审组进行评审。随着现代化多媒体的出现，纪念馆在组织评审组评审的同时，还可通过网络向社会公开征集意见，进而对大家提出的问题做进一步的修改和完善。纪念馆根据大纲修

改情况,有时需要多次召开评审会,评审会经过反复征求意见,反复修改,打造出高质量的陈列大纲。

5. 把握几种关系

① 人与史的关系。陈列大纲应突出烈士纪念馆"以史托人、以人带史"的主题,即"烈士"是纪念馆的主体,"历史"是用来衬托人物的背景资料的,烈士纪念馆应始终围绕烈士来展开,通过对人物的叙述引出时代的背景。两者的主次一定要分清,不能颠倒,否则就成了历史纪念馆了。在调研中,笔者发现将烈士纪念馆变成了党史馆的现象还是比较多见的。

② 文字、图片与文物的关系。编写陈列大纲的目的是为了让设计师针对现有的资料进行陈展设计,那么,在大纲编写时,就要排兵布局,对什么地方放文字、什么地方配图片及什么地方摆放遗物等都要有说明。可见在编写大纲时就要处理好文字、图片与文物的关系。一个陈展如果全是文字,吸引不了观众;全是图片,观众看不懂;全是遗物,观众以为到了博物馆。文字不宜过多,以简洁为宜。由于陈展受版面限制,文字多了必然导致展出字体太小,不便于观众阅读。一般来说,前言和结束语控制在 300 字左右,烈士简介和故事控制在 200 字左右,图片说明文字控制在 40 字左右,只要能说明问题,文字越简练越好。图片一般控制在 5 幅左右,烈士遗物控制在 3~5件,当然,对一些重点烈士的说明,若图片和文物确实能反映烈士精神的则可适当增加。

③ 内容与形式的关系。陈列大纲一定要做到内容生动精彩,为设计师在形式设计上提供灵感。内容选得好,也有助于设计师创造出好的陈展形式,更好地为内容服务。同时,在编写大纲时,也应该思考陈展的效果,如对什么内容、什么地方需要采取什么形式来表达,编写人员可在大纲中做出建议和提示,供设计人员参考。

陈列大纲脚本是将陈列展览大纲诠释给形式设计者的陈列展览形式设计所依据的文本。它向形式设计者提出了陈列展览大纲内容具体的形式设计要求和建议。陈列展览大纲脚本的文本格式,就好像写剧本一样,设置在一个界面上,内容与形式设计要求相互对应,即左边是陈列展览大纲内容,右边是形式设计要求,这种文本格式将为陈列展览形式设计者提供极大的工作便利。①

（三）陈展设计

陈展设计是将陈列大纲的文字方案变为形象的、具体的艺术设计方案。陈展效果的好坏与陈展设计水平的高低有直接的关系。

---

① 齐玫:《博物馆陈列展览内容策划与实施》,文物出版社,2009 年,第 63 页。

1. 设计人员素质

设计师在烈士纪念馆的陈列展览中起着关键的作用。好的设计师能通过多种手段的展示完美地体现纪念馆的布展主题,通过环境的营造,揭示烈士的牺牲精神。首先,设计师必须要透彻理解烈士纪念馆的陈列内容,不仅要熟悉陈列大纲,还要熟悉陈列大纲以外的一切与烈士及陈展有关的资料,如当地的历史、风土人情、城市的特色、主要建筑等,为选择何种陈展形式和运用什么符号语言提供灵感。其次,设计师要有创新精神,有继承,也要有发展,要敢于突破传统的思维。在设计思想上,既要吸收其他成功馆的设计经验,也要根据本馆的实际,创造出自己的特色和亮点。镇江烈士纪念馆在序厅建设时,设计师准备在40米长的墙面上制作一组反映镇江百年斗争史的浮雕。在选材上,设计师拟采用安徽芜湖的铁艺来制作,铁艺作为民间工艺,一般幅度较小,以山水、花鸟和文字为主,没有大面积地运用在历史题材当中的先例,在讨论时多次被否定,要求改用其他成熟的工艺材料。但设计师力排众议,坚持自己的设计思想,通过反复沟通,最终该方案被采用。镇江烈士纪念馆落成后,中间红色的圆雕与周围白色墙面上黑色铸铁锻造而成的浮雕,形成了强烈的色彩对比,观者无不驻足凝思。在造价上也远远低于其他材料,成为镇江烈士纪念馆的一大亮点,做到了"人无我有"。再次,设计师要有多方面的专业知识。陈列艺术是一门综合性很强的艺术,既要有美术知识、设计知识,还要对艺术领域中其他门类有广泛的了解。要懂得加工艺术和施工材料,要熟练运用多媒体技术,要不断掌握最前沿的陈展方法,这样才能熟练地选择和运用合适的陈展手段,将其他艺术形式成功地运用到陈列艺术中去。

2. 总体布展设计

陈列展览的总体设计就是对纪念馆陈列总体形象的设计,依据陈展的主题,对陈列内容进行艺术处理和加工,以适合的艺术形式,将展品展现在观众面前。主要包括:纪念馆陈列室的总体设计图、序厅的设计、展板展品的设计、辅助展品的设计、色彩的设计、灯光的设计、多媒体的设计等。

① 总体设计图。总体设计图是设计师表达设计思想和意图的形象材料,包括平面图、立面图、色彩效果图。平面图是确定陈列各部分面积、参观流线、确定空间展柜与大型辅助展品位置的图。立面图用于确定展品的高度及墙面展品间的距离,以及同陈列室建筑高度的关系等。色彩效果图是确定整个纪念馆陈列展示的主体色调的图,要处理好墙面、地面、陈展版面、展品、设备等之间的色彩关系,营造陈列展览的气氛,烘托出整体艺术效果。①

---

① 安延山:《中国纪念馆概论》,文物出版社,1996年,第88页。

② 序厅的设计。能否一进门就将观众的心抓住,使观众迅速融入纪念的氛围中,序厅的营造是关键。序厅是对整个纪念馆内容的高度凝练,应围绕陈展主题,通过艺术的手法,简洁明了地把主要的思想告诉观众。

南京雨花台烈士纪念馆 2011 年重建,序厅名为"雨立方"。一进序厅,无数白线下垂形成"雨幕"方阵,犹如天空中洒下一方细雨,构成雨的立方,每条"雨线"下端系着一颗雨花石,"雨幕"方阵下面的水池中倒映出一面五星红旗,"天空"上是 2401 位烈士的绣名,使雨、花和石相互交融,千万条丝线组合成巨大的影像载体,多媒体影像在线阵上形成幻觉的立体特效,表达了"为中华民族之崛起"的主题①,观众一下就融入了对烈士的纪念氛围中。

雨立方

烈士纪念馆的序厅采用何种形式,要根据主题需要、空间的大小而定,可以采用雕塑、油画、壁画、浮雕、植物辅以灯光、音乐、多媒体等形式来表现。空间较大的序厅可以通过多种形式的运用及空间的处理来营造磅礴的气势。一些小型纪念馆,受建筑条件限制,序厅较小,在形式上不要贪大求全,只要能突出陈展主题即可,在简洁中追求特色,小而精同样能达到应有的效果。

③ 展板展品的设计。包括版面设计、图片设计、文字说明设计、展柜设计等。

---

① 《雨花台烈士纪念馆新馆开放 序厅·雨立方为全国之首》,http://house.longhoo.net/long-hoo/news/cj/2011/0629/36006.html。

版面设计。首先,设计师应确定版面的位置。展板的位置一般沿观众的参观路线顺序设计,以免参观者回头观看,在人多时造成阻滞。其次,设计师要确定版面的形式,可根据不同的展示内容和环境运用不同的版面形式。如镇江烈士纪念馆在设计鸦片战争和辛亥革命时期的展板时,将展示墙面做成古老的城墙形式,寓意镇江是座古老的城市;设计大革命时期的展板时,展示的墙面变为江南民居的形式,交代了特定的历史时期和地点;设计土地革命时期的展板时,将铁丝网、黑色牢门、灰墙作为展示的版面元素,表明这一时期大批共产党人和革命志士在国民党法庭、监狱与敌人进行着不屈不挠的斗争,为革命英勇献身的崇高品质。再次,设计师还要根据展示空间和内容确定版面的大小。一般应尽可能采用大版面,尤其在反映重大事件和重大战役时,大的版面和图片能增加气势。一些个人纪念馆、旧址纪念馆的版面受空间限制可适当小一些。

图片设计,主要是指图片的大小、展示形式、排列形式。作为视觉艺术,图片宜大一点,便于观众观看。当然,不同的图片大小也不一样。烈士的头像在纪念馆内尺寸较统一,一般是标准的尺寸,同步放大或缩小。展示烈士工作、生活和战斗的图片,可根据图片在反映烈士精神方面的重要性确定大小,重要的放大点,其他的可稍小点。图片的展示形式,传统的是镜框式的,现代馆一般不采用,在一些旧址纪念馆或老式建筑的纪念馆内采用传统的图片形式可以增加历史的厚重感。有的采用箱式的,将图片装裱,增加图片的立体感;有的将图片夹在玻璃下,玻璃用铆钉悬空固定在墙体上;还有直接喷绘的,根据版面内容和环境而定。在图片的排列形式上,应错落有致,不能依次排列。许多纪念馆在缅怀厅中陈列的烈士照片大小一致、排列整齐,给人的感觉就像是进了灵堂,没有艺术性。

文字说明设计。文字说明是帮助观众理解版面内容的,是观众必看的部分,在设计时不能被疏忽。文字说明包括陈列的名称、前言、大小标题、部分说明、图表、照片及展品说明、辅助展品说明等。文字说明所用的字体、字号、颜色及排列格式、印制材料、安放位置等,都应精心设计。需要特别注意的是,文字说明字数不宜过多,字体不宜太小,否则观众看不清或不愿看,会影响实际陈展效果。

展柜设计主要指展柜形式、展柜位置和展柜大小的设计。传统展柜均为一个个独立的展橱。现在纪念馆展柜的形式多样,既可以是独立的展橱,也可以是镶嵌在墙面里或突出在版面外与版面融为一体的展柜;既可以是规则的方形、长方形的,也可以是不规则的。展柜的位置主要根据特定人物和文物来安排,如展柜单独放某一个人的文物,展柜的位置应安排在该人物的展板处,如展柜安排两个人物以上的展品,展柜的位置就应尽可能安排在这些人物版面居中的区域。展柜的大小应根据文物的多少、文物的体量合理安排,过大显得空洞,过小显得太挤,效果都不好。

④ 辅助展品的设计。辅助展品主要用来弥补纪念馆某方面展品的不足,是运用直观形象的辅助展品增强纪念馆陈展效果的一种手段。在陈列布局时,要确定好这些展品的数量和位置。辅助展品包括:雕塑、绘画、图表、模型、沙盘、场景、影视、音响等。这些辅助展品应紧紧围绕陈列内容来确定,对展出内容起烘托作用,是陈列展品中不可缺少的一部分。当然,辅助展品在数量上和布局上都要精心安排,并不是越多越好,太多了会淡化陈列的主要内容。辅助展品的选择也应根据场馆的实际情况,现在很多馆喜欢用蜡像,但蜡像不耐高温。温度高的、光线足的场馆可以采用

高分子硅胶像

高分子硅胶像,既能达到同样的效果,又能长久保存。场景也是纪念馆辅助展品的重要部分,通过环境布置,营造出当年烈士战斗或生活的场景,给人以逼真的情感体验。镇江烈士纪念馆在展厅的过道处,在不影响主体版面陈展的同时,因地制宜,设计了当年关押共产党人的牢房场景:墙面作做旧处理,地面铺设稻草,牢房中放置一张陈旧的桌子、一个旧马桶、一只饭碗,再加上铁窗、铁门和昏暗的灯光,生动地营造了当年共产党人斗争环境的险恶和残酷氛围,参观者能够体会到当年共产党人艰苦卓绝的斗争,进而产生无限的遐想和思考。

⑤ 色彩的设计。陈列的总体色调是纪念馆设计的重要部分。使用什么色调适合陈列内容,对陈列效果有什么重要影响,各部分、各展品色彩之间的关系等都是设计师必须把握的。传统的烈士纪念馆为了营造庄严肃穆的纪念氛围,大都采用冷色调,往往令人产生压抑感。现代烈士纪念馆在用色上变得开放、大胆,更符合观众的心理需求。镇江烈士纪念馆在总体色调上用暖色,在序厅的色彩处理上,采用黑、白、红三种具有强烈对比的颜色:在白色地面、白色墙面中,一进门厅便可见沿过道顶面的红色色块和大红色雕塑,序厅四周是黑色铁艺浮雕,序厅地面是用白色灯光营

造的江水意象,黑、白、红三色浑然一体,给人一种强烈的视觉冲击。大革命和辛亥革命时期的展板运用的大面积红色,象征革命志士和共产党人的牺牲;土地革命时期的黑色牢门象征了黑暗笼罩下的中国;抗日战争和解放战争时期的绿色象征着和平与希望;社会主义时期的红色象征着中国革命的伟大胜利。各部分色彩的处理自然协调,营造了很好的环境氛围。

⑥ 灯光的设计。为了方便陈展版面的设置和对展品的保护,烈士纪念馆一般为封闭的空间,室内采光主要靠灯光。陈展灯光主要指展厅灯光和展柜内灯光。展厅灯光主要用于满足群众参观展览时的照明,展柜灯光主要侧重对展柜内文物和展品的照明。照明设计主要指人工光源的设计,人工光源主要由灯具和光源两部分组成。设计师应根据陈展的要求和对展品保护的角度考虑灯具和光源,使文物和展品的展示达到最佳效果。灯光也可用于营造纪念馆的环境氛围。如为了营造牢房和审讯室阴森恐怖的氛围,可采用蓝色的冷光源;为了营造胜利的气氛,可采用红色、黄色等暖光源。总之,设计师应根据展馆氛围营造的实际需求选择光源。此外,纪念馆还应准备应急光源。在发生停电等特殊情况下,应急光源有利于观众的疏散。

⑦ 多媒体的设计。随着现代科技的发展,多媒体技术被广泛运用到烈士纪念馆的陈列展览中。多媒体以其生动和直观的特点,给人以身临其境的体验,对群众尤其是青少年具有很强的吸引力,因此多被纪念馆采用。设计师在多媒体的设计上,应根据各纪念馆的实际,量力而行,突出亮点,不贪大求全。有些纪念馆多媒体设施很多,但后期的养护和维修在技术力量和经费保障方面都跟不上,很多设施没法使用,反而适得其反。有些纪念馆搞了现代化的全景画馆或3D、4D影院,耗资巨大,由于放映成本和后期养护成本高,一般情况下不对外公开放映,只有上级领导、兄弟单位来了才放,也就只能成了摆设或门面,不能发挥其应有的效果,这样的多媒体宁可不要。

3. 部分陈展设计

部分陈展设计是指根据总体陈展设计确定的面积、布局、陈列设备与设计要求进行的设计。这是对总体设计的具体化,有其独创性。

① 部分设计图。部分设计图是在总体设计图的基础上,按照具体陈列内容设计的平面图、立体图、彩色效果图及制作图。部分陈展的平面图要画出本部分各组内容所占面积、展柜和辅助展品位置及各类展品之间的距离。立面图将本部分的具体内容安排在墙面上,其中包括标题高度、版面或图片高度及相互之间的距离、位置等。彩色效果图是将本部分陈列设计形象地

用色彩表现出来,以表达设计人员的思想和艺术效果。彩色效果图能给人以直观、具体的形象感觉。制作图是本部分需制作的展柜、展品道具等需交待加工的示意图。制作图必须尺寸准确、结构清楚,标明要使用的材料和颜色。

②展品组合设计。展品组合设计是以文物、图片、文字资料为主配以美术作品、图表等辅助展品,组合在一起。展品组合是陈列的特有语言,具有很强的艺术性。组合好则能突出地表达展示主题,给人留下深刻的印象;组合不好就会像一盘散沙,支离破碎。艺术设计人员应与内容设计人员共同配合、深入研究,熟悉展示内容,理解陈列主题及展品之间的关系,同时还应不断提高艺术修养,正确运用陈列所特有的表现手法,这样才能设计出生动、形象、富于感染力的展品组合。

③文物装饰设计。文物装饰设计是在文物展示时,对文物加以适当的装饰和加工,在保护文物的前提下,使其能更加精致、完美地呈现给观众,并体现出文物的珍贵性。如对于书信、公告等纸质的文物,下面可加上深色的底衬,上面压上透明有机玻璃,四面用螺丝钉固定;对于武器等大型物品可制作支架等工具;对于奖章等小物件可用精美的纺织品进行衬托等。

④展柜布置设计。设计师在布展前就应设计好展柜,考虑好各种展品在展柜中固定的位置。因此,设计师在设计前要了解展品的具体尺寸,将各种展品的道具、台座在设计图上具体化,包括样式、大小、颜色、质地等。①

(四)艺术品的运用

烈士纪念馆除了文字、图片、文物、场景等基础性展示外,往往还运用一些艺术品来增加纪念馆的可看性、生动性和艺术性,艺术品可起到营造环境氛围的作用。常用艺术品有油画、国画、版画、雕塑、半景画和全景画等。其中,版画有木版画、铜版画等;雕塑有铜雕、石雕、玻璃钢雕(玻璃钢雕塑造价便宜,中小型纪念馆为节省造价可选用)、高分子硅胶像或蜡像等;半景画是视角在150度至180度的巨幅弧形画面,观众可侧面观看;全景画是视角在360度范围,观众可环视的巨幅画面。半景画和全景画一般以场景形式出现,以油画为主,辅助雕塑、实物、模型、灯光、影视等,可以产生超越时空的立体观展效果。半景画和全景画对场地的要求较高,必须要达到一定的空间和面积才能采用。镇江烈士纪念馆还运用了泥塑、铁艺、漆画等民间工艺,有些馆还运用了刺绣等工艺。

---

① 安延山:《中国纪念馆概论》,文物出版社,1996年,第94页。

油画

国画

雕塑

镇江烈士陵园半景画

淮海战役全景画

　　如何选择艺术品应根据各纪念馆的具体布展内容、陈展空间的需要及纪念馆布展的具体特点来定。此外,烈士纪念馆艺术品的质量一定要高,有充足经费保障的馆可请名家设计制作,一般中小型纪念馆请不起名家,也不能马虎应付,要做到宁缺毋滥。许多纪念馆艺术品水平较差,人物形象严重变形,比例失调,有损烈士的形象,破坏了陈展的效果。镇江烈士纪念馆在布展时,受经费所限,艺术品全部由当地画家创作,为了确保质量,成立了专门的艺术品评审组,从每一位画家的草稿到具体的创作过程,专家组都严格把关,及时提出修改意见,确保了馆内艺术品的质量,这一做法值得借鉴。

（五）陈列制作

陈列设计是对设计师的设计进行加工制作的过程,也是对艺术升华的一个过程。没有陈列制作,艺术设计就是"纸上谈兵",陈列制作是保证艺术设计具体实施的唯一途径。

烈士纪念馆陈列制作首先要按照国家招投标要求,严格实施招标。由于烈士纪念馆不同于普通的装饰工程,它是一个艺术再加工的过程,没有布展经验的施工队很难领会设计师的意图,难以把握陈列的实际艺术效果。这是国家规定和具体实际操作中的矛盾问题。解决这一问题可通过以下途径:一是经过实地考察,邀请多家有烈士纪念馆陈展经验的施工单位参与招标;二是在正常聘请施工监理的情况下,聘请专门的艺术监理,跟踪布展的全过程,对布展的质量和艺术性进行严格的把关。

陈列展览布展的具体制作,一方面要严格按照布展方案逐项推进、落实,另一方面对于不可预见的及突发的一些问题,要及时采取有效措施,保证陈列展览布展工作的顺利进行。[①] 在制作中发现设计不合理的部分,应与设计人员进行沟通,根据实际情况及时修改设计方案,可以说制作的过程也是对陈展设计不断完善的过程。

三、数字化烈士纪念馆

在信息技术迅猛发展的当下,人类社会迎来了数字时代,这对烈士纪念馆的发展来说是一次深刻的社会变革和机遇。数字化烈士纪念馆应"以多媒体和数字化技术作为展示方法,使用最新的数字科技手法,结合独到的数字创意宣传内容,以各类新颖的技术吸引参观者,实现人机互动方式的展厅方式"。[②]

数字化烈士纪念馆运用各种新颖、前沿的高科技及多媒体手段,为烈士纪念馆传承做出了贡献。它突破了传统烈士纪念馆展览方式受空间和时间的限制,成为烈士纪念馆展览的方式之一,是实体烈士纪念馆的延伸和拓展。通过互动让观众更容易理解烈士纪念馆所蕴含的意义,从而满足社会大众多层次多方面的需求。打破了以往"被动"等待参观者"走进来"的习

[①] 齐玫:《博物馆陈列展览内容策划与实施》,文物出版社,2009年,第156页。
[②] 《数字化纪念馆的发展方向》,http://www.mx5d.com/bencandy.php? fid-19-id-298-page-1.htm。

惯,用新的"走出去"途径,实现最大程度上"褒扬烈士、教育群众"的目的。

(一)数字化烈士纪念馆的定义

数字化烈士纪念馆是伴随着信息技术的发展及其在烈士纪念馆工作中应用领域的不断拓展而产生的一个新的概念。数字化烈士纪念馆是指将烈士纪念馆相关的文物、图片及文史资料等各类信息,"通过3D模型虚拟制作、三维扫描、数字化拍摄等技术,将藏品信息以数据库或资源中心的形式储存,提供藏品的多角度、近距离3D赏析,对藏品相关的历史、文化及故事等,以图文介绍和语音解说、动画展示、视频延展等呈现方式进行信息推送"[1],进而为社会大众打造一个全面的历史展示和社会教育平台。

数字化烈士纪念馆有"烈士纪念馆数字化"和"数字化烈士纪念馆"两层含义。它们既有联系又有区别,烈士纪念馆数字化是数字化烈士纪念馆的基础。烈士纪念馆数字化,主要是指"将现代信息技术引入到烈士纪念馆的收藏、保管和研究、展示等工作中";[2]数字化烈士纪念馆,即通常所说的"虚拟纪念馆",是利用计算机技术把实体烈士纪念馆展品和相关的知识进行信息化处理,观众在信息展示空间中根据个人需要进行自由选择参观的方式和内容,为观众提供便捷、人性化的烈士纪念馆展示服务,以实现烈士纪念馆展示的目的。[3]

(二)数字化烈士纪念馆的特点

1. 感受丰富性

数字化烈士纪念馆将展品信息、烈士信息录入系统,为日常办公与管理提供了便捷和效率,实现数字化办公,继而通过三维动画、图形图像、声音、视频等多媒体加以组合应用,深度挖掘展览陈列对象所蕴含的背景、意义,带给观众高科技的视觉震撼。观众在虚拟场景中,多触角感知展品的信息,触动视觉、听觉、触觉、嗅觉等多种感官,从而获得更加形象、完整、深刻、系统的认识。

2. 时空延展性

数字化烈士纪念馆节省了大量人力和物力,且数字信息和资源易于保存、修改和整合,其时空延展性包括展品和观众两个层面。首先,展品展示在时间和空间上突破了展板、展柜、模型、文字等展示途径。传统烈士纪念馆的展示由于受本身脆弱性和展示建筑环境等因素影响,很难将展品所蕴涵的结构、功能、联系和实践信息向观众全方位展示。数字展示则能通过技

---

① 《中国探索博物馆数字化建设 专家介绍海外经验》,http://www.chinanews.com/cul/2012/11-12/4321283.shtml.

② 《数字化博物馆建设初探》,山东博物馆网,2011年6月14日。

③ 黄秋野:《博物馆中的数字化展览及展示技术研究》,江南大学硕士论文,2008年。

术手段为观众提供展品的完整数字影像和属性信息。其次，可以充分满足观众以自我导向为基础的探索性的学习要求。观众能方便、全面地了解到烈士纪念馆的陈展内容、馆藏文物和重要资料、重大活动，为传扬烈士精神、培育爱国主义精神拓宽了渠道。数字化烈士纪念馆的观众可以不受实体烈士纪念馆开放时间、天气、路线等多方面的约束，随时随地观察自己感兴趣的任意展示对象。

3. 互动参与性

数字化烈士纪念馆实现了与观众的线上线下交流。观众与展品间的良性互动使得信息可以双向流动。馆内的多媒体为观众提供了更直观、更生动、更形象的展示；观众通过网络，可以增强参与性、互动性和主体性。

4. 选择自由性

数字化烈士纪念馆多媒体技术有机地将藏品的图像、影像、声音、文字等信息结合起来，使得观众能较为全面地了解馆内的藏品。观众可以通过主题词、关键词等方式对藏品进行检索、查看，特别是对一些无法在实体场馆展示的实物，通过检索和浏览获取信息，充分感受烈士精神。观众还可以不受实体烈士纪念馆展示顺序、展示空间等限制，自由选择感兴趣的或者想深入了解的展品，利用三维模型从不同角度仔细观看和细细体会。

四、数字化烈士纪念馆的展示方式

烈士纪念馆因其特殊的教育和引导意义，在数字化的运用中、在触动观众感官神经的同时，应注重营造气氛、突出重点、协调统一，将虚拟展示糅合到实体烈士纪念馆展示中，扩展纪念馆的展示空间，使观众更深刻地感受到展品中凝聚的烈士的崇高精神。下面，介绍几种数字化展示手段，仅供参考。

1. 大屏幕投影

大屏幕投影适用于烈士纪念馆内较大的空间。虚拟仿真的环境利用多台投影设备投射逼真、立体的场景，再结合环绕立体音响系统，使观众如身临其境般地融入场景，触动心灵。

2. 触摸查询

触摸查询充分综合图、文、声、像、动画等全方位因素，查询展示方式生动形象且操作简便，从而更有效地开展烈士纪念馆的接待工作，使观众能清晰、准确、快速地了解到烈士纪念馆内的相关信息。

3. 地面互动投影

地面互动投影又称为地面互动，是采用先进的计算机视觉技术和投影显示技术营造出的一种观众与地面影像的互动。它通过悬挂在顶部的投影设备把影像效果投射到地面,观众在投影区域可以使用双脚与投影幕上的虚拟场景进行地面互动。

4. 多媒体投影沙盘

多媒体投影沙盘是指利用投影的方式将动态效果投射到实体沙盘模型上,通过画面演示、指示观看和语音讲解等,生动直观地进行展示。烈士纪念馆可按照某一具有特殊意义的区域比例尺精确制作的微缩模型,通过一个一个的投影线路来标注相关重要场景及烈士的事迹等。其震撼力和感染力使观众能全面、立体、直观地整体了解英雄事迹。

5. 电子翻书

电子翻书又称为虚拟翻书,录入了"丰富的资料(动画、视频、图片),利用红外感应方式获取观众的动作,并将该动作传输给计算机进行处理,计算机内的应用程序则根据所捕捉的信号驱动多媒体展示设备进行翻书的效果表现"①。烈士纪念馆可以将烈士书籍原文、珍贵文字、事迹简介、重大事件简介等原样文件制作成电子翻书,全面展示纪念馆内展品内容,以便于观众了解更多信息。

6. 3D 模拟烈士纪念馆

3D 模拟烈士纪念馆是以实体烈士纪念馆为模型,融声音、图像、文字、视频于一体,能够让网友进行网络参观、祭扫和互动,开展爱国主义教育及提供信息咨询的综合性网络平台。在 3D 模拟烈士纪念馆,网友可自由参观、瞻仰、祭扫、献花及留言等,进一步增强了社会大众的参与度。

此外,数字化烈士纪念馆还可运用微博、博客、二维码及微信等手法,利用虚拟空间并结合光、影、电,存储、展示和信息资源共享的形式,充分发挥其宣传教育功能。

附:

镇江烈士纪念馆的布展特点及经验

镇江烈士纪念馆坐落在镇江文化风景区北固山前峰的烈士陵园内。该馆于 2002 年 10 月建成,总面积 3180 平方米,其中陈展面积为 2100 平方米,总耗资 1150 万元。镇江烈士纪念馆造型独特、雄伟壮观;布展内容新颖,形式与手段别具一格,开馆后,达到了领导、专家、社会各界"三满意"的效果。现就镇江烈士纪念馆布展的特点及经验,简要介绍如下:

---

① 《多媒体数字化展厅常用的展示手段》, http://www. shuzizhanting – mx5d. com/xin-wenzhongxin/31. html。

一、陈展的主要特点

烈士纪念馆在全国各地比比皆是,布展的形式、内容与手段大都是图片、资料加实物的传统模式。进入21世纪后,高科技手段日新月异,如果布展仍走老路,显然是滞后于时代的。一个地市级烈士纪念馆的建造该如何定位,这是摆在专家学者们面前的一个崭新课题。经过数次反复的研究和论证,镇江烈士纪念馆在设计中被定位为"现代化的、全省领先的烈士纪念馆",强调"立足镇江,寻求镇江特色"。设计者在牢牢把握设计定位的基础上,融入了新观念、新创意,赋予了镇江烈士纪念馆鲜明的创作特色。

(一)色彩运用上的特色

传统的烈士纪念馆大都采用冷色调,以体现烈士纪念馆的庄严、肃穆、凝重的氛围。在镇江烈士纪念馆的设计中,设计师大胆创新,打破传统的设计理念,运用色彩的变化区分不同的历史时期,使整个展览色调和谐、明朗,给人以清新、舒适、大气之感,处处洋溢着一种现代气息。

1. 序厅色彩的运用

序厅是整个烈士纪念馆的灵魂,应该使参观者一进展馆就能产生心灵的震撼。设计者在镇江烈士纪念馆序厅色彩的运用上主要采用了黑、白、红三色。地面用白色大理石镶嵌在黑色大理石之中,周围墙面的白色大理石上采用了一组40米长的黑色铁艺壁画,既引人注目,又与周围环境相协调,不以凝重吸引人,却以色彩的强烈反差来达到摄人心魄的艺术效果。

2. 展区色彩的运用

在第一次鸦片战争中,曾发生过英勇的镇江保卫战。为营造当年守城将士拼死抵抗英军的悲壮氛围,本馆这一部分的色彩主要以城墙的青灰色背景为主,开头部分的天空布满了蓝灰色的乌云,烘托出这场战争的惨烈;导语部分则用红色,打破了沉闷的气氛,让参观者在这段沉重的历史中,仿佛看到了中华民族的希望所在。

辛亥革命部分主要以青灰色城墙和红色喷绘照片为背景。如果说以青灰色代表腐朽、没落的封建王朝,表示一种旧制度即将土崩瓦解的话,那么红色就代表了如火如荼的民主革命,代表了在民主共和的旗帜上染着镇江革命党人的鲜血,同时也表示一个新时代即将诞生。

中国共产党成立以后,一批共产党人在北洋军阀的黑暗统治下,冒着生命危险,来镇江宣传革命思想,播撒革命火种,在镇江组织成立党、团支部。在斗争中,许多共产党员被捕,他们英勇不屈,愿"以我之死,唤醒民众"。这部分主要以暗红色为背景,一方面表示星星之火,可以燎原;另一方面表示共产党人的牺牲,尤其是大革命展板末尾延伸至土地革命的暗红色色带,表示无数的革命志士在反动派的镇压下英勇牺牲、血流成河。

土地革命部分以监狱的白墙为背景。白色，既象征国民党反动派的白色恐怖，又象征革命者追求光明、追求真理的信念和高尚的情操；从监狱窗口透出的几缕冷色蓝光，不仅表示了反动派的残暴，而且反衬出革命者不畏强暴、英勇斗争的精神。这部分色彩虽偏冷色调，但在静谧中，给人一种精神的升华。

茅山是抗日根据地之一，这部分主要以蓝色山体为背景，与蓝色天空相衔接，地面与绿色橡胶地板相融，交相辉映，浑然一体，成功营造出了当年茅山抗日根据地的环境氛围，明亮的色彩象征了抗日战争的伟大胜利。

社会主义建设时期以鲜红色为主，象征中华民族在中国共产党的领导下，阔步迈入了新时代。

3. 缅怀厅色彩的运用

走进缅怀厅，四周弧形墙面上是一块块红色有机玻璃拼接而成的巨型旗帜，旗帜上是白色立体字组成的3000余名烈士的英名。旗帜周围的地面以杜鹃花为背景，在多媒体投影下，灿烂的杜鹃花此起彼伏地绽放，和平鸽在其间自由飞翔。这一部分，设计者营造了一种辉煌、灿烂的色彩感觉，使人产生许多遐想。如果白色象征圣洁，和平鸽象征自由、和平，那么红色则象征了中国革命的伟大胜利。盛开的杜鹃花寓意着无数革命先烈为了人民的幸福、为了人类的和平不惜牺牲自己生命的高尚品格和精神。

整个展馆色调明快，在用冷色表现斗争的惨烈的同时，设计者会加入一块鲜亮的颜色，来打破沉闷的气氛；同时，色调和谐统一，富于变化，每种色彩都具有一定的象征意义，可谓别出心裁。

（二）设计符号运用上的特色

设计有设计的语言，设计符号的运用正是设计语言的具体体现。每一个无声的符号运用，都能深刻地体现出设计者的设计思想。在镇江烈士纪念馆的设计中，设计者充分挖掘镇江的地理特色、人文特色、历史特色和革命特色，在每一部分的设计中，恰当地运用不同的符号来表现各时期的特点。如序厅部分，幕墙下部三面呈山形的凿毛汉白玉墙面和地面镶嵌在黑色大理石中的白色条纹状石材，共同点明了镇江"三山一水"的地理特征。鸦片战争和辛亥革命（旧民主主义革命）部分，设计者运用古城墙作符号，既说明了镇江是一座具有千年历史的文化古城，又点明了当时的时代背景。进入大革命时期（新民主主义时期）部分，古城墙自然转换为江南民居，突出了镇江独特的地理与人文环境。土地革命部分，监狱、牢房等象征符号的运用再现了当时镇江作为江苏省省会，国民党在镇江成立临时军法会审处，残酷迫害共产党人，无数革命志士在狱中与敌人斗争、不惜牺牲的历史。抗日战争部分，连绵的山脉、曲折的山路辅以圆木的运用，把"茅山"这一抗日根据地充分地展现在人们的眼前。解放战争部分,渡江船、抗美援朝坑道等象征符号的运用,无声地把当年战争的氛围烘托了出来。正是这些符号的恰当运用,突出地展现了各个时期的特色,让人们在不同符号的变化中认识了镇江历史的演变,使镇江烈士纪念馆不同于其他烈士纪念馆。

（三）氛围营造的特色

在镇江烈士纪念馆中,设计者很注重氛围的营造。如在鸦片战争部分,设计者用倒塌的城墙、乌云密布的天空、隆隆的炮声和冲天的火光极力营造了一种悲壮的环境氛围。在土地革命部分,牢房的铁门、围墙上的铁丝网、乌云压顶的天空、血迹斑斑的刑具及冷色灯光等的运用,把当年关押革命党人的牢房场景淋漓尽致地展现在人们面前。在抗日战争部分,高低起伏的地面、延绵的山脉和天空中的飞机、炸弹,使人们仿佛置身于战火纷飞的抗战年代。在解放战争部分,抽象的渡江船和象征江水的蓝色灯光,营造了一种"人在船中行,船在江中走"的环境氛围,同时,背景上的渡江照片、渡江战役的电视片的播放,都给人以身临其境之感。设计者正是因为针对不同部分内容的特色,恰当地营造了不同的环境氛围,才牢牢抓住了参观者的视线,调动了参观者的情感。

（四）艺术作品的运用特色

艺术作品的运用,是陈列展示中的一种常用手法,它虽不是陈展的主要内容,却能起到突出内容、画龙点睛的作用。在镇江烈士纪念馆的陈展中,设计者对艺术作品的运用颇为讲究。主要体现在:一是艺术种类的多样化。镇江烈士纪念馆内艺术作品数量不多,但种类却很齐全,馆内有油画、国画、版画、漆画(磨漆画、刻漆画)、铁艺画、雕塑等,集多种艺术种类于一身,真可谓异彩纷呈。二是艺术风格多样化。馆内艺术作品虽不是出自名家之手,大都由镇江画家创作,但画家们根据作品的内容大胆创作,形成了风格迥异的艺术作品,如油画《京岘山起义》《恽代英传播革命火种》,运用传统画法、笔触细腻、色彩凝重;油画《郭纲琳》,色彩恬淡,人物略带变形,体现了现代抽象画法的风格;油画《杨门三烈》清新、秀丽,在奔放的笔触中,体现出浪漫主义色彩;油画《前垾村战斗》体现了粗犷奔放的艺术特色等,多样化艺术风格的运用,在本馆的陈列展示中,产生了独特的艺术效果。三是传统工艺的运用与现代化的展示手段相结合。镇江烈士纪念馆的整体设计风格是很现代的,但在现代化的展示中,设计者有意融入了传统民间工艺。如铁艺画的运用,铁艺是一种以铁皮、铁板为材质、用锤锻方法作画的民间工艺,其作品以小型的山水、仕女图为主,材料轻薄、线条流畅,然而设计者却大胆选用这一民间工艺来表现展馆序厅40米长的壁画,反映镇江160年的革命斗争史。创意之初,遭到不少专家的担心和反对,但设计者力排众议,坚决采用这一民间工艺。事实证明,铁艺画那传统流畅的线条、粗糙的肌理效果及深褐色色彩与周围环境形成的强烈反差,使序厅充满了强烈的现代感。鸦片战争部分的《镇江西门之战》微型景观,运用天津泥人张的泥塑彩绘,人物惟妙惟肖,生动地再现了当年镇江军民顽强战斗的场面。解放战争部分则运用了扬州漆画工艺来反映革命题材。正是设计者大胆的创意,才使传统民间工艺这一带有乡土气息的艺术在现代的烈士纪念馆中散发出了独特的艺术光芒。如果把铁艺、泥塑等比喻为"下里巴人"的话,那么,幻影成像技术和高分子硅胶人像的运用无疑属"阳春白雪"。幻影成像技术的运用,增加了本馆的科技含量。这一技术采用了电影的拍摄手法,运用电脑、投影、机械等技术,将革命者与敌斗争的场面生动、立体、形象地展现在观众面前,取得了较好的艺术效果,尤其是特写镜头和换景镜头的运用在全国均属领先。正是由于传统与现代化手段的有机结合,交相辉映,最终才形成了本馆特有的艺术魅力。

(五)空间处理上的特色

空间处理上的特色主要体现在序厅和二楼中庭部分。国内外陈列展馆大都采用灯光照明,自然采光较少。镇江烈士纪念馆由于建筑设计上的缺陷,中庭用玻璃网架型尖顶,并不符合陈展设计师的要求;但若封掉网架,浪费太大,也破坏了建筑设计的效果。如何利用现有结构,变缺点为特色,设计者在序厅的四周(即白色大理石与铁艺画的上方)全部采用蓝灰色镀膜玻璃,让四周玻璃墙面与透过顶部网架的天空与光线自然衔接,整个序厅的空间显得明亮开阔,给人一种无限延伸和通透的感觉。二楼中庭部分安放了一组休闲椅,这部分设计在整个陈展中起到了延缓节奏的作用,让参观者在紧张的参观过程中能得到片刻的放松。在二楼左侧网架下是丹阳总前委场景的复原,这一内容与整个陈展版面内容联系不大,但在解放上海的战役中,则具有举足轻重的作用,起到了贯穿前后、承上启下的作用。整个馆内空间的合理布局有张有弛。

二、布展的经验

建设烈士纪念馆是包括建筑、艺术、科技、历史等多门类学科的综合性项目,在缺乏经验和资金的情况下,如何建设一流的烈士纪念馆? 我们的主要做法如下:

(一)集思广益,充分发挥专家作用

高标准、高品位的纪念馆必须要有一支较强的技术骨干队伍。在自身条件不足的情况下,我们采取"两条腿走路"的办法,一是聘请全国知名的上海龙华烈士纪念馆俞乐滨副研究员为顾问,借鉴他的建馆经验,尽量避免走弯路;二是从本地聘请具有布展经验的专家组成一支技术骨干队伍。在整个建馆过程中,专家们自始至终积极参与,他们的意见和建议对布展的成功有着举足轻重的作用。在布展方案的设计中,我们聘请了12位具有高级职称的文博、艺术类专家,充分发挥他们的潜在能力。如设计方案中没有考虑到鸦片战争时期英军攻打镇江城的场景,有一位专家提出,当年在镇江西门英军攻城时,清政府守城将士智摆"黄豆阵""铁锅阵",打得英军人仰马翻,损失惨重,建议加入这一场景。这个建议得到大家的一致同意,列入了设计方案。又如,在设计创意时,许多专家提出,设计方案要着重反映镇江的特色,于是他们和设计师一起深入挖掘,为设计大方向奠定了基础。在艺术品的创作过程中,专家们多次来陵园参加讨论会,对铁艺壁画、雕塑(序厅雕塑、泥塑、高分子硅胶像等)、油画、国画、漆画等的创作与制作都提出了许多参考意见和建议。在布展过程中,对于重大的、关键性的问题,我们定期召开专家会,广征博采,做到反复论证,最后达成一致意见,再进行设计和施工。由于专家的积极参与,在整个布展过程中,我们没有走弯路,既节省了费用,又节省了时间和精力。

（二）注重效果,精心选择设计、施工和监理队伍

设计是布展成功的关键,施工是布展成功的重点,监理是布展成功的保障,三者相互联系、相互制约,缺一不可。如何把握好这三个环节,我们认为,选好队伍至关重要。因此,在这项工作中,我们始终坚持"考察与招标相结合"的原则,即所有参加招标的单位,必须具备相应的资质、业绩、信誉;同时,对报名单位一一进行考察,对没有做过同类工程的单位,一概不予接受。通过严格把关与合法招标,布展设计单位选择了设计上海龙华纪念馆和陈云纪念馆的上海美术设计公司,施工单位选择了做过沈阳"九一八"纪念馆的鲁迅美术学院艺术工程总公司,监理单位选择了为南京二桥展示馆设计施工的南京艺术学院总公司。三家单位,二南一北,各有所长,南北艺术相互交融,珠联璧合,既能做到密切配合,又能起到相互制约的作用,确保了镇江烈士纪念馆精品工程的实现。实践证明,选择好的布展队伍是成功的关键所在。

（三）精打细算,在突出亮点上下功夫

建设烈士纪念馆需要有充足的资金作保证。镇江烈士纪念馆资金的主要来源是社会各界的捐款和部分政府拨款,建馆资金严重不足。而布展作为纪念馆开支的重头,稍有不慎,就会使大量资金流失,造成得不偿失的后果。为了合理使用有限的资金,我们尽量做到"花最少的钱,办最好的事"。根据实际情况,我们认为纪念馆的布展不能贪大求全,一定要在特色上做文章,在亮点上下功夫,不该花的钱不花,该花的钱一定要花好。在资金的使用中,采取"货比三家"的办法,即同一项目找三家以上单位作比

较,通过考察和比价,从中选择符合质量标准、价格又低的单位作为入选对象,如,仅幻影成像一项就节省开支 30 多万元。事实证明,只要合理分配资金,突出亮点,就能使有限的资金发挥出最大的效能,创造出极富特色的烈士纪念馆。

（四）广泛宣传,争取社会各界支持

镇江烈士纪念馆工程在立项之初,既无资金,又无技术和经验,更不为人们关注和重视。在这种情况下,要建设这样一项重要的工程,困难重重。针对这一现状,我们认为,要使镇江烈士纪念馆顺利建成,一定要把这一工程提高到"功在当代,利在千秋"的高度上来,提高到讲政治的高度上来,极力创造一个良好的社会环境氛围,让全社会都来关心、支持这一工程。为此,我们抓住精神文明建设这一机遇,通过新闻媒体大力宣传镇江烈士纪念馆建设工程,引起了社会各界群众的普遍关注,并在全市掀起了"捐资建馆"的活动。同时,我们积极争取市委、市政府的支持,使镇江烈士纪念馆被列为镇江市精神文明建设的标志性工程,2002 年又被市政府列为"为民办实事"的十六项民心工程之一。通过努力,终于形成"政府重视,群众支持"的良好局面,逐步做到化难为易,有效地推动了镇江烈士纪念馆工程的建设进程。事实证明,领导重视是建馆的有力保证,良好的社会氛围是建馆的必要条件。

烈士纪念馆的建设是一门综合性科学。在镇江烈士纪念馆的建设过程中,我们取得了一定的成效,积累了一定的经验,但我们也意识到,镇江烈士纪念馆离一流的纪念展馆还是有一定差距的,尤其在科学技术日益发展、陈展手段层出不穷的今天,展馆建设如何做到不断创新、与时俱进,还有许多问题值得我们不断地去探讨、去研究。

（本文原收录于《烈士与纪念馆研究》,上海人民出版社,2004 年）

中小型革命纪念馆的建设

一、革命纪念馆的概念

革命纪念馆是为纪念近现代中国革命过程中的重大事件或杰出人物而修建的纪念性建筑,从声、光、电、图、实物等多角度展现人物的品质和精神,以及历史事件的意义和价值,是纪念性博物馆。

根据中华人民共和国行业标准《博物馆建筑设计规范》（JGJ66—91）,博物馆分为大、中、小型。大型馆（建筑规模大于 10000 平方米）一般适用于中央各部委直属博物馆和各省、自治区、直辖市博物馆;中型馆（建筑规模为4000～10000 平方米）一般适用于各系统省厅（局）直属博物馆和省辖市

（地）博物馆；小型馆（建筑规模小于4000平方米）一般适用于各系统市（地）、县（县级市）局直属博物馆和县（县级市）博物馆。由于纪念馆的特殊性，一般中小型纪念馆比中小型博物馆在规模上要小，相对于上海龙华烈士纪念馆、徐州淮海战役纪念馆等大型纪念馆，中小型纪念馆在规模和投入上都要小很多。

二、中小型革命纪念馆建设中存在的问题

我国革命纪念馆的建设主要起步于新中国成立以后。20世纪五六十年代，为纪念中国近代革命斗争和为新中国成立做出重大贡献和牺牲的杰出人物，向广大群众尤其是青少年学生开展爱国主义教育和革命传统教育，各地纷纷新建革命纪念馆。如东北烈士纪念馆、中共一大会址纪念馆、重庆红岩革命纪念馆、西柏坡纪念馆等。20世纪末以来，随着党和国家对爱国主义教育的重视，以及陈展手段和技术的不断创新，人们对革命纪念馆的要求越来越高，各地纷纷启动了新一轮革命纪念馆建设。如上海龙华烈士纪念馆、徐州淮海战役纪念馆、延安纪念馆等投入上亿元，可谓大投入、大手笔，同样也取得了大效果。超前的设计理念、多元的陈展手段、现代化信息技术的运用和恢宏的气势，引领了革命纪念馆建设的潮流，一些中小型革命纪念馆也纷纷效仿，但由于资金、规模等无法与大型革命纪念馆相比，建设中不可避免地会出现一些问题。

1. 前期建筑与后期陈展脱节

许多中小型革命纪念馆在建筑上往往按普通的楼堂馆所设计，只注重外形的美观，没有考虑建筑物与陈列展示内容的内在联系及后期陈列展示对空间、布局等的需要。一些革命纪念馆的建筑外形或雄伟，或华丽，但却缺少内涵。如序厅，作为纪念馆的灵魂，应当融视觉艺术、空间艺术、美学艺术于一体，好的序厅让人一入馆便能产生强烈的震撼，融入纪念馆的氛围中。但现在有许多革命纪念馆由于在前期建设时没有考虑空间性，许多展示手法难以运用，场景感不强，低矮的空间给人以压抑感，过多的柱梁破坏了序厅的整体性，无法体现视觉性和美学性。因此，每个展厅的陈列面积、空间高度、基本布局、参观流线等都需要建设者在建筑设计之初便认真考虑，才能使展馆很好地达到展示的要求。

2. 贪大求全，实用性不强

很多中小型革命纪念馆在建设时没有量力而行，贪大求全，一味追求华丽的装饰与高科技，造成了很大的浪费。如有些革命纪念馆面积动辄几千平方米，而整个展馆内容、文物不丰富，陈展不够丰满，空置面积较多。还有些纪念馆为了显示其先进性，什么高科技手段都用，重点不突出。我曾参观某新建纪念馆，其使用的多媒体不下数十种，由于专业人员配备不足，遇到设备故障很难及时修复，许多设备都处于瘫痪状态。镇江烈士纪念馆建馆之初为了提升纪念馆的档次，投入了100多万元，安装了中央空调系统，还专门对纪念馆用电进行了增容，结果由于中央空调的使用成本太高，单位无力承担高昂的电费，陷入因空调因长期不用损坏严重、真正想用又用不上的恶性循环，最终不得不重新改造，废弃了原有的中央空调系统。

3. 缺少亮点，特色不明显

许多革命纪念馆，无论是在馆的建筑，还是在馆的陈列展示中，都没有形成自己的特色。有些纪念馆无法让人从建筑的外形中看出该纪念馆的特色，陈展形式也是要么沿袭图片、资料加实物的传统模式，要么是你有我有大家有。整个馆除了陈展的资料和物品与别馆有所区别外，从建筑外形到形式设计，再到陈列展示完全看不出自己的特色，放在任何一个纪念馆都能用，缺少生命力和吸引力，很难给观众留下深刻的印象。

4. 内容混淆，功能不突出

革命纪念馆因陈展内容不同，分党史馆、烈士纪念馆、重要事件纪念馆和专题人物馆等，但有些纪念馆由于职责不清，陈展内容非常混乱。如某地烈士陵园建设烈士纪念馆，但馆内的陈展内容却是以近代史为主的党史馆；有些纪念馆因为缺少专业人才，在陈列大纲的编写中过分依赖党史部门，使得大纲偏重对党史知识的宣传，忽视了烈士纪念馆"以人串史"的功能，即通过对烈士精神的挖掘和烈士事迹的宣传，教育群众勿忘历史的功能，给人产生一种"牛头不对马嘴"的感觉。

三、中小型革命纪念馆建设中应注意的问题

1. 注重建筑与陈展之间的协调性

成功的革命纪念馆应该是建筑与陈展的完美结合。纪念馆的建筑就是陈列展览的一个部分，因此，无论是从外形上，还是结构上都应符合陈展的需求，做到内外呼应，相得益彰。对于新建纪念馆，在建筑设计时就应充分考虑后期的陈列展示，力求两者之间的协调与统一。建筑设计应始终围绕陈列展示的需求，牢牢树立"建筑是为陈列展示服务"的理念。陈列展示对建筑的空间、展区的大小、展线的流向等都有很高的要求，因此，陈展设计师如果能全程参与前期的建筑设计，这样的建筑一定更加科学实用。

2. 量力而行，讲求纪念馆实用性

中小型革命纪念馆普遍存在经费不足和人才匮乏的问题。有些纪念馆在立项新建时也许能争取到很多经费，投入上千万元，一旦投入使用，常年的维护运转经费不足的问题就会显得非常突出。由于人才的缺乏，也给纪念馆多媒体及机械设备的维护工作带来了一定的难度。因此，中小型革命纪念馆在建设的过程中，一定要注重实用性，量力而行，不要只顾眼前效果，什么先进就上什么,给后期的运行和维护带来不必要的麻烦,使先进的设施设备沦为摆设。

3. 突出亮点,提高陈展的特色性

龙华烈士纪念馆、淮海战役纪念馆等大型纪念馆动辄上亿元的投入,可谓求大、求全、求精,而中小型纪念馆受财力限制,只能在特色上做文章,集中财力做出一两个亮点,就是成功。2001年,镇江烈士纪念馆在设计中将该馆定位在"现代化的、全省领先的烈士纪念馆",强调"立足镇江,寻求镇江特色",设计者在牢牢把握设计定位的基础上,融入了新观念、新创意,赋予了镇江烈士纪念馆鲜明的创作特色。如:镇江三山、长江、古城墙等元素符号的运用,突出了该馆的地域特色;红色、绿色等色彩的大胆运用,打破了传统纪念馆的沉闷,赋予了强烈的现代感;序厅铁艺浮雕和展厅内漆画、泥人张彩塑等民间工艺的运用,做到了"人无我有",既节省了资金,也彰显了特色。

4. 写好大纲,把握内容的准确性

陈列大纲是对革命纪念馆总体内容的策划,是陈列设计中带有指导性的文件,是将内容转化为形式的重要载体,将指导设计师依据其中内容的轻重进行有序的设计。好的陈列大纲是纪念馆陈展成功的必要前提,而准确、丰富的内容又是体现陈列大纲水平的关键。革命纪念馆应根据各自的功能和定位准确确定内容。如,党史馆应突出"以史带人"的原则,人物馆应突出"以人串史"的原则,重要事件馆突出"以事件带人"的原则,在大纲的编写上,内容的侧重点也完全不同。

革命纪念馆是爱国主义教育的重要阵地,我们应抱着对历史负责、对后代负责的态度,认真规划、科学设计、严谨实施,建设出更多高质量、高品位的精品革命纪念馆,让每一座革命纪念馆都能在构建社会主义核心价值体系中发挥应有的作用。

(本文原刊发于《管理学家》,2014年第1期)

第五节　零散烈士纪念设施的建设与保护

一、定义

零散烈士纪念设施是指由各级党委和政府为缅怀先烈兴建的,因受诸多因素的影响,没有实行集中管理的烈士纪念设施,如散葬的烈士墓等。根据《烈士纪念设施保护管理办法》,凡未列入县级以上保护的烈士纪念设施均为零散烈士纪念设施。零散烈士纪念设施是我国烈士纪念设施的重要组

成部分,是安葬、缅怀、褒扬革命先烈的重要场所,是对广大人民群众进行爱国主义和革命传统教育的重要载体,是不可再生的、宝贵的红色资源。

二、法规政策内容

《烈士纪念设施保护管理办法》规定:"未列入等级的零散烈士纪念设施,由所在地县级人民政府民政部门保护管理或者委托有关单位、组织或者个人进行保护管理。"2011 年,国家民政部、财政部联合下发了《关于加强零散烈士纪念设施建设管理保护工作的通知》,明确了零散烈士纪念设施建设管理保护工作的意义、指导思想、总体目标和基本原则,要求各地高度重视、加大投入、全面部署、加强管理和领导,力争在新中国成立 65 周年之前完成全部抢救保护工程。

三、实施情况

2009 年,在新中国成立 60 周年前夕,江苏省在全国率先启动了"请烈士回家"——"慰烈工程"项目,全省集中安葬和原地维修散葬烈士墓 4 万余座。[①] 河北、辽宁、山东等省采取不同形式开展了零散烈士纪念设施普查,

江苏率先启动"请烈士回家"——慰烈工程项目

---

① 《集中安葬散葬烈士 江苏在全国率先开展慰烈工程》,http://www. js. xinhuanet. com/xin_wen_zhong_xin/2011 – 04/01/content_22424491. htm。

稳步实施零散烈士纪念设施集中管理保护工作,取得了很好的社会效果。2011 年 3 月 31 日,民政部在江苏省徐州市召开全国零散烈士纪念设施建设管理保护工作会议,李立国部长发表讲话。他充分肯定了江苏开展"慰烈工程"的成效和经验及其他省市的经验,并要求在全国推广。同年 5 月,国家民政部、财政部联合下发了《关于加强零散烈士纪念设施建设管理保护工作的通知》,在全国范围内正式启动了零散烈士纪念设施的建设管理保护工作。零散烈士纪念设施的建设管理保护工作的总体目标是:从 2011 年开始,依托原有烈士陵园,统筹规划、适当集中、分类实施,力争在 2014 年 10 月 1 日前完成所有散葬烈士墓的迁移、整合、修缮工作,完成零散烈士纪念设施的维修改造,基本建立起长效管理保护机制,充分发挥烈士纪念设施"褒扬烈士、教育群众"的主体功能。烈士纪念设施保护单位有责任、有义务做好零散烈士纪念设施的管理保护工作,根据属地管理的原则,接受散葬烈士墓的迁移、整合、修缮工作,确保新迁入的散葬烈士墓与原安葬烈士墓在规格、风格上相统一。目前,我国 100 多万座散葬烈士墓和 7000 余处零散烈士纪念设施均得到了有效保护,但对于重新维修后的零散烈士纪念设施,建立各项长效管理机制的工作才刚刚开始。

第六节　园林绿化建设

园林绿化在烈士纪念设施保护单位的建设中是极其重要的工作内容,是烈士纪念设施保护单位建设水平的弹性空间,是四季变换的动态风景。[①] 绿化植物的配置应突显烈士纪念设施,突出纪念的主题,使单位形成雄伟、整齐、大方、庄重而亲切的气氛。合理设置园林绿化能起到增添烈士纪念设施保护单位的生机与趣味、丰富单位的景色空间层次、强化褒扬主题、烘托纪念氛围的效果。绿化植物对于烈士纪念设施保护单位纪念主题的表达,以及其特有的文化寓意及象征意义的体现,是其他环境因素所不能比拟的。

烈士纪念设施保护单位的绿化环境建设是由其功能决定的,集纪念、游览、休闲于一体的功能要求烈士纪念设施保护单位应做好环境的绿化和美化工作。作为烈士的安息地、纪念地,为烈士营造优美的安息之地,为群众提供良好的纪念环境,是烈士纪念工作的重要内容。烈士纪念设施保护单位作为群众游览休闲的场所,实现公园化,能更好地吸引群众来园参观,接受爱国主义教育,并享受生态园林之美。

---

① 侯雄飞:《烈士陵园园林绿化的探讨》,《南方园艺》,2009 年第 4 期。

镇江烈士陵园景观

一、法规政策内容

《革命烈士纪念建筑物管理保护办法》第一次用法规的形式,对烈士纪念设施保护单位的环境提出了要求,即"革命烈士纪念建筑及其周围的建筑应当纳入当地城乡建设总体规划,绿化美化环境,实现园林化,使革命烈士纪念场所形成庄严、肃穆、优美的环境和气氛,为社会提供良好的瞻仰和教育场所"。《国家级烈士纪念设施保护单位服务管理指引》对烈士纪念设施保护单位提出:"争取将烈士纪念设施纳入红色旅游经典景区(线路),爱国主义教育基地,创建 A 级旅游景区,拓宽教育功能,扩大社会影响。"这对烈士纪念设施保护单位的环境建设提出了更高的要求。

《县级以上管理的烈士纪念建筑物单位开展争创管理工作先进单位的条件》中要求烈士纪念设施保护单位要园容园貌好,具体条件为:(1)布局合理,规划完整,树林与纪念建筑物协调,道路平坦干净,环境优美。(2)环境绿化、美化好,达到绿地面积占绿化面积的80%。(3)对珍贵花木,建立档案,做出标志,采取保护措施。树木成活率高,无意外多株枯死现象。这是民政部首次对烈士纪念设施保护单位绿化环境建设提出具体要求。

镇江烈士陵园景观

二、绿化规划

随着社会经济的发展,如今的烈士纪念设施保护单位"已不再局限于只作为敬仰缅怀的纪念地,往往是集纪念、教育、游览、休闲于一体的多功能绿地公园,其功能区域也因此被划为纪念区和非纪念区两大板块。所以,从功能分区的角度来考虑,植物园林绿化应根据不同区划区别对待,以更好地适应人们不同的心理和视觉需要"。①

在规划上,烈士纪念建筑设施前宜采用规则式配置、栽植有一定寓意的树种,可引起人们对历史的回忆,唤起人们热爱祖国的感染力;非纪念区宜采用自然式配置,②保护现有植物种群、保留大树和优势植物种群,增加植物层次,使"墓在林中,林在墓中"。在植物配置上强调植物季相的丰富性,一年四季季相变化明显,春天姹紫嫣红,夏天绿树成荫,秋天色叶成景,冬天松柏常青,以突显烈士不惧牺牲的崇高品格和万古长青的英勇精神。根据有关要求,烈士纪念设施保护单位对珍贵树木应建立详细的档案,并可以大量栽种象征烈士高尚品格的松、柏、竹、梅、菊、红枫、杜鹃等植物,辅以其他植物的合理配置,制定专项保护措施,园内的珍贵花木均应挂牌,加强保护工作和花木知识的普及工作。

---

① 李雷训:《烈士陵园绿化植物配置重要性的探讨》,《理论前沿》,2014 年第 1 期。
② 蔡立荣:《烈士陵园绿化植物的配置》,《江苏林业科技》,1995 年第 4 期。

烈士纪念设施保护单位绿化规划可遵循"陵园公园一体化"和"以人为本"的原则,摒弃人们心目中对烈士纪念地沉重、凝滞的传统感觉,重新赋予烈士纪念地祥和、宁静的教育氛围。公园化的理念在于把烈士纪念地做成一个大公园,通过烈士墓碑的合理摆放及植物配置、园道的曲折设计、绿化植物的自然遮掩、园林景观精品打造的有机结合,建一座纪念性"公园",让先烈安息在这样一个花园中,同时,也让参观、祭扫的群众能在身心愉悦的状态中开展烈士纪念活动,使绿化环境起到"润物细无声"的作用。

陵园景观之一

三、植物配置

绿化植物应选择有象征意义和纪念内涵、兼顾地方特色的植物品种。如松树象征坚强不屈、万古长青的英雄气概;柏树象征永葆青春、生生不息;松柏类象征肃穆和哀悼;垂柳、白杨象征悲哀、悲伤;罗汉松象征缅怀革命先烈,造福子孙后代;竹子象征清高有气节、正直虚心;荷花象征出淤泥而不染;菊花象征贞烈多姿、不怕风霜;梅花象征不屈不挠、坚韧英勇、坚贞纯洁的品质;[①]含笑树则是祝愿逝去的先烈们能含笑九泉等。

烈士纪念设施保护单位大门内外及主干道的绿化配置,可采用规则方

---

① 蔡立荣:《烈士陵园绿化植物的配置》,《江苏林业科技》,1995年第4期。

式对称栽植高大的雪松、龙柏、桧柏类树木,对称严谨,给人们以庄重、严整的感觉,造成严肃、静穆的气氛。

主干道两侧可设置带状花坛,并缀以适当的花灌木和以孔雀草、矮牵牛、万寿菊、菊花、一串红、鸡冠花等红、黄花为主的应时花卉,以示烈士精神万古长青,后继事业繁荣昌盛。大门口的绿化配置,考虑到扫墓时人流量较大的情况,应以摆设应时盆栽为主,简洁绿化配置。

陵园景观之二

烈士纪念碑(塔、亭)、祭扫广场及其他建筑物周围的绿化配置,应以烈士纪念碑(塔)和主干道为轴线,"在广场上铺盖规则式块状草坪或灌木绿篱带,对比之下,方显得烈士纪念碑(塔、亭)主体建筑雄伟、壮观。广场草坪或绿篱带左右边缘可对称列植体形高大、树冠轮廓富于变化、树姿优美、枝叶繁茂、味香浓郁或叶色具有季相变化的银杏、广玉兰、红枫、雪松、紫叶李、垂丝海棠等树种。既可增加草坪和绿篱的自然势态,满足夏季人们庇荫纳凉的需要,又可减少草坪和绿篱的单调感,使广场显得既开阔又有封闭感,树荫下点缀常绿球类灌木和夹种草花,也可设置带状花坛。花坛内花草颜色以淡雅、单色为主。烈士纪念堂(馆)、烈士骨灰堂(室)正面放置苏铁、棕榈、龙柏球类盆栽,左、右、后三面宜营造纯林如竹林、松柏林"。①

烈士墓区(地)绿化配置,"若是单墓,墓前尚有一定面积的场地,墓正面

---

① 蔡立荣:《烈士陵园绿化植物的配置》,《江苏林业科技》,1995年第4期。

可栽植龙柏球、桧柏球、黄杨球、墓后列植松柏类如龙柏等，夹植以红枫、紫叶李、红花檵木等红叶为主的树木。若是墓群，每排间距又宽，可选用生长缓慢、分枝点低、结构紧密、耐修剪的黄杨、海桐、蜀桧、女贞作绿篱围之，墓间点缀红花酢浆草、万寿菊、葱兰、菊花，使气氛活泼"。① 若墓群每排间距稍窄，可选用对土壤要求不高、四季常绿、结构紧密的地被类植物，如麦冬、日本矮生麦冬、葱兰等。篱间步道不栽大树，为形成从前向后都能看到墓碑的视觉效果，墓区最后一排则可选用构骨、构桔、大叶黄杨等树叶浓密、分枝低的开花、挂果的灌木列植。

陵园景观之三

　　非烈士纪念褒扬区的绿化是占地面积最大的区域，能构成烈士纪念设施保护单位底色，使单位的色彩层次较为丰富多彩。绿化应根据环境条件，选择既反映单位特色，又恰到好处、品种多样的植物，在适当地段开辟专类景园，如梅园、竹园、芍药园、樱花园、海棠园、月季园、枫林园等。活动区设疏林草坪、花灌木、孤植及丛植乔木，使季相变化丰富，以供人们瞻仰之余，舒适憩息，饱赏自然情趣。塘边栽桃树、垂柳，形成桃红柳绿；水面栽荷植莲，形成香荷迎风，睡莲眠波之色；② 水体中栽植金鱼草，与金鱼等共生净化

---

① 蔡立荣：《烈士陵园绿化植物的配置》，《江苏林业科技》，1995 年第 4 期。
② 同①。

水体,形成富有生机的生态小环境;"围墙旁、办公区庭院中栽桂花、蜡梅、竹子等,以现寒梅傲冬、绵桂飘香、修竹扶疏之意境。有山的烈士纪念设施保护单位,山峰应植高大常绿乔木树,突出山势,次峰、山麓选用较为低矮的树种,山沟配以藤本、地被植物,以增加山体高度差,使山林四季常青,山色苍翠浓郁。"①烈士纪念设施保护单位规模不一,布局规划各异,在考虑主题基调、教育效果的情况下,绿化植物的配置也须因地制宜。我国幅员辽阔,南北方差异很大。烈士纪念设施保护单位在植物品种的选择上,应根据当地的气候环境,选择有象征意义和纪念内涵、兼顾地方特色的适宜植物品种。烈士纪念设施保护单位绿化建设中常用的植物品种可以大致分为以下几类:

常绿乔木:雪松、黑松、马尾松、湿地松、桧柏、龙柏、广玉兰、香樟、桂花、杜英、石楠、杨梅、蒲葵、罗汉松等。

落叶乔木:水杉、池杉、银杏、玉兰、杜仲、枫香、垂柳、红枫、龙爪槐、紫叶李、碧桃等。

常绿灌木:大叶黄杨、红叶石楠、杜鹃、黄花决明、铺地柏、千头柏、南天竹、夹竹桃、栀子花、法国冬青、十大功劳、枸骨、山茶花、含笑、八角金盘、洒金柏、苏铁、红花檵木、龟甲冬青、洒金珊瑚、火棘、长春花、六月雪、雀舌黄杨等。

落叶灌木:月季、小叶女贞、金叶女贞、紫荆、蜡梅、梅花、木槿、紫薇、迎春花、云南黄馨、紫叶小檗、八仙花等。

竹类:紫竹、刚竹、凤尾竹、淡竹、丛竹等。

攀缘类:络石、爬山虎、常春藤、紫藤、蔷薇、藤本月季等。

地被类:高羊茅、狗牙根、二月兰、兰花、吉祥草、麦冬、日本麦冬、红花酢浆草、紫叶酢浆草、鸢尾,玉簪等。

草花类:羽衣甘蓝、矮生牵牛、孔雀草、一串红、鸡冠花、金盏菊、矢车菊、菊花、万寿菊、三色堇等。

四、绿化养护

(一)养护标准

俗话说,"三分栽,七分养",养护工作没做好会使花费很大成本建造的园林景观不能很好地保持,有的会很快出现草地退化、树木死亡、杂草丛生等现象。因此,景观维护要实行科学化、规范化的养护管理。所谓绿化养护就是指绿地、植被等植物的管理与养护。绿化养护的主要内容包

---

① 蔡立荣:《烈士陵园绿化植物的配置》,《江苏林业科技》,1995 年第 4 期。

括:浇水、施肥、修剪、除草、绿地清洁卫生、病虫害防治、防涝防旱等。绿化养护标准分为三级,由于烈士纪念设施保护单位要求以公园化标准来建设,对绿化的要求较高,故绿化养护应以一级标准来要求,这里附《一级养护质量标准》,以供参考。

附:

一级养护质量标准

1. 绿化充分,植物配置合理,达到黄土不露天。

2. 园林植物达到:

(1)长势好。生长超过该树种该规格的平均生长量(平均生长量待以后调查确定)。

(2)叶子健壮:① 叶色正常,叶大而肥厚,在正常的条件下不黄叶、不焦叶、不卷叶、不落叶,叶上无虫尿、虫网、灰尘;② 被啃咬的叶片最严重的每株在5%以下(包括5%,以下同)。

(3)枝干健壮:① 无明显枯枝、死杈、枝条粗壮,过冬前新梢木质化;② 无蛀干害虫的活卵活虫;③ 介壳虫最严重处主枝干上100平方厘米1头活虫以下(包括1头,以下同),较细的枝条每尺长的一段上在5头活虫以下(包括5头,以下同);株数都在2%以下(包括2%,以下同);④ 树冠完整:分支点合适,主侧枝分布匀称,数量适宜,内膛不乱,通风透光。

(4)措施好:按一级技术措施要求认真进行养护。

(5)行道树基本无缺株。

(6)草坪覆盖率应基本达到100%;草坪内杂草控制在10%以内;生长茂盛颜色正常,不枯黄;每年修剪暖地型6次以上,冷地型15次以上;无病虫害。

3. 行道树和绿地内无死树,树木修剪合理,树形美观,能及时解决树木与电线、建筑物、交通等之间的矛盾。

4. 绿化生产垃圾(如:树枝、树叶、草末等)重点地区路段能做到随产随清,其他地区和路段做到日产日清;绿地整洁,无砖石瓦块、筐和塑料袋等废弃物,并做到经常保洁。

5. 栏杆、园路、桌椅、井盖和牌饰等园林设施完整,做到及时维护和油饰。

6. 无明显的人为损坏,绿地、草坪内无堆物堆料、搭棚或侵占等现象;行道树树干上无钉栓刻画的现象,树下距树干2米范围内无堆物堆料、搭棚设摊、圈栏等影响树木养护管理和生长的现象;2米以内如有,则应有保护措施。

（二）养护安排

一年中随着季节气候的变化,树木的生长会呈现不同的态势,养护的内容会有所变化。在养护中,应做好全年养护计划,合理安排好每月的绿化养护工作。这里仅根据笔者所在地区的实际,介绍本单位年周期养护安排。由于我国南北气候情况差异较大,植物的品种和生长态势会有所变化,各地可根据当地的实际情况,科学做好年周期养护安排,具体如下:

一月

1. 冬季修剪:对落叶树木的整形修剪作业;大小乔木上的枯枝、伤残枝、病虫枝、内膛枝、竞争枝等进行修剪;

2. 树木检查:及时检查树木生长情况,发现倒伏、歪斜等情况时立即整改;

3. 防治害虫:冬季是消灭园林害虫的有利季节,清理枯枝、枯叶以减少病虫越冬场所;

4. 绿地养护:绿地、花坛等要注意挑除大型野草;草坪要及时轻度修剪;绿地内要注意防冻浇水。

二月

1. 养护基本与1月份相同;

2. 修剪:继续对大小乔木的枯枝、病枝进行修剪。月底以前,把各种树木修剪完并及时处理好修剪下来的枝条;

3. 防治害虫:注意日常观察,以防刺蛾和蚧壳虫为主。

三月

1. 植树:春季是植树的最佳季节。土壤解冻后,应立即抓紧时机植树。植大小乔木前做好规划设计,事先挖好树坑,要做到随挖、随运、随种、随浇水。种植灌木时也应做到随挖、随运、随种,并充分浇水,以提高苗木存活率;

2. 春灌:因春季干旱多风,蒸发量大,为防止春旱,对绿地等应及时浇水;

3. 施肥:土壤解冻后,对植物施用基肥并灌水;

4. 防治病虫害:三月是防治病虫害的关键时期。一些苗木出现了煤污病、黄杨卷叶螟,应采用喷洒杀螟剂等农药进行综合防治。可以使用化学药剂防治刺蛾,做好火棘上的红蜘蛛、红叶石楠上的蚜虫、樟树上的卷叶蛾防治。

四月

1. 继续植树:四月上旬应抓紧时间种植萌芽晚的树木,对冬季死亡的灌木(杜鹃、红花檵木等)应及时拔除补种,对新种苗木要充分浇水;

2. 灌水:继续对养护绿地及时浇水;

3. 施肥：对草坪、灌木结合灌水，追施速效氮肥，或者根据需要进行叶面喷施；

4. 修剪：剪除冬、春季干枯的枝条，可以轻度修剪常绿绿篱；

5. 防治病虫害：卷叶螟（危害黄杨等）、蚜虫（危害月季、龙爪槐等新梢）、潜叶蛾（主要是女贞上的）、蚧壳虫（女贞上的白蜡蚧）、天牛防治；

6. 注意挑除大型苗木下面的杂草及灌木中的攀缘植物。对草坪也要进行修剪，做到勤修勤剪，草坪高度保持在 8～15 厘米。

五月

1. 浇水：树木展叶盛期，需水量很大，应适时浇水；

2. 修剪：修剪残花，进行第一次的剥芽修剪，对生长较快的绿篱进行整形修剪，形成整齐、饱满的视觉效果；

3. 防治病虫害：刺蛾进入盛发期，应及时观察防治。由蚧壳虫、蚜虫等引起的煤污病也进入了盛发期，应及时观察防治。应注意对樟树的樟巢螟防治。防治梅花、枇杷树的蛀干害虫；

4. 由于气温升高，草坪生长速度加快，浇水、除草、修剪等工作量加大，应及时控制好草地含水量、杂草数量、草坪高度。

六月

1. 浇水：植物需水量大，要及时浇水；

2. 施肥：结合松土除草、施肥、浇水以达到最好的效果；

3. 修剪：继续对树进行剥芽除蘖工作。对绿篱、球类及部分花灌木实施修剪；

4. 排水工作：大雨天气时要注意低洼处的排水工作；

5. 防治病虫害：加强对刺蛾、天牛等害虫的防治。高温多雨天气病虫害易发生，特别是冷季型草坪，出现初期症状喷洒甲基托布津等杀菌剂并加强查看。

七月

1. 浇水：要注意天气变化，一旦遇到高温天气要及时浇水；

2. 排涝：大雨过后要及时排涝；

3. 追施肥：在下雨前干施氮肥等速效肥；

4. 山体绿化除草整形：对山上的杂草进行清理，同时对山上的树木适当修剪；

5. 防治病虫害：对香樟樟巢螟要及时剪除，并销毁虫巢，以免再次危害。

八月

1. 浇水：要注意天气变化，一旦遇到高温天气要及时浇水；

2. 排涝：大雨过后，对低洼积水处要及时排涝；

3. 修剪：除一般树木夏修外，要对绿篱进行造型修剪；

4. 除草：对标准绿化带特别是草坪中的杂草要及时清除，并结合除草进行施肥；

5. 山体绿化除草整形：对山上的杂草进行清理，同时对山上的树木适当修剪；

6. 防治病虫害：蚜虫、香樟樟巢螟要及时防治。潮湿天气要注意白粉病及腐烂病，及时采取措施；

7. 及时更换花坛的草花以确保国庆前能成景观。

九月

1. 修剪：迎接国庆工作，绿篱造型修剪。绿地内除草，草坪修剪，对大树上徒长枝和坏死枝条也可进行适当修剪，及时清理死树，做到树木青枝绿叶，绿地干净整齐；

2. 施肥：对一些生长较弱、枝条不够充实的树木，应追施一些磷钾肥；

3. 草花：迎国庆，选择颜色鲜艳的草花品种，注意浇水要充足；

4. 防治病虫害：注意观察病虫害，一旦发现需及时采取措施。注意观察火棘上的红蜘蛛和麦冬区的地下害虫，一旦发现要及时防治。

十月

1. 绿地养护：及时去除死树，及时浇水。绿地、草坪修剪工作要做好。草花生长不良的要施肥；

2. 防治病虫害：注意观察防治。

十一月

1. 除草：对草坪中和大树下的杂草进行清理；

2. 追肥：给草坪和麦冬区覆营养基质和泥土；

3. 浇水：给干、板结的土壤浇水，要在下霜后封冻前完成冬灌；

4. 树木涂白；

5. 病虫害防治：各种害虫在下旬准备过冬，防治任务相对较轻，主要任务还是对枯枝落叶的及时清理。

十二月

1. 冬季修剪：对常绿乔木、灌木进行修剪；

2. 室外铁树的防寒保湿工作；

3. 消灭越冬病虫害，清理枯枝落叶；

4. 年底对绿化机械做好清点及保养工作。

附:

新时期烈士陵园工作的发展思路

烈士陵园是党和国家及人民为那些为国牺牲的革命烈士建造的安息之地,也是以革命先烈的光辉业绩教育人民、永昭民族正气的革命纪念地。新中国成立以来,全国各地的烈士陵园都坚持以"褒扬烈士、教育群众"为宗旨,在烈士陵园教育功能的发挥上积极探索,努力工作。随着改革开放的进一步深入,社会给烈士褒扬工作提出了许多新要求,只有不断创新,才能使陵园工作不断适应形势要求,达到为社会主义现代化建设提供精神动力的目标。

一、从陵园功能上探析烈士陵园工作的发展

从传统意义上讲,烈士陵园的功能就是弘扬烈士精神,教育广大群众。无论过去、现在还是将来,教育永远是烈士陵园的主要功能。但是,随着社会的发展、文明程度的提高,烈士陵园的功能也在不断扩大,与社会大众的联系也将越来越紧密,烈士陵园如何顺应形势、加速发展,可从三个方面进行探讨:

1. 强化教育纪念功能,提炼时代精神,服务社会大众

无论在什么时期,烈士陵园都不能丢掉它的主要功能。党的十六大报告指出:"民族精神是一个民族赖以生存和发展的精神支柱……必须把弘扬和培养民族精神作为文化建设极为重要的任务……使全体人民始终保持昂扬向上的精神状态。"近期,中共中央颁布了《关于加强对未成年人思想道德建设的若干条例》,这都为我们开展烈士褒扬工作提供了机遇。那么,在新的历史时期如何强化烈士陵园的教育纪念功能,发挥其应有的作用呢?我们认为,应在深入挖掘烈士陵园的教育内涵上狠下功夫,在烈士的英勇事迹中提炼出顺应时代要求的精神来教育人、感化人,必然能达到好的效果。应该说每一个烈士陵园都具有深刻的教育内涵,有的是烈士的牺牲地,如南京雨花台、镇江烈士陵园等;有的是重大战役的纪念地,如淮海战役烈士陵园、皖南事变烈士陵园等。从这个意义上去分析,陵园不仅是烈士的安息之地,而且具有更广阔的含义。近年来,镇江市烈士陵园顺应时代的发展,相继建造了"八大红色景点",而且每一个景点都有不同的教育内涵,群众每参观一个纪念景点,都会有不同的教育感受。

死者已矣。烈士牺牲后留给后人的是一种精神。今天,我们开展爱国主义教育,强调要加强对群众尤其是未成年人的思想道德教育。那么,我们拿什么去教育人?当然是先烈留下的精神。每一位烈士的牺牲所折射出的精神也不尽相同,有不屈精神、奉献精神、爱国主义精神、共产主义精神、集

体主义精神等,每一种精神都值得我们去学习、去弘扬。但一个时代有一个时代的特点,我们只有顺应时代要求,将烈士精神不断加以提炼,有重点地进行宣传,进而服务社会大众,才能起到更好的教育效果。爱国主义教育是主旋律,那么从烈士身上提炼强烈的爱国主义精神,就是当前我们必须要做的。曾几何时,我们中华民族那种"路见不平,拔刀相助"的传统美德,在部分人心中已渐渐淡化,以至遇见歹徒行凶或是看到小孩落水求救,人们表现冷漠的事情屡屡发生。在这种情况下,大力弘扬英烈见义勇为的精神,更能激起广大人民的义举,从而起到更好的教育效果。

2. 强化历史文化功能,架构历史与现实的桥梁

我国有很多烈士陵园,都是历史文化的胜地,尤其是革命历史文化。如三元里抗英烈士纪念碑、黄花岗七十二烈士墓、皖南事变烈士陵园等。镇江市烈士陵园更是历史文化与革命历史文化相交融的典范。古老的三国传说和铁瓮城遗址是镇江历史文化的代表;镇江军民奋勇抗英的十三门古战场是镇江革命历史文化的象征,这形成了镇江烈士陵园独特的人文景观。

既然烈士陵园是历史文化的载体,那么,在历史与现实之间架一座桥梁,使后人在无限追忆中完整地解读历史,从而更加珍惜美好的今天,便是我们义不容辞的责任。因此,我们当前应该做的就是要进一步挖掘历史和革命资源,充分展示、宣传历史和革命资源,不断增强烈士陵园的文化品位,使烈士陵园不仅仅是烈士的安息之地和人们追悼先烈的地方,更是令人神往、具有独特魅力的历史文化圣地。如果这一功能发挥好了,必然会促进教育功能的发挥。

3. 发挥绿化观赏与旅游功能,满足大众精神需求

烈士陵园是特殊的公园,大都风景秀丽,具有园林文化的特点,且位于城市的中心,在城市绿地缺少、人们物质文化需求不断提高的情况下,烈士陵园发挥着城镇公共绿地的功能,许多烈士陵园已经成为人们自发聚集、晨练、休闲、游览的去处。人们观赏陵园的绿化,畅游其中,享受生活,人与自然达到了完美的结合。可见,当今社会人们对优美环境的渴望已越来越强烈了。

作为人文景观的烈士陵园,一草一木、一亭一碑无不体现着设计者的独具匠心和审美情趣。在国外,许多陵园随着时光的流逝,墓地除保持最初的功能外,供游人观光的功能更为突出,像法国的拉雪兹神父烈士陵园等都以优美的自然环境、独特的艺术风格成为著名的旅游景点。中国的现代陵园起步晚、时间短,完全可用现代的眼光把烈士陵园建设纳入城市规划中,努力增加烈士陵园的文化、艺术品位,努力营造陵园的可亲性,满足社会大众的精神需求,使其成为一个可供游览、融自然与人文于一体的纪念公园。

作为一个特殊的社会活动场所,烈士陵园的环境建设对提高烈士陵园的服务质量、方便群众悼念革命先烈起着极大的促进作用,同时,也促进了烈士陵园教育功能的有效发挥。

二、从教育形式的创新上探析烈士陵园工作的发展

1. 提高褒扬工作信息化

现代社会,科学技术的发展日新月异,这给烈士陵园工作尤其是烈士褒扬工作提出了新的课题。可以说,褒扬教育工作从过去"一凭吊、二参观"的单一模式发展到现在的"请进来"与"走出去"相结合,褒扬工作已经有了不小的突破,但在实际工作中,我们总感觉到无论是"走出去"还是"请进来",都存在一定的不足。"请进来"存在着以下问题,如群众祭扫先烈都集中于清明和重大纪念日,造成人员拥挤、陵园接待困难、教育效果难以发挥的问题;路途较远,尤其是农村学生、群众来陵园接受教育不便问题;单位、学校组织人员开展一次活动尚可,长期开展活动不易等问题。而"走出去"则存在着教育面窄、教育内容不够丰富、缺乏生动性、直观性等问题。如何解决这些问题呢? 现代化的高科技技术,为我们解决以上问题带来了可能。目前兴起的网上祭扫为陵园开展褒扬工作带来了全新的模式。如果我们将所有的烈士资料和陵园情况都输入网络,在网上设立祭扫区域,那么以上很多问题都可以得到解决,而且教育面可能会更广泛,许多忙于工作的人以至于外省市群众都可以根据各自的情况,随时随地通过网络来接受教育。我们还可以把陵园的工作、陵园开展的活动通过网络让公众了解,扩大宣传面;还可以通过网络了解群众对陵园工作的评价、建议与批评,以便不断改善陵园的工作,从而得到更多意外的收获。同时,也便于陵园与陵园间的信息交流。

2. 提高陵园工作社会化

烈士陵园是服务于社会的,但同样也需要得到社会的关心与支持。陵园开展各种爱国主义教育活动,以及陵园的建设与发展都需要社会各界的大力支持。镇江烈士陵园在褒扬工作的社会化方面进行了积极有效的探索与尝试,他们与社会携手,共同开展共建共育活动,由原来单纯由烈士陵园组织策划爱国主义教育活动,变为多家单位共同组织、共同策划,组织活动的力度加大,其活动的参与面更广、社会的影响力更大。如近年开展的"向革命烈士交份满意答卷"活动、"栽花植树慰英灵"活动、"欢乐家园——纪念镇江解放55周年'丰碑颂'大型广场文艺演出活动"等。在陵园建设方面,镇江烈士纪念馆的建设,可以说是社会化办园的集中体现。初期,部分老同志和群众积极呼吁,要求重建镇江烈士纪念馆,市人大、政协委员也纷纷提案,使重建工程成为可能。随后,群众踊跃捐款,开展了"捐资建馆慰英

烈"活动,筹得社会建馆资金 400 余万元,为建馆工程提供了有力的保障。同时,许多单位还免去了部分建设经费,缓解了建馆经费不足的压力。可以说,是社会的广泛支持共同建起了这座现代化的烈士纪念馆。

那么,在社会化发展陵园之路上,今后该怎样坚定不移地走下去?我们认为除坚持原有的探索成果外,还要通过各种方式,利用人们对烈士所具有的那份特殊感情,去吸引人们对陵园的关注。首先,我们要努力做好陵园的各项工作,吸引人们关注;其次,我们要加大对烈士精神的宣传,从感情上吸引人们对陵园的关注;再次,要加强陵园与社会的沟通,通过信息交流等方式,更广泛地让人们了解陵园,从而取得人们对烈士陵园工作的理解和支持。

3. 增强褒扬活动的互动性

任何一种褒扬教育的形式,开展得久了,其效果就会打折扣,就会失去吸引力。我们认为,在原有的活动形式上增强互动性,效果可能会好些。今年,镇江烈士陵园成立了"烈士事迹宣讲团",成员中就有学生、党史专家等。有些曾经处于被动地位的受教育者,如今成为教育者,他们具有教育者与被教育者的双重身份。"育人先育己",他们必须主动地去接受烈士事迹教育,加深理解和记忆才能达到教育别人的目的,实践证明,这种方式的效果是明显的。今后,我们可以从更广泛的范围内,让被教育者参与烈士陵园的各项工作,增强互动性,定会为烈士褒扬工作开辟一片新的天地。

社会总是在不断变革中前进,烈士褒扬工作也总是在创新中才能求得发展。新的历史时期必然会为烈士陵园工作的发展提供新的机遇,只要我们抓住机遇、积极探索,陵园工作一定会迈上一条加速发展之路。

(本文原刊发于《江苏民政信息》,2008 年)

第四章　烈士纪念设施保护单位的机构与管理

第一节　体制机构

《革命烈士纪念建筑物管理保护单位》将烈士纪念设施保护单位确定为四级保护机制，并明确了"列为县级以上革命烈士纪念建筑物的保护单位是全额拨款的事业单位，由所在地人民政府民政部门负责管理"。

《烈士纪念设施保护管理办法》再次明确提出：根据烈士纪念设施的纪念意义和建设规模，对烈士纪念设施实行分级保护，分为国家级烈士纪念设施、省级烈士纪念设施、设区的市级烈士纪念设施、县级烈士纪念设施，并强调县级以上烈士纪念设施保护单位由所在地人民政府负责保护管理，纳入当地国民经济和社会发展规划或者有关专项规划，所需经费列入当地财政预算。烈士纪念设施保护单位由所在地人民政府民政部门负责管理。

2013年，中共中央办公厅、国务院办公厅、中央军委办公厅印发了《关于进一步加强烈士纪念工作的意见》，指出：各级党委、政府和有关部门要整合各地区、各部门烈士纪念设施资源，理顺隶属关系，明确保护责任，统一归口民政部门实施保护管理，充分发挥烈士纪念设施的整体效能。

《国家级烈士纪念设施保护单位服务管理指引》专设了"组织机构"一节，指出：国家级烈士纪念设施，由国务院民政部门报国务院批准后公布。各级人民政府应当确定烈士纪念设施保护单位，作为保护管理国家级烈士纪念设施的专门机构。国家级烈士纪念设施保护单位实行行政领导负责制，由县级以上人民政府民政部门负责管理。文件虽是对国家级烈士纪念设施保护单位服务管理的指引，也明确了省级、设区的市级和县级烈士纪念设施保护单位服务管理工作参照本指引执行。《2014年事业单位分类目录》将纪念馆（烈士陵园）划为从事公益服务的事业单位，即公益一类事业单位。

由此可知，烈士纪念设施保护单位是由民政部门主管的公益性财政全额拨款的事业单位，实行行政领导负责制，是具有独立法人资格的事业单位。但目前我国还有很多烈士纪念设施保护单位体制机制不顺,如,人员编制不落实,无组织机构;单位性质不明,非全额拨款的事业单位;隶属关系混乱,非民政部门主管等,这些问题给烈士纪念设施的管理与保护带来了一定的难度。

在内部机构设置上,一般性的烈士纪念设施保护单位应有办公室、宣传科(宣教科)、绿化科、财务科等基本的内设管理机构,一些大型的烈士纪念设施保护单位还设有专门的工程、陈列、资料征集、讲解、后勤等内设机构。

第二节　队伍建设

一、法规政策要求

1992年6月,民政部办公厅下发了《关于在县级以上管理的烈士纪念建筑物单位开展争创管理工作先进单位活动的通知》,明确了领导班子好、职工队伍素质好的争创条件,提出:各种业务人员(包括建筑、陈展、讲解、园艺、美术、摄影、编辑、保管等)有胜任本职工作的文化素质和专业知识。对烈士纪念设施保护单位提出了人才队伍建设的要求。

2012年颁布的《烈士纪念设施保护单位服务规范》提出:烈士纪念设施保护单位应根据实际情况科学设置岗位,岗位应配置管理人员、博物馆馆员、讲解人员、园艺师、社工师、维护人员、疏导人员等。可见,随着时代的变迁,烈士纪念设施保护单位所需人才也在不断变化。尤其是社工师、设备维护人员、疏导人员岗位的设置更是为了适应新时代的要求。

2013年6月颁布的《烈士纪念设施保护管理办法》指出:烈士纪念设施保护单位应当配备具备资质的讲解员、烈士纪念设施保护单位应对本单位工作人员定期进行职业教育和业务培训。对烈士纪念设施保护单位人才队伍建设进一步提出了要求,并将讲解员的配备提到了重要位置。

《关于进一步加强烈士纪念工作的意见》指出:"强化烈士纪念设施保护单位的公益属性,根据烈士纪念设施分级保护管理标准和工作需要,调整优化机构设置,充实人员力量。按照稳定队伍、充实力量、提高素质的要求,加强教育培训,健全激励机制,注重选拔使用,努力建设一支政治坚定、业务精湛、结构合理、甘于奉献的工作人员队伍,为烈士纪念工作提供人才保障。"

2014年颁布的《国家级烈士纪念设施保护单位服务管理指引》要求在队伍建设时应做到:明确工作人员选录条件,严格按照标准选人用人,确保各类工作人员具备本职岗位所需的基本文化素质和专业知识;明确工作人员岗位职责,建立健全岗位责任制,做到有章可循,职责分明;制订工作人员学习教育计划,定期组织业务培训、进修和学习交流,鼓励工作人员考取相关职业资格和专业技术职称;加强思想政治工作和作风建设,教育和激励工作人员牢固树立爱岗敬业精神,热爱烈士褒扬事业。

二、岗位设置

随着我国市场经济体制改革的日益深入,事业单位的改革势在必行。人社部发〔2008〕84号人力资源和社会保障部、民政部《关于印发民政事业单位岗位设置管理的指导意见的通知》,结合民政事业单位的特点,提出了具体的指导意见。民政事业单位岗位分为管理岗位、专业技术岗位和工勤技能岗位三种。根据三类岗位的结构比例,可做如下划分:主要以专业技术提供公益性社会服务的民政事业单位,应保证专业技术岗位占主体,专业技术岗位一般不低于单位岗位总量的70%;主要承担社会事务管理职能的民政事业单位,应保证管理岗位占主体,管理岗位一般应占单位岗位总量的一半以上;主要承担技能操作维护、服务保障等职责的民政事业单位,应保证工勤技能岗位占主体,工勤技能岗位一般应占单位岗位总量的一半以上。

结合烈士纪念设施保护单位的特点,烈士纪念设施保护单位应列入以专业技术岗位为主体的民政事业单位,即各类专业技术人员应占单位岗位总量的70%。主要为社会提供陈列讲解、组织教育活动等公益性社会服务。

三、主要岗位

(一) 讲解员岗位

讲解是以陈列为基础,运用科学的语言和其他辅助表达方式,将知识传递给观众的一种社会活动。

烈士纪念设施保护单位承担着"褒扬烈士、教育群众"的神圣职责,每年组织一系列烈士纪念活动,接待大量的参观群众,将烈士纪念设施中蕴藏的丰富的教育内涵和烈士纪念馆陈列展览的内容传递给观众,用烈士

讲解员讲解

的事迹感染人、教育人,这都离不开讲解员深入浅出的讲解。可以说,讲解员是沟通烈士纪念设施保护单位与社会的桥梁和纽带,讲解服务的质量和

水平直接影响着观众的接受教育情况和参观质量,影响着烈士纪念设施保护单位的窗口形象。因此,选拔、培养优秀的讲解员,在烈士纪念工作中起着非常关键的作用。

职业特点:讲解是知识和语言高度综合的艺术,它综合了播音、表演等专业的技术手段,是专业性、知识性和艺术性的综合。讲解员承担了宣传和教育的职能、组织引导群众参观的职能、研究撰写讲解稿和处理协调相关事务的职能。讲解员面对的是一个知识层次、年龄结构、职业类别等各不相同的特殊群体,一名优秀的讲解员既要做到因人施教,还要协调解决好参观过程中随时可能发生的各类问题。

业务素养:《关于在县级以上管理的烈士纪念建筑物单位开展争创管理工作先进单位的通知》中要求讲解员熟悉馆藏内容,服装统一,佩戴标志,仪表端庄,发音准确,吐字清楚,讲解富有感染力。这里主要指的是讲解员应具备的综合素质和能力,即专业素养、仪表仪态、语言表达能力三个方面。同时,讲解员还应具备良好的思想品德和职业道德。

专业素养:主要指讲解员必须具备良好的文化素质和完备的知识结构。讲解员要熟悉馆藏文物、熟悉烈士资料、熟悉每一个烈士纪念设施中蕴藏的教育内涵,同时要掌握近代史知识、文博知识、一定的心理学和社会学知识,以及相关的法律法规和当前的社会动态,还必须具有一定的演艺才能等。因此,一名优秀的讲解员要有多元的知识结构。

仪表仪态:讲解工作是一项直接面向观众进行传授的工作,讲解员的一颦一笑、一举一动都受到参观者的关注,能否使讲解工作持续进行并达到良好效果,讲解员的仪容仪表起到了很关键的作用。讲解员在着装上要端庄大方,应着正装,体现烈士纪念设施保护单位的严肃性;在服务上要规范,手势和讲解棒的运用要规范、适时、准确;在待人接物上要符合礼仪的要求。讲解员的表情要自然、亲切,既要能拉近与观众的距离,又不能显得太过活泼。

语言表达:讲解是一门语言的艺术。首先,讲解员要通过训练,掌握发声技巧,做到发音准确,普通话标准,一般应达到国家普通话等级测试二级甲等以上。其次,讲解员语言组织能力、表达能力要强,讲解内容观点鲜明、系统完整、言简意赅。再次,讲解员要把握讲解节奏,语调上要抑扬顿挫,具有吸引力和感染力。

职业道德:讲解工作是一项日复一日的重复性工作,烈士纪念设施保护单位的讲解员担负着用烈士精神教育群众、传递社会正能量的作用,没有良好的思想品德和职业素养很难做好这项工作。讲解员必须热爱本职工作,具有尽职尽责、热心为观众服务的良好职业道德。[①]

选拔培训:由于讲解工作的特殊性,选拔讲解员时,要对讲解员的外表、性格特征、反应能力、普通话水平、知识结构、思想品德等方面进行考查,既要注重讲解员的外表,更要注重讲解员的内在素质,选拔出内外兼修、具有良好公众形象的讲解员。

讲解员的培训主要分为岗前培训和在岗培训。新录用讲解员应接受岗前培训,侧重于讲解员基本知识的培训,如职业道德、讲解内容、讲解方法、发音语调、仪容仪态等的培训。通过培训,使其能热爱讲解工作;能了解烈士纪念设施保护单位的基本情况,熟悉烈士资料、纪念馆及纪念设施的资料,整体把握讲解内容;能够快速地适应讲解岗位需求,承担基本的讲解任务。在岗培训,主要是为了提升讲解员的业务素质,通过继续教育、与外单位讲解员交流、请专家上课、参加讲解比赛和自我提升等途径,不断拓宽讲解员的知识结构、提高讲解经验和水平。

岗位职责:热爱讲解工作,努力钻研业务,不断提高业务水平;熟悉本单位烈士事迹资料和相关历史史料,掌握本单位概况、纪念设施情况及纪念馆陈列内容,向社会和观众提供优质的讲解服务;根据不同层次的教育对象,编写有针对性的讲解稿,做好各类讲解工作,积极参加烈士事迹宣讲活动;做好参观人员、烈士家属的服务接待工作;征询和收集参观人员对讲解工作及陈展内容等方面的建议和意见;做好咨询解答工作,认真解答观众提出的书面或口头问询;积极反映讲解接待工作中出现的新情况、新问题,并提出合理建议;参与烈士资料和文物的搜集、整理、归档工作,协助做好馆藏文物的管理工作和各种宣传教育资料的编写工作。

(二)文博岗位

文博岗位主要指从事陈列、考古、科研、保管、群工、鉴定等文博专业工作的岗位,是博物馆的主要岗位。由于烈士纪念馆是博物馆的主要类型之一,除考古等工作外,纪念馆同样需要陈列、科研、保管、群工和鉴定等方面的人才,因此,文博岗位也是烈士纪念设施保护单位的重要岗位。

文博,顾名思义即为“文物与博物馆学”,文博人员应遵循“以保护文化遗产、弘扬中华文化为己任;以奉献社会、服务人民为宗旨……尊重知识、尊重人才,遵循规律,求真务实,改革创新”的准则和要求。[②]

职业特点:烈士纪念设施保护单位的文博岗位人员的主要工作内容是

---

① 饶园:《浅谈如何提升讲解员的对外形象》,http://www.crt.com.cn/news2007/news/fhdqi/2009/56/095622628CF303E1D45D56574AIK3_2.html。

② 《中国文物、博物馆工作者职业道德准则》,中国国家文物局,2012年7月发布。

对文物史料的征集、保管、研究和利用,陈列展览、烈士事迹的宣传及烈士纪念活动的开展等。通过深入挖掘文物内涵来概括、提炼展品背后的动人故事与崇高精神。

业务素质:具有文博专业技术职称。文博专业技术职称主要有:研究馆员、副研究馆员、馆员、助理馆员、文博管理员。文博人员应经过历史、艺术、文化和科技等综合知识的基本训练,具备文物学、博物馆学的基本理论和基础知识,拥有研究文物史料与特殊时代背景的能力。根据国家级烈士纪念设施保护单位考评细则的要求,国家级烈士纪念设施保护单位原则上应配有副研究馆员以上的文博专业人员。

选拔培训:文博人员的专业性是烈士纪念设施保护单位展馆建设的关键一环。在选拔文博人员时,应着重考查其文史学及博物馆学的基本理论知识、文物征集保管知识、文物甄别研究能力、近现代史知识、对文化遗产保护和开发利用的基础知识、写作能力及对相关政策法规的掌握程度。

在培训时,应对文博人员进行职业道德教育和专业知识继续教育,并使其熟悉烈士纪念设施保护单位现有烈士文物资料的种类和内容、熟知单位纪念设施的基本职能和全面的操作管理要求、更新单位文物修缮和保管的科技知识、增强文史资料的编研能力、提升文献检索及资料查询的方法和手段,以及策划组织开展社会教育活动的能力。

岗位职责:熟悉本单位烈士事迹资料和历史史料,参与开展烈士资料的编研工作;充分挖掘红色资源,编写书籍、拍摄宣传影片;开展烈士资料和文物的搜集、整理、归档工作,做好馆藏文物的管理工作,做好各种宣传教育资料的编写工作;积极开展群众性爱国主义教育活动。

(三)档案管理岗位

档案是见证单位发展进程的第一手资料,"档案事业是党和国家事业发展的一个不可缺少的方面"。① 档案管理工作是烈士纪念设施保护单位管理工作的重要组成部分,为单位的有序发展提供了依据,是提高工作效率的基石。

职业特点:档案管理工作复杂、烦琐,要求管理人员既有科学规范的原则和方法,也要有足够的细心、耐心。档案管理有其自身的规律和一整套专门的理论、原则、方法和职业技术规范。档案管理工作使得单位发展拥有实际的记录,具有统一完整性。

业务素质:档案管理人员应取得文博系列档案管理专业馆员资格和档案管理上岗证。归档的专业知识和操作规程是档案人员要掌握的基本技

---

① 胡锦涛同志于1999年10月7日在全国档案工作暨表彰会议上的讲话。

能,此外还应多方涉猎其他知识,如信息技术、计算机、目录学、文秘学、历史学等相关知识。档案管理人员要具有服务意识和保密意识。

选拔培训:对档案管理人员的选拔重点在于档案管理的专业知识,包括资料鉴定和分类、编号和立卷、检索工具的编制等档案专业知识理论、现代化管理知识和办公自动化操作技能等。

对档案管理人员的培训主要在于:烈士纪念设施保护单位所存档各类物品种类和数量、档案保管制度、保管方式及注意事项、档案保管人员的工作守则等,在继续教育中着重提高档案管理人员的专业技能、新型保管手段及办公自动化技能。

岗位职责:负责做好档案材料集中统一收集、整理、立卷、装订、归档和统计利用工作,以及报纸、杂志和音像制品涉及本单位信息资料的收集工作,做到科学分类,存放有序;严格执行有关档案查阅、借阅制度和手续,填写档案利用记录。同时严格执行国家、单位的有关档案安全和保密制度,严防各类档案毁损、散失和泄密;逐步完成档案管理的数字化建设,熟练操作电脑。在硬件条件齐备的情况下,档案资料目录应纳入微机管理;实行档案定期检查,发现破损要及时进行修复或复制,对到期的档案及时组织鉴定、登记、报批、监销;保持档案室空气流通,做好档案室的日常清洁工作及防潮、防火、防虫、防盗工作。

(四)陈列展示岗位

陈列展示岗位是指从事陈列研究、展览设计的专业岗位。烈士纪念馆的陈列展示是指在一定的空间利用各种展示技巧和方法,将文字、图片、文物进行组合,并通过特定场景的营造,以艺术形式体现出展馆的风格与特色,为参观者创造出值得纪念和回忆的感受,从而激发参观者通过对烈士事迹的展览达到学习教育的目的。陈列展览是纪念馆向社会奉献的最重要的精神文化产品,是纪念馆开展社会教育和公共服务、实现社会职能的主要载体和手段。

职业特点:陈列展示是一种实用的、以视觉艺术为主的空间设计,是艺术性、创造性和实用性的结合。陈列展示人员应根据历史特色、地域特色、人文特色,以富有创造性的艺术表现手法展示烈士事迹,体现烈士崇高精神,满足展品陈列的要求及观众的观展欲望,架起历史与现实的桥梁,实现与观众的心灵沟通。

业务素质:陈展人员需具有"复合性"的专业知识,应具备展示设计、艺术设计、绘画、工程学、应用文字写作、计算机辅助设计、陈展施工、相关法律法规等基础知识,以及材料、灯光与多媒体运用技术。由于烈士纪念馆的特殊性,陈展人员还应具备丰富的历史知识、受众心理学知识和陈展制作知识等能力素质。

选拔培训：在选拔陈展人员时，主要考查陈展设计理念、手法、展示需求、展品有效利用度及布局的合理性等。可通过专题培训、学习交流、参观先进展馆等方式对本单位陈展人员进行培训，内容主要集中于陈展设计知识、前沿的陈展设计理念、近代史知识、本馆文物收藏和烈士基本情况、大纲撰写知识、新材料与新技术的运用等方面。

岗位职责：根据单位、地域的定位，在陈展中紧扣主题、整体布局、凸显特色；配合展品熟悉陈列大纲和文字说明，熟悉历史细节和典型故事，提升展览品味；充分合理利用现代陈展技术和手法，烘托营造氛围；设置参与性、思想性、观赏性强的互动项目，使参观群众能更充分地汲取烈士精神养分；注重人性化服务，完善引导标识、休息座椅、意见簿等硬件设施与配套设施；根据单位宣传任务，定期设计制作临时性的专题展览；及时做好烈士纪念馆版面的修缮工作和部分版面的更新工作。

（五）设备维护岗位

设备维护岗位主要指从事设备的维修、日常保养、护理等的工作岗位，是设备维修与保养的结合，是为防止设备性能劣化或降低设备失效的概率、按事先规定的计划或相应技术条件的规定进行的技术管理工作。该岗位关系着烈士纪念设施保护单位各项设施设备的保养与维修，尤其是烈士纪念馆内设施、设备的正常运转及消防、生产的安全工作。

职业特点：设备维护是一项保障设备正常运作、将常见故障发生率降到最低的、专业技术性较强的岗位，"精修细检"是设备维护人员必备的工作态度和职责。因设备维护岗位接触设备运作、水电等，具有一定的危险性，安全防护是其相较于其他岗位的特殊之处。

业务素质：熟悉机电及电器设备维护、配置管理、性能管理、故障管理和更新升级所需的专业知识。取得设备维护工程师资格及具有电工（低压）进网作业许可证等相关资格认证。

选拔培训：对设备维护人员的选拔主要在于对各类电器设备知识的考查，主要包括各类设备参数的认知、操作各类电器设备的能力、水电专业知识等。

设备维护岗位具有较强的实用操作性，应着重对其进行以下内容培训：关于设施配备和性能的业务基础、新型设备的使用及安全防范意识等，还可以通过专家指导、专业继续教育、学习交流等不断提升其维修管理水平。

岗位职责：严格按照设备安全规程操作，严禁违章作业，确保人身设备安全；熟悉本单位各种设备的性能和技术参数，全面负责本单位多媒体设备及各种电器、消防设施的安装、调试、运行维护工作，确保各项设备正常运转;定期对各种设备进行巡检,及时、高效地诊断并解决生产设备故障,保证设备完好,根据设备运行情况提出改进方案并跟踪落实;具备较强的安全意识,熟悉安全要求,熟练掌握应急处理程序,定期进行安全检查,及时消除安全隐患,杜绝安全责任事故发生;认真钻研专业技术,提高应对新型电器设备的能力。

(六)绿化管理岗位

绿化管理岗位是指从事对单位内绿化植物、景观小品等进行养护管理的岗位。烈士纪念设施保护单位是开展红色文化建设和红色旅游的重要场所,必须营造环境优美的烈士安息环境和氛围浓厚的烈士褒扬教育环境,这直接影响着教育基地主体功能和最佳作用的发挥。

职业特点:绿化管理的内容包括对绿化植物及园林小品等进行养护管理、更新、修缮,使其达到改善、美化环境并保持环境生态系统良性循环的效果。绿化管理除了日常绿化养护管理工作外,还包括绿化翻新改造、花木种植、环境布置等工作。

业务素质:绿化管理人员应取得园林绿化专业工程师资格,具有较高的绿化专业知识、观察能力、管理知识、美学知识和园林规划设计水平,能熟练运用设计、制图等软件。

选拔培训:绿化管理人员掌管着烈士纪念设施保护单位的"门面",专业要求高。选拔重点是对绿化管理人员关于植被的基本知识、植被的栽培方法、园林绿化养护知识、景观设计知识、植物病虫害的防治知识等方面的考查。

对绿化管理人员的培训应主要是关于烈士纪念设施保护单位的绿化规划及种类、园林机械工具的使用、绿化项目、绿化档案制作等内容。在专题课程辅导外,还可通过交流学习的方式增强其园林绿化管理经验。

岗位职责:严格遵守国家、省、市有关城市绿化、风景区和园林方面的法律、法规和政策;熟悉单位绿化种类与特性,负责加强对绿化种植、抗旱、除草、防病治虫、树木绿篱的修剪、重大节日活动的现场花卉苗木布置工作等日常绿化养护;负责本单位绿化建设维护、园林设施建设、古树名木修复的规划、论证和业务管理工作;制订单位绿化的中长期发展规划和建设、绿化管护的年度计划;负责单位绿化工程设计方案认证与绿化相关建设项目的竣工验收;负责化肥农药和常用工具添置、领用、归库工作,爱护并及时对绿化机械设备进行保养;负责绿化临时用工人员工作量的核定,做好绿化临时用工的培训与管理。

(七)社会工作岗位

社会工作是运用科学、专业的理念和方法助人的活动。烈士纪念设施保护单位设立社会工作岗位,既为社会工作者搭建了广阔的平台,又为单位传统工作模式带来了新鲜血液,能更专业化地为人民群众服务。人力资源和社会保障部、民政部《关于民政事业单位岗位设置管理的指导意见》指出:民政事业单位原则上以社会工作岗位为主体专业技术岗位。作为新兴的岗位,社会工作在烈士纪念设施保护单位将越来越被重视。

职业特点:具有强烈的专业认同感,以"助人自助"为核心原则,职业化地与服务对象互动,为其提供专业社会服务,推广社会政策,维护服务对象的合法权益,助其实现自我发展。该岗位具有解决社会问题、维护社会公平、促进社会和谐、推动社会进步等功能。

业务素质:社会工作者要通过国家社会工作者职业资格考试,必须具备社会工作的价值观、掌握社会工作的相关知识、能够熟练运用社会工作的专业技巧,同时掌握心理学、社会学、管理学、政策法规等知识,具有良好的沟通技巧、整合社会资源的能力和应急处理的能力。

选拔培训:在选拔社会工作岗位人才时要注重对其系统专业学习或相关专业学习经历、实务工作经验、社工资格等方面的考查。抓好知识普及培训和继续教育培训,通过讲座、座谈、考察学习等方式增强本单位社会工作者的专业价值观、知识储备和实践能力,并结合单位特征加强烈士褒扬社会工作方面的培训,掌握技巧提升服务水平。

岗位职责:遵守机构的章程,严守社会工作专业守则,为服务对象提供专业服务;通过个案咨询、小组工作和社区工作等方法,做好烈士家属心理疏导和安抚工作,满足烈士家属需求;利用单位丰富的爱国主义教育的资源,开展烈士褒扬教育活动;运用社会工作专业服务技巧,对青少年开展教育工作;调查、收集和分析案主或服务对象的资料,为单位有针对性地开展烈士褒扬教育工作及制订发展计划提供参考。

(八)财务岗位

财务岗位是协助烈士纪念设施保护单位管理者加强单位财务管理、提高资金使用效益的关键岗位。财政部 2012 年颁布的《事业单位财务规则》指出财务管理的原则为:执行国家有关法律、法规和财务规章制度;坚持勤俭办事业的方针;正确处理事业发展需要和资金供给的关系、社会效益和经济效益的关系,以及国家、单位和个人三者利益的关系。

职业特点:财务管理是单位实施内部控制的有效手段,财务管理人员要对单位的资产安全及有效运作负责,要对单位的管理者负责。财务管理具有很强的专业性及较多的职业技术规范,对责任感和职业品德的要求较高。财务管理人员必须严格按照法律、行政法规办理财务事务,处理财务关系,行使财务管理职权;必须如实地反映单位的经济活动、财务状况和经营成果,杜绝"做假账"等虚假现象。各种资料的来源、计算的方法和结论必须准确,避免出现误导;收集和提供的各种财务资料必须全面、完整;必须及时进行核算,保证信息的时效性。[①]

业务素质:财务人员需具有会计从业资格证,精通财务知识,熟悉财务、税收等方面的相关法律和规定,且具备较强的资金管理和成本控制意识。

选拔培训:财务岗位是烈士纪念设施保护单位设置的"经济关"。对财务人员的选拔主要在于考查财务的业务知识,主要包括财务核算、会计学、统计学、财务管理及成本管理等相关知识。

财务人员的培训主要包括:各类经费业务流程和操作方式、固定资产统计与保管及财务守则等,同时不断强化财务法律法规知识与意识。

岗位职责:主持单位财务会计工作,做好日常财务管理工作及财务会计相关工作;严格遵守财经制度,拟定资金筹措和使用方案,合理使用资金,开源节流,降低消耗,节约费用,提高经济效益;拟定单位预决算,并监督预算执行情况,随时向领导汇报;保护单位资产,监督各部门正确执行国家财经政策,遵守财经纪律,协调各部门有关财务管理的工作;协助参与单位重大经济问题的分析、研究和决策;编制月、季、年度财务会计报表及有关部门要求填报的财务会计报表;做好会计凭证、会计账簿、会计报表、会计核算等会计档案的登记、整理、立卷、归档等工作;做好往来款项的清算、结算工作;加强安全防范工作,做好防盗工作,确保财物、票据安全。

(九)管理岗位

管理是指在特定的环境下,管理者通过执行计划、组织、领导、控制等职能,整合组织的各项资源,实现组织既定目标的活动过程。《事业单位岗位设置管理试行办法》指出:"管理岗位是指担负领导职责或管理任务的工作岗位。管理岗位的设置要适应增强单位运转效能、提高工作效率、提升管理水平的需要。"烈士纪念设施保护单位的管理岗位人员应通过合理有效地组织和配置人、财、物等因素,为单位正常运转提供支持和保障。

职业特点:管理岗位以保证单位工作正常顺利地开展、为工作人员提供良好的工作和生活条件为目标。工作的内容主要包括文书、档案、会议、信访、接待及督查等工作,工作琐碎细化。管理工作注重时效性,对单位各科室起着协调、配合、监督和互相支持作用。

业务素质:具备一定的分析和逻辑思考能力,能熟练操作计算机处理行政事务;具有较强的公文写作能力,熟悉单位各项业务工作;具有充分发挥部属效力的才能,善于组织人力、物力和财力,以最少的投入取得最佳的工

---

① 《财务管理职业道德的内涵与特征》,http://bbs.canet.com.cn/thread-474284-1-1.html。

作效果;具备良好的语言沟通能力,能有效处理与上级领导之间的沟通、与其他横向相关人员之间的协调和与下属员工之间的沟通。

选拔培训:对管理人员的选拔主要在于考查其管理知识的掌握与运用。主要包括单位业务工作常识、文字写作技巧、管理理论、管理心理学、组织理论、行政管理及人力资源等方面的知识技能。

培训管理人员时应着重于烈士纪念设施保护单位的人员岗位构成、各类业务组成、科室配置、内外联系、会务工作、管理知识和能力的继续教育等方面,且应注意培养其大局观、整体观,提升其文化素养。

岗位职责:熟悉了解单位岗位职责范围及办事程序,为开展工作创造条件;负责单位人、财、物的管理与调配;做好日常管理工作,接待来信来访;负责行政管理公文的起草、打印、传递、报送等公文管理工作;负责单位各种会议的准备、召集、记录等会务管理工作,负责起草单位工作简报工作;负责单位对内对外的协调沟通工作,及时处理各种问题和矛盾。

第三节　烈士纪念设施的管理

烈士纪念设施是安葬、缅怀、褒扬先烈的重要场所,是进行爱国主义教育的有效载体。铭记先烈、警示后人,建设与管理纪念设施对弘扬先烈精神和传承民族精神具有非常重大的意义。

《关于进一步加强烈士纪念工作的意见》在加强烈士纪念设施保护管理方面要求:"认真落实烈士纪念设施保护管理相关法规,研究制定烈士纪念设施建设规范和标准,完善烈士纪念设施保护管理办法,明确分级保护管理责任,加大经费投入和保护管理力度。动员社会力量支持烈士纪念设施建设保护管理,研究制定社会捐赠、志愿服务、义务劳动等方面的政策规定。"《烈士纪念设施保护管理办法》对纪念设施维建从资金保障、改扩建、迁移、规划、法律责任等方面都做了具体的规定。

保护烈士纪念设施并确保其完好无损是烈士纪念设施保护单位工作的重要内容之一,应做到有组织、有措施、有落实。保护单位要成立专门的维护小组,配备文物保护员,坚持巡园、清园制度,及时打扫各设施区域,对破坏现象立即制止。发现纪念建筑物损坏应及时向主管部门汇报,同时制订方案,积极筹措经费进行维修。及时加强消防安全生产工作,定期检查消防安全设备,消除安全隐患。加强对烈士纪念馆、纪念碑(塔、亭)、烈士墓区(地)、烈士骨灰堂、雕塑、活动广场和整体环境的维护和修缮工作,确保烈士纪念设施始终保持完好、庄严、肃穆,提升建设保护的层次和水平。

第四节　园容园貌的管理

《国家级烈士纪念设施保护单位服务管理指引》(以下简称《指引》)指出烈士纪念设施保护单位在园容园貌方面的工作要求,具体如下:

1. 园区规划应布局完整、合理、协调,建筑设施外观整洁,道路平坦干净,保护范围和建设控制地带内无违章建筑。

2. 注重绿化美化环境,实现园林化。园内花木与纪念设施相协调,四季常青,按照有关规定做好园内珍贵花木的保护工作。

3. 有专人负责公用设施、公共场所的维修保养和清扫保洁工作,确保园区环境干净整洁,供水、供电、卫生等服务设施处于良好状态。

4. 创新园区管理方式,努力实现从封闭、围墙式的管理向开放、人性化的管理方式转变。

烈士纪念设施保护单位应根据该《指引》的要求,在不断完善纪念建筑设施的情况下,积极做好单位环境的整治和美化工作,努力向"公园化"方向发展;结合开展红色旅游的要求建设红色旅游景点项目,认真做好绿化规划,不断提高绿化层次,完善单位设施改造工程,将丰富的红色文化内涵融入环境建设中,让群众在潜移默化中接受爱国主义教育的熏陶。

《烈士纪念设施保护单位服务规范》要求在烈士墓区设置引导标识。《指引》要求,烈士纪念设施保护单位要合理设置烈士纪念设施的功能区域,对外公开开放时间,标明引导提示标志等。为了达到陵园公园化要求,积极争创 A 级景区,大力开发红色旅游项目,烈士纪念设施保护单位应在园外主要路口设立游览指示牌,在园区设立导览图等明显的引导标志,导览图应将园内烈士纪念设施和主要景点标示在图中,方便群众参观游览。

第五节　制度规范建设与管理

制度是国家机关、社会团体、企事业单位为了维护正常的工作、劳动、学习和生活的秩序,保证国家各项政策的顺利执行和各项工作的正常开展,依照法律、法令、政策而制订的具有法规性或指导性与约束力的应用文,是各种行政法规、章程、制度、公约的总称。《烈士纪念设施保护管理办法》明确规定:"烈士纪念设施保护单位应当健全瞻仰凭吊服务、岗位责任、安全管理等内部制度和工作规范。"

一、制度规范的特征

制度规范具有以下特征:

1. 指导性和约束性。制度对相关人员做些什么工作、如何开展工作都有一定的提示和指导,同时也明确相关人员不得做些什么,以及违背了会受到什么样的惩罚。因此,制度有指导性和约束性的特点,而且约束的力度视制度的规格而定。例如,法律就是依靠国家的强制力量执行的。

2. 鞭策性和激励性。制度需要以文字形式张贴或悬挂在工作现场,随时鞭策和激励着员工遵守纪律、努力学习、勤奋工作。

3. 规范性和程序性。制度对实现工作程序的规范化、岗位责任的法规化、管理方法的科学化起着重大作用。制度的制订必须以有关政策、法律、法令为依据。制度本身要有程序性,为人们的工作和活动提供可供遵循的依据。

二、制度规范的分类

烈士纪念设施保护单位应制订完善的各项制度包括:综合制度、党建制度、行政制度、人事制度、财务制度、政务公开制度、廉政制度、消防安全制度及相关政策法规等。所涉及的主要制度有:

1. 综合制度,包括:《议事规则》《保密工作制度》《学习培训制度》《服务规章》等;

2. 党建制度,包括:《民主生活会暂行办法》《党务公开制度》《谈心谈话制度》《密切联系群众制度》《深入调查研究制度》《党员权利保障制度》《换届选举制度》《民主集中制度》《领导班子联席会议制度》等;

3. 行政制度,包括:《公务用车管理制度》《公务接待管理制度》《环境卫生管理制度》《档案室管理制度》《仓库管理制度》等;

4. 人事制度,包括:《事业单位人事管理条例》《人事管理工作规定》《干部选拔任用暂行规定》《岗位职责》《绩效工资考核与分配方案》等;

5. 财务制度,包括:《财务管理规定》《工程建设项目管理规定》《固定资产管理制度》等;

6. 政务公开制度,包括:《政务公开实施意见》《首问责任制实施办法》《服务承诺制度》等;

7. 廉政制度,包括:《党风行风廉政建设责任制》《领导干部述职述廉办法》《厉行节约反对浪费规定》《权力节点监控实施办法》等;

8. 消防安全制度,包括:《安全生产实施办法》《重大纪念活动应急预案》《突发事件应急预案》《自然灾害应急预案》等。

三、注意事项

邓小平同志曾指出:"制度好,可以使坏人无法任意横行;制度不好,可以使好人无法充分地做好事,甚至会走向反面。"制度完善是规范化管理的前提,烈士纪念设施保护单位应切实做到以制度管人、以制度管事、以制度管权,营造安全、和谐的单位环境。

在制度规范的建设与管理中,须注意以下几个方面:

1. 制度建设与管理要务实、必要、管用,确保可执行、可监督、可检查、可问责。各项制度规范间既各有分工、互不冲突,又相互联系、协调配合,注重发挥制度的整体功效,着力构建科学的制度体系。

2. 制订每项制度规范都要深入研究讨论,广泛听取群众意见,特别是关系群众切身利益的制度,要从群众角度出发,防止制度建设重数量轻质量、简单照搬照抄、重复建设甚至搞制度作秀。

3. 紧跟时代和中央新要求及单位发展,针对一些容易出现问题的环节和工作中存在的漏洞,及时调整、修订制度,完善已有制度,制订新的制度,废止不适用的制度,加大制度执行力度,提高工作效能,提升建设与管理的质量和水平。

4. 严格制度执行,加大监督检查力度,通过自查、抽查、督查等方式,及时发现制度执行中的问题,督促整改落实。

5. 加强制度公开和宣传,推动制度落实。畅通信访、网络、电话等监督渠道,让群众监督制度的执行情况,严格执行"制度面前没有特权、制度约束没有例外"。

制度规范是烈士纪念设施保护单位职工遵守的规则、条文,保证了单位良好的秩序。"无规矩不成方圆",制度规范的建设与管理是单位稳步发展的基本保障,从制度层面上构建防线,从而正风肃纪、固本强基。

第六节 激发单位活力

2014 年 7 月 1 日,《事业单位人事管理条例》实施;2015 年 5 月 28 日,《事业单位领导人员管理暂行规定》实施,随着事业单位改革的不断深化,事业单位的活力必将被进一步激发。

烈士纪念设施保护单位是公益性事业单位,多年来,受传统观念的束缚,存在着思想观念落后、管理方式粗放、专业人才匮乏、体制制度不完善等问题。面对各领域全面深化改革的大好局面,烈士纪念设施保护单位应顺应形势、深化改革、激发活力。

一、调整传统观念

随着时代的变迁,烈士纪念设施保护单位已不仅仅是传统意义上的烈士墓园,它承载了更多的历史使命和社会责任,烈士纪念设施保护管理正在逐渐纳入国家意识形态领域重大工程项目。因此,烈士纪念设施保护单位应及时摒弃"看陵守墓"的传统思想观念,教育干部职工要克服在烈士纪念设施保护单位工作社会地位不高的自卑心理,充分认识到烈士纪念工作在构建社会主义核心价值观中的作用,充满在烈士纪念设施保护单位工作的自豪感和荣耀感,从而激发创业、创新、创优的工作激情。

二、理顺工作机制

目前,我国还有部分烈士纪念设施保护单位不属于民政管理,民政的政策法规难以得到有效落实,出现一些违规现象易造成恶劣的社会影响。还有部分单位没有被划为公益一类事业单位,实行差额拨款,管理经费得不到保障,甚至需要职工去创收,背离了公益性的特征。上述这些情况都不利于单位的发展。激发单位活力,必须要理顺工作机制。目前还不属于民政管理的单位应根据《烈士纪念设施保护管理办法》等有关法规政策,积极争取地方政府将烈士纪念设施保护单位归口到民政;一时难以归口的,可实行双重管理,明确业务工作由民政部门管理,便于民政政策法规能及时传达和贯彻,也有利于这类单位在工作中找到归属感。还不是全额拨款的事业单位,应积极争取编制部门解决单位性质,从而真正调动单位和职工的积极性。

三、转变管理方式

长期以来,事业单位的管理模式一直是参照行政机关的管理模式,这种模式并不能适应事业单位的发展需要,使得事业单位缺乏发展活力。烈士纪念设施保护单位应积极探索适合自身发展的管理模式。一是建立适当的人事管理制度。采取聘用合同制,竞聘上岗,通过签订工作合同确立单位与职工之间的关系,明确双方权利和义务。将聘用合同作为用人的依据,打破身份终身制的枷锁,建立更加灵活、公平、公正的用人制度。二是建立完善的岗位管理制度。科学设定岗位数量和类别,防止冗员产生。根据不同工作岗位的性质设定相应的责任和权利,并制订完善的工作规范,实行科学管理。三是建立灵活多样的激励分配制度。坚持"效率优先,兼顾公平"的原则,依据职工的工作绩效和工作能力确定适当的工资待遇,打破平均主义,不断激发其主动性和积极性。按照各岗位的责任确定相应的薪金水平,对工作业绩突出的职工给予适当奖励,实行灵活的激励分配制度,充分发挥绩效工资的作用。重视人才,建立对优秀人才的奖励制度,体现人才的价值。激励员工不断提高自身的知识水平,对于提高事业单位的发展活力也是十分重要的。

四、加强人才培养

大多数烈士纪念设施保护单位都存在编制不足、专业队伍不完善、高素质人才难引进等问题,因此,加强对现有人才的培养是队伍建设的关键。尤其是文博、讲解、园林等主要岗位人员要配备齐全,重点培养一专多能的复合型人才,如讲解专业的人员可胜任文博、社工等工作。同时,预留岗位和职位,积极引进高素质人才,让他们"有为"也能"有位"。人才培养应通过岗位锻炼、专业培训、学历提升、技能竞赛、自我修炼等途径实现。同时,烈士纪念设施保护单位应根据单位岗位情况和发展要求,结合职工专业、能力、素质等实际情况,帮助职工做好职业发展规划,建立明确的人才培养目标。

附:

烈士纪念设施管理与保护研究

目前我国共有烈士近 2000 万,有烈士纪念设施 1.4 万余处,烈士纪念设施保护单位 1000 余个,其中国家级烈士纪念设施 181 个。目前,我国对烈士纪念设施实行分级管理,全国大部分烈士纪念设施保护完好。改革开放 30 多年来,这些烈士纪念设施在弘扬民族精神和时代精神、服务社会和谐稳定与经济发展中发挥了重要的作用。但根据笔者的观察和调查了解,烈士纪念设施的管理与保护工作还存在一些亟待解决的问题,面临的形势仍然紧迫,机遇和挑战并存。

一、存在的问题

(一)生存空间受到威胁

近年来,烈士陵园被蚕食的新闻屡被曝光。方志敏烈士陵园是国家级烈士纪念设施保护单位,原占地 300 亩,因为某学院的"侵入"、某药厂的占用、几个液化气仓库的建立,现土地面积不足 132 亩;孙中山先生的灵寝中山陵世界闻名,可近十多年来,一批商业建筑建在景区,受利益驱使,管理者们计划投资 20 多亿元,"有意让紫金山从肃穆的氛围中走出"[1];全国重点

---

[1] 孙学友:《市长称烈士陵园有碍观瞻 豪华广场取而代之》,http://www.ce.cn/xwzx/gnsz/gdxw/200410/25/t20041025_2078476.shtml。

文物保护单位、主打"红岩"品牌的重庆歌乐山烈士陵园陷入用地纷争,政府划给四川某学院的用地与陵园保护范围大面积重合①;辽宁省朝阳市北票烈士陵园从政府后山搬至15公里以外的荒山上,让位建豪华别墅②……由此可见,随着城市土地价格的攀升,一些保护单位的土地被人觊觎,人们对土地的贪婪正威胁着保护单位的生存空间。③

（二）周边环境与保护单位的氛围不协调

烈士纪念设施具有庄严肃穆的特点,一般具有强烈的心灵震撼力和感染力,对群众能起到纪念、教育的作用。但目前,许多烈士陵园的周边环境与保护单位的氛围不协调。许多烈士纪念设施原本建在城郊接合部,随着城市化进程的加快,这些地方逐渐成为繁华的城市中心或所谓的风水宝地④,加上许多保护单位风景优美,已成为人们游览、休闲的好去处,这使得许多商人纷纷在陵园周边建酒店、商场、游乐场,甚至舞厅、歌厅等,这种商业发展趋势严重破坏了烈士纪念设施的庄严肃穆。还有些保护单位自身建设很好,但由于城市规划所限,周边环境得不到改善,严重影响了功能的发挥。如笔者所在的镇江烈士陵园,由于文物保护和其他历史的原因,陵园被大量破旧的民房包围,近年来,居民的违章建筑越建越多,将陵园的进出道路侵占,车难行、路难走,严重破坏了陵园的氛围,制约了陵园的发展。

（三）管理不够规范

相关数据显示,我国目前约有30%的县级以下烈士陵园没有完善的管理措施,具体体现在编制不落实、人员难定编、经费无保障,有的烈士陵园甚至连最起码的办公场所都没有。⑤ 有些保护单位由于自身主体意识不强、管理人员责任心不高等因素,烈士纪念建筑物破损严重,常年得不到修缮和保护。那些散落在荒郊野外的烈士纪念建筑物,更是无人管理。某些陵园内还存在赌博、养鸡、种菜等亵渎烈士的现象。如媒体曾报道的"艳舞跳进泸州烈士陵园""济南市烈士陵园竟成集市""湖南衡阳耒阳烈士陵园歌厅

---

① 刘天亮:《重庆歌乐山烈士陵园陷入用地纠纷》, http://news. 163. com/08/0109/08/41OI47B30001124J. html。

② 孙学友:《市长称烈士陵园有碍观瞻 豪华广场取而代之》,http://www. ce. cn/xwzx/gnsz/gdxw/200410/25/t20041025_2078476. shtml。

③ 朱鹏:《加强陵园管理,守护烈士丰碑——对当前部分烈士陵园管理情况的调查与思考》,《法制与社会》,2009年第31期。

④ 同③。

⑤ 张凤坡等:《烈士陵园,需要精心呵护》,《中国国防报》,2009年4月13日。

林立,娱乐项目五花八门"等。① 据调查,我国还有一小部分保护单位的管理模式是"一人守一园"(即一个门卫看守一个陵园),还存在一些无烈士资料、无教育活动、无维护管理的"三无"烈士陵园。

（四）三产创收现象依然存在

20世纪八九十年代,由于财政投入的不足,国家民政部曾提出"以园养园""以园补园""以事业办实业,以实业促事业"的发展思路,全国很多烈士陵园利用自身的土地资源,通过办企业、建墓地、搞苗木、出租房屋等,大力开展三产创收工作,由于对上级精神的片面误解,有些地方甚至出现了毁烈士墓建公墓的行为,在社会上造成了很不好的影响。目前,我国的很多保护单位内部都建有不同形式的公墓,而一旦将普通群众安葬于烈士陵园内,必然会破坏陵园褒扬烈士的宗旨,这一现象非一朝一夕所能解决,其中将牵涉大量的社会矛盾。同时,由于在保护单位内部办企业,牵涉了人员、管理、环境等一系列问题,减弱了烈士纪念设施保护单位的管理与保护、革命文物资料的搜集整理、烈士事迹的宣传、爱国主义精神的弘扬等主体功能。

（五）烈士纪念建筑物作用发挥不够

清明节时祭祀先人、先烈是中华民族的优良传统,为了强化公民对我国传统文化的继承,2008年我国将清明节设定为法定假日,传统节日的功能得到了强化,人们纷纷利用假日祭扫自己的先人。与熙熙攘攘、人头攒动的公墓相比,烈士陵园却越来越冷清,尤其是清明节法定假日期间,几乎无人祭扫烈士。《时代商报》曾报道,天津烈士陵园门庭冷落,祭扫人数逐年下降。存放6300多位烈士骨灰的烈士陵园,在20世纪70至80年代,全市清明节祭奠英烈人数大都在10万人左右,进入21世纪后每年祭扫人数一万余人,近年来更是不足万人。水上公园内的市烈士陵园仅接待1000人左右的祭扫学生。② 而这一现象,绝非天津烈士陵园所仅有,全国大部分陵园都存在。笔者所在的镇江烈士陵园是国家级烈士纪念设施保护单位,20世纪70年代曾创下清明节接待祭扫人数12万人的历史之最,进入21世纪后,每年清明节祭扫人数平均不足3万人。2008年,清明节首次成为法定假日,当年镇江烈士陵园清明节祭扫先烈人数却创下了历史最低点,仅为2万人。每至清明节,虽然陵园积极策划主题活动,通过新闻媒体宣传倡议,主动上门与相关单位联系,用各种方式来宣传,极力营造清明节祭扫先烈的氛围,

① 周毅云:《新时期如何做好烈士褒扬工作的几点思考》,http://www.ycmzj.gov.cn/art/2010/7/22/art_14693_244067.html。

② 同①。

但祭扫人数仍然难以增加。纪念设施越修越好，陵园环境越来越美，教育的内容和形式越来越丰富，但作用却越来越难以发挥，这必须引起有关部门的重视。

二、原因分析

（一）法律法规缺乏

目前，针对烈士纪念设施的管理与保护的法律法规仅有1995年7月20日民政部令第2号发布的《革命烈士纪念建筑物管理保护办法》，作为一项部门法规，其效力不高，且已发布16年，已不适应新形势下对烈士纪念设施保护工作的需要。1980年6月4日，由国务院颁布实施的《革命烈士褒扬条例》对烈士纪念设施的管理与保护没有特别说明。1986年10月28日，由国务院批准，民政部、财政部发布的《民政部、财政部关于对全国烈士纪念建筑物加强管理保护的通知》仅是部门规范性文件，没有法律效力。新的《革命烈士褒扬条例》至今没有出台，管理保护工作缺少法律的支持，这也导致侵占陵园土地、亵渎烈士陵园的事件时有发生。

（二）政府投入不足

目前，全国大多数烈士纪念设施保护单位都存在经费不足的问题，财政每年所拨经费仅限于人员工资和正常办公经费，很多烈士纪念设施保护单位连正常的人员经费都不足。笔者调查了江苏省部分烈士陵园，如抗日山烈士陵园、泗洪县革命烈士陵园和扬州市烈士陵园均为国家级烈士陵园，每年财政预算均在五六十万元，除去人员工资，维修经费所剩无几。扬中市烈士陵园全年财政拨款仅8.5万元，镇江烈士陵园连续数年财政预算不增长。因此，烈士纪念设施保护单位的维修、改造经费大都要靠单位通过各种途径想办法争取，这也是很多单位搞三产创收的原因之一。

（三）管理体制、机制不顺

一是管理保护体制不顺。《革命烈士纪念建筑物管理保护办法》第四条规定："列为县级以上革命烈士纪念建筑物的保护单位……由所在地人民政府的民政部门负责管理。"但由于历史的原因，存在多头管理现象。如徐州淮海战役纪念馆由徐州市政府直管；南京雨花台烈士陵园属文化部门管理；丹阳烈士陵园属党史部门管理等；安徽泾县皖南事变纪念馆先由民政部门主管，后改由风景区管委会主管，在运行一段时间后，又再次回归民政部门。广东省24个省级以上重点保护单位中，民政部门管理17个，园林部门管理5个，属地政府管理2个，多头管理不利于烈士纪念设施的管理与保护，也不利于陵园的长远发展。① 二是事业性质不统一。《革命烈士纪念建筑物管理保护办法》第四条规定："列为县级以上革命烈士纪念建筑物的保护单位是全额拨款的事业单位。"但目前仍有少数烈士陵园还是自筹自支或差额拨款的事业单位。三是人员编制核定不足。一般地市级烈士陵园人员编制在20～30人，但还有很多烈士陵园只有十几人，甚至几人。全国大多数烈士陵园占地面积大，少则几十亩，多则上百亩甚至上千亩，管理的面积较广；由于陵园工作的性质，其业务范围也较广，宣传、教育、编研、陈展、绿化管理、纪念设施维护等业务种类繁多。但目前普通编制不足，有的国家级烈士陵园也仅有几名工作人员，还有部分陵园仅一两名工作人员，陵园基本处于休息状态。四是职级差别较大。我国现有国家级烈士纪念设施保护单位181个，分属于不同的省、市和地区，据调查，职级种类有正处级单位、副处级单位、正科级单位、股级单位。如上海龙华烈士陵园、徐州淮海战役纪念馆、山东青岛烈士陵园等为正处级单位；山东省国家级烈士纪念设施保护单位基本升格为副处级以上，单县烈士陵园等县级烈士陵园也已升为副处级单位，但有些仅为股级单位，职级差距非常明显，不利于调动员工的积极性。

（四）社会重视程度不够

目前，很多地区对烈士纪念设施保护的重视程度不够，政府在城市规划时没有考虑烈士陵园的长远发展，有时为了片面追求经济利益，甚至不惜以牺牲烈士陵园的土地和环境为代价。同时，很多地区、部门、单位对爱国主义教育的重视程度还不够。一方面，出现了政府忙于抓经济、企业忙于抓生产、学生忙于抓升学的现象，而忽视了爱国主义和革命传统教育的重要性，没有形成一种尊重历史、崇尚烈士的氛围，各地清明节日趋下降的祭扫人数足以证明这点。另一方面，我国媒体对爱国主义教育的宣传力度不够、社会的关注度不够，没能通过集中宣传等活动营造出浓厚的氛围。笔者曾就青少年爱国主义教育知识发放问卷，调查结果显示，青少年爱国主义教育知识的缺乏状况令人担忧。

三、建议与对策

（一）加大立法

制定具有较高效力的法律、法规，如《烈士纪念建筑物保护法》《革命文物保护法》等，尽快出台《革命烈士褒扬条例》，通过立法，对烈士纪念设施保护单位的性质、主管部门、迁建规定及保护范围、法律责任等一系

---

① 周毅云：《新时期如何做好烈士褒扬工作的几点思考》，http://www.ycmzj.gov.cn/art/2010/7/22/art_14693_244067.html。

列问题进行明确的规定,以便在烈士纪念设施的管理保护中,切实做到有法可依、有法必依、违法必究,使烈士纪念设施保护单位始终处于法律的保护中。①

（二）加大财政投入

改革现有财政保障体制,充分体现国家投入这一主渠道的责任。国家民政部应积极协调,争取中央财政和地方财政的支持,加大对烈士纪念建筑设施保护工作的投入,将烈士纪念设施的管理与保护经费列入各级财政预算。同时,要形成保护单位零基预算的逐年增长机制,使保护单位的管理、建设与经济社会发展相适应。对陵园现有的创收现象应做一次集中调查,该清理的清理,尤其是对陵园内的经营性公墓,各地政府应安排资金重新选择安葬地点,尽早给予搬迁。保护单位也应充分发挥其主观能动性,广开财源,积极争取社会力量,多方筹集资金。

（三）理顺体制机制

创新体制,完善机制。烈士纪念设施保护单位应明确由民政部门管理,便于在业务上统一管理、统一指导,有利于保护单位的长远发展。烈士纪念设施保护单位应全部纳入全额拨款的公益性事业单位,并保证人员编制。陵园职级也应根据保护级别有统一的要求,以便充分调动各级保护单位人员的积极性。

（四）提高全民重视度

一是加强政府部门的重视。政府部门应充分认识到烈士陵园在社会发展中的特殊作用,在规划建设中充分考虑陵园的发展,做到统筹兼顾。对破坏烈士纪念设施和影响陵园环境氛围的行为要给予严肃处理。二是设立"烈士悼念日"。针对烈士纪念设施作用发挥不够、保护单位门庭冷落、清明节祭扫先烈群众逐年减少等现象,相关部门可在清明节前后设立专门的全国性"烈士悼念日"②,要求党政机关干部带头祭扫先烈,并将组织祭扫先烈做为单位考核指标,以引导人们崇尚烈士、敬仰烈士的传统美德和形成爱国主义教育的浓厚氛围,进一步提升烈士褒扬工作的影响力,更好地发挥烈士纪念设施的教育功能。三是营造宣传氛围。通过媒体宣传,进一步加大爱国主义教育宣传氛围,提高全社会崇尚先烈的意识。

（五）提高人员素质

随着形势的发展,烈士纪念设施保护单位的业务范围越来越广,业务要

---

① 朱鹏:《加强陵园管理,守护烈士丰碑——对当前部分烈士陵园管理情况的调查与思考》,《法制与社会》,2009 年第 31 期。

② 刘毅,赵琴:《弘扬民族精神 加强中小学生爱国主义教育》,《北京观察》,2010 年第 4 期。

求越来越高,而目前还没有培养陵园专业人才的院(系),造成陵园工作人员普遍素质不高,不能适应陵园发展的需求。尤其是文博讲解、陈列展示、陵园绿化、纪念设施的维修等专业人才需求量大。民政部门应加大对专业人才的培训,通过组织开办学习班的形式,不断提高人员素质,同时,在大专院校中开设相应的专业,培养更多的陵园专业人才。

烈士纪念设施是爱国精神、民族精神的具体体现,管理好、保护好烈士纪念设施意义重大。相信通过各级、各部门的共同努力,齐抓共管,一定能更好地发挥出纪念设施褒扬烈士、教育群众、服务社会、促进和谐的特有功能。

（本文原刊发于《镇江高专学报》,2011 年第 2 期,并获全国拥军优抚安置工作政策理论研究成果二等奖）

第五章　烈士纪念设施保护单位专业工作概述

第一节　文物史料的征集、鉴定、保管和编研

一、法规政策要求

新中国成立初颁布的《革命军人牺牲、病故褒恤暂行条例》等几个条例中,就要求各级政府搜集、编纂烈士事迹。《革命烈士褒扬条例》和《革命烈士纪念建筑物管理保护办法》要求各地应搜集、整理、陈列烈士史料和遗物,宣传烈士事迹和高尚品质。新颁布的《烈士褒扬条例》规定:各级人民政府应当组织收集、整理烈士史料,编纂烈士英名录。烈士纪念设施保护单位应当搜集、整理、保管、陈列烈士遗物和事迹史料。属于文物的,依照有关法律、法规的规定予以保护。《烈士安葬办法》规定:烈士陵园、烈士集中安葬墓区的保护单位应当及时收集陈列有纪念意义的烈士遗物、事迹资料,烈士遗属、有关单位和个人应当予以配合。《烈士纪念设施保护管理办法》规定:各级烈士纪念设施保护单位应当根据人民政府安排,开展烈士史料征集研究、事迹编纂和陈列展示工作。《关于进一步加强烈士纪念工作的意见》规定:加强烈士史料和遗物的收集、抢救、挖掘、保护和陈列展示工作。从新中国成立初期至今的一系列法规政策中可以看出,党和政府对文物史料的征集工作都高度重视,在当地政府的安排下开展文物史料的征集、鉴定、保管和编研工作是烈士纪念设施保护单位的基础性工作。1998 年,中共中央办公厅、国务院办公厅转发了《中央宣传部、国家教委、民政部、文化部、国家文物局、共青团中央关于加强革命文物工作的意见》;2008 年,国家文物局、中宣部、发展与改革委员会、教育部、民政部、财政部、住房和城乡建设部、文化部、国家旅游局、共青团中央联合下发了《关于加强革命文物工作的若干意见》,对革命文物保护和管理工作提出了明确的要求。

二、工作内容

（一）文物史料的征集

烈士资料和文物是烈士纪念设施保护单位开展宣传教育工作的物质基础，是纪念馆的生命所在。重视馆藏文物史料的搜集、丰富馆藏内容有助于提升纪念馆的功能、更好地发挥烈士纪念设施保护单位的社会教育功能。

1. 文物史料征集工作的意义

① 文物史料征集是纪念馆陈列展示和宣传教育的基础性工作。文物史料是烈士纪念设施保护单位开展教育工作的源泉，任何纪念馆的陈列展示都离不开具体可看的"物"，任何宣传教育都离不开丰富的资料和内容。因此，文物史料征集的丰富与否是决定纪念馆陈列展示成败的关键。只有通过广泛征集，占有大量的图片、实物、文献和文字资料，才能办出高水平的陈列展览，写出有价值的宣传材料。

② 文物史料征集是挖掘历史、揭示烈士精神的重要途径。文物史料是历史的见证，是烈士精神的体现，它们承载了历史的记忆。每一件有形的物、每一段无声的文字，都蕴涵着深刻的、不为人知的价值。征集能帮助我们找出其中与历史事件、与历史人物有关联的东西，挖掘出附着在文物史料中的历史价值，揭示出烈士的牺牲精神，我们应尽可能地收集反映烈士生平、反映历史事件及背景的资料和物品。

③ 文物史料征集是体现纪念馆特色的手段。每一座纪念馆都有自己的办馆特色，根据自身特点，有针对性地、有重点地征集文物史料，可以更好地反映当地纪念馆的特色。20 世纪 30 年代，镇江是江苏省省会，北固山是江苏省军法会审处杀害共产党人的刑场，全省各地 400 余名共产党员和革命志士牺牲在这里。建在当年刑场之上的镇江烈士纪念馆在陈展中就重点展示了这段历史和这一时期牺牲的烈士。镇江烈士纪念馆曾于 20 世纪 80 年代和 21 世纪初在全省范围内开展大规模的资料征集工作，掌握了大量的文史资料，这些资料也成为体现纪念馆特色的重要内容。

2. 文物征集的方针和原则

《中央宣传部、国家教委、民政部、文化部、国家文物局、共青团中央关于加强革命文物工作的意见》明确指出，革命文物的征集应贯彻："保护为主，抢救第一"的方针和"有效保护，合理利用，加强管理"的原则。

3. 征集的内容和范围

征集的内容：凡是能够反映历史和人物精神的实物与资料都是我们征集的对象。具体来说，文物就是在各个历史时期、对历史进程发挥过作用，能够反映历史发展和反映烈士生前工作作风、生活作风、思想品德及壮烈牺牲等方面的一切物品和文字记载。

征集的范围:征集范围由纪念馆的区域范围决定,一般征集在本地区发生的战役、事件或在本地区牺牲的烈士的文史资料,这样才能体现纪念馆的特色。

4. 文物征集的方法

文物史料征集的主要方法为访问、信函、查阅资料、专题座谈、信息发布及关注线索等。

① 访问。这是征集资料的重要方法,是获得第一手资料的重要途径。访问的对象主要是革命老前辈、历史事件的当事人;烈士生前的领导、战友、同事、亲属及其他知情人等。

② 信函。通过邮件的方式,向可能了解历史和掌握烈士事迹的知情人了解情况,希望对方提供文物史料,并从中寻找线索。

③ 查阅资料。通过查阅有关档案、文献和历史资料,搜集与历史事件和烈士事迹有关的资料。如镇江烈士纪念馆在查阅陈力烈士档案后,发现其生前曾撰写过《社会主义教育讲座——两类矛盾问题讲话》和《对于列宁著〈唯物主义和经验批判主义〉的讲解》两本书,我们立即通过网络寻找并购买,从而丰富了该烈士的展陈资料。

④ 专题座谈。针对某一段历史、某一个事件或某一位烈士,组织老同志、烈士亲属、相关知情人召开专题座谈会,了解情况、掌握线索,征集有价值的史料。

⑤ 信息发布。通过报刊、电视、网络等媒体,发布文物史料征集信息,鼓励知情人主动向烈士纪念馆捐赠文物、提供相关史料。

⑥ 关注线索。文物史料的征集是个长期的、艰巨的工程,文博工作者在平时的工作、学习、生活中都应保持敏感性,看报纸、看电视、听新闻,不经意间就会获得某个烈士的线索,顺着线索寻找就可能有意想不到的收获。

在征集资料时,文博工作人员应抱着对历史负责的态度,对一些牺牲年代久远的烈士,要抱着抢救的心态去积极征集资料;对刚刚牺牲的烈士,要迅速征集资料。尤其是烈士的遗物,由于民间风俗是人去世后生前使用过的东西一般不保存,如果我们不在第一时间征集遗物,就会使烈士的遗物被销毁,从而造成不可挽回的损失。

(二) 可移动文物的鉴定

1. 定义

可移动文物指馆藏文物(可收藏文物),即历史上各时代的重要实物、艺术品、文献、手稿、图书资料、代表性实物等,分为珍贵文物和一般文物。烈士纪念设施保护单位的可移动文物,一般指革命战争年代遗留下来的与中国革命有重大关系的文化遗物,或与烈士、历史人物有关的遗物,具有重要的历史价值,是全民族最珍贵的历史文化遗产和宝贵的精神财富。

2. 鉴定的意义

原民政部优抚安置局副局长杨国英在"烈士纪念建筑物保护单位文物普查和附属可移动文物鉴定"培训班上的讲话中指出:革命文物的鉴定具有重要的意义,一是开展爱国主义教育的生动教材。文物具有直观、形象、真实、可信的特点,易于人们接受和理解,在某些方面优于一般口头讲解、文字宣传的教育效果,是青少年了解历史、认识国情、学习革命传统的重要途径和生动教材。二是重要革命历史事件的有力见证。烈士纪念设施保护单位的文物史料主要包括与重大历史事件、革命运动和著名人物有关的具有重要纪念意义、教育意义和史料价值的建筑物、遗址、纪念物。具有相当高的史料价值,它见证了中华民族为争取民族独立、实现伟大复兴而努力奋斗,特别是中国共产党带领人民群众建立新中国的艰难历程。发挥好文物的见证作用,对青少年开展爱国主义教育具有重要的现实意义。三是烈士褒扬工作的有效载体。褒扬烈士、弘扬烈士精神是国家的责任,是全社会的义务,更是烈士纪念设施保护单位的神圣使命。用文物展示烈士生活、战斗和英雄事迹是烈士纪念设施保护单位开展褒扬工作不可或缺的组成部分。革命文物具有直观性、生动性,利用文物向人们展示烈士事迹、弘扬烈士精神是非常直观有效的手段,也最富有感染力和说服力。

3. 鉴定的内容

鉴定是历史文物研究的首要内容,其主要任务是辨明真伪、考评内涵、评定价值、确定等级,其目的是保证文物的科学性,保护真实的科学文化财富。同时,也为烈士纪念设施保护单位藏品的科学管理、公开展出、研究利用把好真伪和价值这第一道"关口"。[①]

4. 鉴定的特点

烈士纪念设施保护单位的可移动文物属近现代文物,与博物馆的古代文物有很大区别。藏品的生成时间、条件、环境与古代文物不同,鉴定工作也与古代文物的鉴定不同,有其明显的特点。一是鉴定的水平不同。古代文物的鉴定历史悠久,已形成了完整的理论和方法。1993 年,国家文物局成立革命文物鉴定专家组,在中国革命博物馆开始了鉴定确认工作,因此,近现代文物尤其是革命文物的鉴定起步较晚,没有形成系统的鉴定理论。二是鉴定方法的侧重点不同。古代文物侧重于传统的直观考评,可利用现

---

① 丁言斌:《博物馆藏品征集、保护、陈列艺术及内部管理实用手册》(一),银声音像出版社,2012 年,第 268 页。

代技术设备检测;烈士纪念设施保护单位文物除运用直观考评方法外,更侧重于社会调查和研究。详尽地分析与该文物有关的一切资料,搞清楚该文物在社会历史发展进程中所起的作用,即该文物产生于何时、何地,与何人、何事有关,怎样流传至今,在历史进程中的作用等,需要挖掘文物背后的故事和情节,这是全面揭示文物历史价值的关键,"文物情节"是革命文物的生命。①

5. 鉴定的方法

① 历史考证。近现代革命文物藏品鉴定最主要的方法是按社会历史性质分类,鉴定该类藏品中不同种类的文物。在鉴定某个运动、某个事件、某个人物的藏品时,应先把该藏品放在特定的历史背景和历史事件中去分析鉴定,考证该藏品是否符合时代的特征。

② 资料分析。文物的来源与保存的过程涉及文物的真伪和历史价值、纪念价值。因此,鉴定文物时,要尽可能多地分析藏品的来源、保存的经过等有关资料。在鉴定中,可通过查阅原始档案、查阅文献资料、访问调查等途径,通过刨根问底的方法,把文物的来龙去脉弄清楚。

③ 工艺鉴别。掌握近现代各类工业用品、工艺品、生活用品等的起源、流行及停止使用情况,掌握社会风俗、文化特点,从文物质地、形制、纹饰、工艺等方面加以鉴别。

④ 调查研究。开展社会调查,及时抢救活的资料。通过调查、核实,去伪存真,保存真实可信的文物,为后代留下真实的、宝贵的历史文物。

6. 鉴定的组织

文物鉴定是一项专业性强、涉及面广的工作,仅仅依靠民政部门和烈士纪念设施保护单位是很难做好这项工作的。《关于做好烈士纪念建筑物保护单位文物普查和附属可移动文物鉴定工作的通知》明确要求,民政部门与文物部门密切配合,切实做好文物普查和文物鉴定工作。烈士纪念设施保护单位应该主动与文物部门联系,提供文物的真实性信息和相关资料,积极配合文物部门对文物进行鉴定;建立健全文物鉴定的组织,成立由纪念馆馆长、文博研究人员、保管部门负责人、文物部门专家组成的文物鉴定小组,负责文物的鉴定工作。

7. 鉴定的程序

鉴定的主要程序为初步鉴选,确定入藏;深入鉴选,确定级别;系统鉴定,定级藏品复核;填写鉴定表,建立健全藏品档案。②

---

① 李照东:《革命文物资料的搜集与鉴定》,文物鉴定培训班资料,2010 年 5 月。
② 安延山:《中国纪念馆概论》,文物出版社,1996 年,第 32 页。

藏品鉴选是烈士纪念设施保护单位文物管理中的一个重要程序，是对征集到的文物进行鉴定和选择的过程。在鉴选过程中应掌握两条基本原则：一是结合本馆的性质、任务和收藏范围来选择藏品。二是严格筛选，剔除非藏品，不够级的文物不勉强入藏。如，收藏数量较多的藏品；具有一定文物价值但不符合本馆收藏标准的藏品；有陈列价值，介于正式藏品和非藏品之间的赝品；一时难以确定价值、存在争议的物品，都应另行处理，编外拨号，存入暂存库中。

藏品定级是指对经过鉴选的文物，按照 1987 年 2 月 3 日文化部颁发的《文物藏品定级标准》评定为一级、二级、三级文物。一级文物为具有特别重要价值的代表性文物；二级文物为具有重要价值的文物；三级文物为具有一定价值的文物。随着对藏品研究的不断深入，人们对已定级藏品的认识会有所变化，藏品原定级别会有所变动，有的一级品可能会降为二、三级，有的二、三级藏品，随着其价值被揭示出来，可能要升至一级或二级。升级必须要严谨，及时做好级别变动登记，将变动意见和分歧记录在藏品档案中。一级品的变更必须报国家文物局审批。

在鉴选藏品时首先要考虑文物的历史价值，即藏品在典型事件、典型人物活动中所起的作用；其次，要考虑定级文物的流传数量，一般数量多的不定为一级品，但如该件文物确实有文物价值，也可定为一级品。再次，要考察被定级文物的形成和流传经过是否真实可靠，这直接影响着文物的价值。近现代文物的第一生命在于有清楚的文物形成和流传过程。[1]

建立藏品档案。将鉴定成果登记在藏品档案表内，为藏品建档建立准确的材料。应将藏品入馆前来源的原始记录、流传经过的原始资料，藏品入馆时的凭证及与藏品有关的历史资料，藏品鉴定时的专家意见，以及入藏后的采访记录、使用、复制情况，鉴定结果等一一记录在藏品档案中。[2] 藏品档案与藏品本身具有同样重要的价值，这项工作应高度重视。纪念馆一般是按国家文物局 2009 年颁布的《国家文物藏品规范》要求填写。

（三）可移动文物的保管

1. 文物资料的整理

将搜集到的零星分散的文字资料整理成文，准确掌握档案资料的底数，便于今后查阅使用。对文物资料要进行定名、描述和分类。定名就是给文物起名字。定名一定要体现这件东西是谁的、什么东西、有什么用途，让人

---

① 全国一级革命文物鉴定确认专家在"关于中国革命博物馆一级文物确认工作会议"上的报告，1993 年。

② 安延山：《中国纪念馆概论》，文物出版社，1996 年，第 36 页。

通过文物名字就能了解到附着在该文物上的信息。如,"柳肇珍烈士的家书",其中的信息让人一目了然。描述主要是对文物的外观、大小、重量等进行科学的描述。

2. 文物登记、文物分类、入库排架、编目和管理

文物登记是妥善保管及科学管理的关键,是检查文物数量和质量的依据。文物登记要建立起一套完整、准确的藏品登记账簿,包括:藏品总登记簿、藏品分类登记簿、参考品总登记簿、借出品登记簿及复制品登记簿等,其中最重要、最根本的是藏品总登记簿。凡是经过鉴定、可以入藏的文物都必须依据入馆凭证,核对藏品,及时登入藏品总登记簿。总登记簿必须专人负责,永久保存。①

文物分类是按照一定的标准对文物进行聚类或归类,是进行科学研究的首要工作,是研究文物的基本方法之一,其本身也是一门科学。分类可根据文物的时代、用途、材质、价值、来源等标准进行。不同藏品的保存条件不同,分类有利于藏品的管理保护、整理研究和使用。革命文物不同于博物馆文物,分类不需过细,一般按藏品的质地、用途、时代、工艺划分即可,也可按文物的史料价值划分,只要便于保管、使用即可。

入库排架指同类藏品在一起,按登记号顺序先后排架或入柜。由于文物大小、规格、形状、体积、重量等不同,不可能全部按顺序对号入库。一些特大或特重的藏品,需单独放在库房的适当位置;一些小件物品可集中放在特制的多格屉匣中。在分件藏品都安置了固定的位置后,应编制藏品方位卡,标明藏品在库房中的具体位置,如第几架(柜)、第几层,对件数较多的,还可注明第几件。然后按照方位卡编成排架(柜)目录,排架目录的顺序应与藏品在架(柜)上的顺序完全相同。藏品方位卡和排架目录由藏品保管员编制、使用和在库内保管。②

编目就是编制藏品目录,是在对入藏文物进行鉴定和研究的基础上,按照藏品编目建档,统一格式,对藏品编目的基础项目和鉴定项目做出准确、简明的记述,并根据不同的检索需要,编制成各类藏品目录。③ 编目工作大体分两个步骤。第一步是填写编目卡片,第二步是将编目卡片按一定次序组成一个逻辑体系,编成目录。编目卡片分基本项目和鉴定项目,基本项目有:登记号、原来号、数量、来源、入馆日期、照片底版号、拓片号、档案号、编目日期、入编者、有关资料等。鉴定项目包括:名称、时代、质地、尺寸、重量、

---

① 丁言斌:《博物馆藏品征集、保护、陈列艺术及内部管理实用手册》(一),银声音像出版社,2012年,第303页。
② 同①,第312页。
③ 安延山:《中国纪念馆概论》,文物出版社,1996年,第50页。

现状(完残情况、修复情况)及描述与评价等。①

为加强藏品的科学管理并满足馆内外对藏品研究的需要,各纪念馆可根据各自性质、任务和藏品的特点,从实际出发,形成一整套的目录体系,以便为检索提供方便,为征集藏品提供依据。

3. 藏品的数字化管理

藏品的数字化管理就是将蕴涵在藏品内部的各种信息通过文字、符号、图像等形式,记录、描述、复制、加工于其他载体,并为人所利用。将现代化的信息技术运用到烈士纪念馆工作中来,建立计算机藏品管理系统,实现纪念馆管理工具与手段的升级换代,使藏品管理的工作模式实现深刻的变革。藏品的数字化管理主要是建立藏品信息的数据化管理系统,利用计算机多媒体技术,把馆藏文物的文字资料、图形、图像资料、音频、视频资料等信息,系统、准确、多角度地进行存储备份,建立计算机控制的馆藏文物数据库。②

藏品的数字化主要有如下作用:一是以计算机多媒体技术、网络通信技术为载体的文物信息资源,可以实现资源的共享,使纪念馆藏品更具有开放性。二是便于研究人员开展研究。数字化的资源加工和利用手段可以为文博人员营造出一个开放、完整的研究环境,使学术研究更加深入、更加方便、数据更加完整。三是方便藏品检索和统计。藏品保管工作的目的是为了更好地利用藏品,为研究、陈列、教育或社会的各种需求及时地提供某一类或某一个特定的藏品信息。藏品保管实现数字化后,人们可以随时按照藏品的名称、时代、使用者等不同的索引条件,查找出与之相符的文物信息,大大提高查询工作的效率。四是可以使保管环境自动化。纪念馆文物藏品存放的环境条件决定了纪念馆文物保管工作的质量。我们可以利用现代化的计算机控制系统严密地控制、调节藏品库房和陈列室的局部气候。局部气候自动控制系统根据不同质地、不同工艺的藏品各自的保管要求,编制出一整套对照明、空调、通气等装置的调节程序,使库房和陈列室始终有一个有利于藏品保管的最佳温度、湿度、光照等。五是可以确保藏品安全和防盗。文物安全是纪念馆安全保卫工作的重要任务。计算机报警系统可以有效防范藏品的失窃,同时也减少了藏品流通的次数,有利于文物本身的保护。

4. 文物保护

《民政部办公厅关于在县级以上管理的烈士纪念建筑物单位开展争创管理工作先进单位活动的通知》中提出:保护单位要设有文物库房或专柜,

---

① 丁言斌:《博物馆藏品征集、保护、陈列艺术及内部管理实用手册》(一),银声音像出版社,2012年,第317页。

② 詹静:《试论博物馆藏品的数字化管理》,《文物世界》,2006年第4期。

对馆藏革命文物、烈士斗争史料、遗物做到账、物一致,分级建档,妥善保管,无丢失、无虫害、无霉变、无锈蚀。《国家烈士纪念设施保护单位服务管理指引》中提出:注重做好烈士遗物、实物史料的收集、鉴定工作,设立专柜陈列展示馆藏文物和烈士遗物,充分发挥教育功能。对可移动文物要设立专门的文物库房,无丢失、无虫害、无霉变、无锈蚀。《烈士纪念设施保护单位服务规范》中也要求烈士纪念设施保护单位对于捐赠的革命文物应设立保管专柜或库房,建立健全捐赠文物档案等。文物的保护主要体现在两个方面,一是防止文物藏品的损坏,要针对不同的文物采取不同的保护方法,确保文物藏品完好无损。二是防止文物藏品的丢失。文物藏品必须有专人保管,一般人员不得随意进入藏品库房,同时,对文物库房要安装监控、报警等设备,加强技防工作,确保文物安全。

(四)文物复制

文物复制是指依照文物的体量、形制、质地、纹饰、文字、图案等历史信息,基本采用原技艺方法和工作流程,制作与原文物相同制品的活动。① 文物复制是纪念馆陈列展出的重要手段。文物复制一般在两种情况下使用。一种是掌握文物的基本信息,但由于种种原因未能征集到该文物,而该文物对于反映历史、揭示烈士精神具有极其重要的意义,陈列展示可使用复制品。第二种情况是纪念馆征集到了该文物,但该文物属重要文物,定级较高,为了保护文物,可使用复制品进行展示。文物复制品应有表明复制的标识,未经鉴定的文物不得复制。

(五)文物史料的编研

编研工作是揭示文物史料价值、发挥文物史料作用的有效途径,也是烈士纪念设施保护单位的重要工作内容。文物史料的利用一是靠陈列展示,二是通过对文物史料的研究,撰写反映历史真实、体现烈士精神的宣传资料,对群众开展宣传教育。

1. 陈列展示对文物史料的运用

① 陈展文史资料的遴选。纪念馆受陈展面积限制,不可能将所有的文史资料都进行展出,这就需要文博人员在认真研究文史资料的基础上,遴选出最有展示价值和教育意义的文物史料。在人物的选择上,要从烈士现有资料的多少、烈士牺牲是否壮烈、烈士知名度和影响力等方面进行选择,把最能反映烈士崇高精神、最有教育意义的事迹展示出来。在文物的选择上,要研究附着于文物身上的深刻价值、与历史事件和人物的关系、所起的作用、该文物是否能揭示出烈士的伟大精神等。如镇江烈士纪念馆内有一本

---

① 《文物复制拓印管理办法》,文物政发〔2011〕1 号,2011 年 1 月 27 日发文。

厚厚的书,书的内芯有按手枪的形状加以切割而形成的凹槽,手枪则刚好嵌入其中。这是曹起溍烈士当年为躲避国民党反动派的搜查,把枪藏在这本特制的书内,反映了烈士的机智和勇敢。这本书和枪就具有了丰富的内涵和意义,是值得展示的重要文物。

② 撰写陈列大纲。陈列大纲是通过文字说明,为形式设计提供生动翔实的内容,为形式设计进一步营造震撼人、感染人的审美氛围提供有价值的参考和可展示的空间。陈列大纲的完备与否关系到烈士纪念馆陈展设计的成败。撰写人员通过对大量文物和史料的深入研究,在掌握和熟悉文史资料的基础上,通过对资料的选择和再创作,写出符合陈展要求的大纲,为陈展设计提供依据和参考。没有文史资料的支撑,陈列大纲的撰写就成了无米之炊。

③ 撰写讲解词。陈列展览往往需要通过讲解员的讲解来揭示其中所蕴含的意义。讲解词是对纪念馆人物、画面、展品进行讲解、说明、介绍的一种应用性文体。撰写讲解词一方面需熟悉纪念馆陈列展示的内容,另一方面还要掌握所有的馆藏文史资料,撰写人员只有在熟悉全部资料的前提下,才能从中选取最真实、感人的内容,写出生动的讲解词,为讲解员开展讲解工作提供必要的素材。

2. 理论调研

文博工作者应积极参加文史资料的征集工作,熟悉馆藏文物和史料,并对纪念馆文史资料开展深入的调查研究工作,通过思考和探索写出具有学术价值的调研文章。第一,作者应先确定一个调研课题,调研课题可针对某段历史、某个人物的某个方面来确定。如,镇江烈士陵园曾以"国民党江苏省临时军法会审处"这段历史作为调研课题开展调研,以"罪恶的产物——‘国民党江苏省临时军法会审处’有关研究资料"为题撰写了调研文章。第二,调研课题确定后,研究人员要对馆藏史料进行全面研究,掌握与这一课题有关的全部资料;通过查阅文献资料、实地走访、调查相关单位和人员等方式扩充这一课题的有关资料;查阅与这一课题有关的理论研究,供参考借鉴。第三,在占有大量资料的基础上撰写出调研文章。理论调研要做到史料真实,研究内容或是别人没有研究过的,或是完善了前人的研究成果,好的理念可以使调研文章本身具有相当高的史料价值。

烈士资料的编撰也是文物史料研究工作的重要方面,将另节编写,这里不再重复。

附：

罪恶的产物

——国民党"江苏省临时军法会审处"有关研究资料

这一段历史后人决不会忘记。1930 年 11 月至 1933 年 9 月,国民党反动派两度在镇江设立江苏省临时军法会审处,将在全省搜捕的共产党员及革命群众押解至镇江审判,数百名优秀的共产党员和革命群众牺牲在镇江北固山下。为什么国民党要设立临时军法会审处?军法会审处杀人的权力有多大?被杀害的江苏各地革命者究竟有多少?我们现将多年搜集的有关资料整理出来,以供参考。

一、国民党"江苏省临时军法会审处"设立的政治背景

1923 年至 1927 年,第一次国内革命战争失败后,全国革命形势由高潮转入低潮。在国民党反动派的残酷屠杀和镇压下,革命力量遭到极大摧残。蒋介石在 1927 年发动反革命政变之初,是抓到人就杀。如 1927 年 4 月 11 日,蒋介石派人抓到在国民党江苏省党部工作的中共党员侯绍裘等 7 人后,立即杀害,并将 7 人尸体装进麻袋于当日投入秦淮河。4 月 12 日,蒋介石的嫡系部队勾结上海的流氓帮会围攻上海总工会,搜捕中共党员,两三天内,就杀害中共党员和参加上海工人武装起义的积极分子数百人。1927 年 6 月 26 日,中共江苏省委陈延年、黄竞西等 4 人被捕,7 月 4 日即被杀害。在国共合作的北伐军部队中"清党",更是抓到以后立即交由军法机构秘密杀害。

以蒋介石为首的国民党反动派杀害了大批国共合作时期帮助国民党发展组织的中共党员、政治军事大权在握后,以为共产党已起不了作用,为标榜其法制,将陆续抓到的共产党人和革命群众交由地方法院按新制定的"反革命罪法"审理,假惺惺地按法律程序办事,依法律根据定刑。他们这种妄图以假"法制"的面纱来掩盖真"反共"目的的手段,不但未蒙蔽广大中国共产党人,反而使中国共产党认清了国民党反动派的本质,坚定了自己的革命信心。1927 年"八七会议"以后,共产党就发动南昌起义、秋收起义、广州起义,建立了井冈山革命根据地,并建立了苏维埃政权。以镇江地区的情况来看,大革命时期,除丹阳有中共独立支部,其他各县均无党的组织。蒋介石发动反革命政变后不久,丹阳成立了中共丹阳县委,1928 年,镇江、句容先后成立了县委机构,扬中也有了党的小组。江苏各地不断出现工人罢工、农民暴动,南通地区还成立了中国工农红军第 14 军。1930 年,蒋介石与冯玉祥、阎锡山在河南、山东、安徽等省进行中原大战,"立三路线"主导下的党中央指示南京、镇江搞兵暴,发动士兵起义。国民党反动派既惧且怒,一面组织军队"围剿"中央苏区,一面撕下"法制"面纱,制定"危害民国紧急治罪

法",在有关省成立临时军法会审处。在这样的政治背景下,1930年11月26日国民党正式对外宣布,在江苏省省会镇江成立"江苏省临时军法会审处",对江苏各地被捕押解来的共产党员和革命群众进行非法刑讯和残酷迫害,直至执行死刑。因此,江苏省临时军法会审处完全是国民党反动派根据反共反革命的政治需要设立的。

二、国民党"江苏省临时军法会审处"的机构设置

江苏省临时军法会审处(以下简称会审处)由江苏省政府、江苏省党部、江苏省高等法院、江苏省民政厅和清乡督察署5个单位组成,每单位各派一人至会审处任审判员,省政府委派一名会审处长兼任审判长。1931年秋撤销。1932年10月,恢复会审处机构,组成单位,除清乡督察署因业已撤销改由江苏省保安处派员参加外,其余不变。1933年9月15日撤销。1930年至1933年,江苏省政府委任的会审处处长兼审判长是常州人钱家骧(钱家骧已于1952年在上海被镇压)。

会审处的办公地点,前期不详,后期设于千秋桥街前原清代守备衙门内,地点在今五条街小学所在地。会审处是临时机构,未建监所,最初押解至镇江的人,关押在镇江县政府监狱(原址为今解放军三五九医院内西南部),后送来的人过多,县监狱无法容纳,交由省会公安局看管,公安局将人犯分交7个公安分局看管,有时亦送至镇江地方法院看守所。1931年6月,江苏省保安处在城隍庙建成保安处看守所,不少人就关在城隍庙看守所。

三、国民党"江苏省临时军法会审处"杀人的刑场

镇江并无固定刑场,会审处多择郊外荒地、坟地杀人,烈士们的遇害处多数是在镇江北门外,具体地点为今解放军三五九医院以北、烈士陵园以东。当时这一片地是城墙外的荒坡地,无主坟墓很多,群众称之为乱葬坑。省政府一般是每星期二、五开会讨论,星期三、六枪决犯人。枪毙人的当天,推迟放风时间,警察荷枪实弹,如临大敌,一片紧张气氛。看守打开号子的门,高喊某人出来,然后是一阵镣铐着地的声音,伴随着口号的声音,由近而远,渐渐消失,如果在北固山附近行刑,在狱中还可以听到枪声。也有部分人被杀害于桃花坞、凉蓬山、宝盖山等荒山荒地上。

四、国民党"江苏省临时军法会审处"的罪行

会审处仇恨人民革命,效忠国民党反动派,在镇江杀害了许多优秀的共产党员和革命群众。

首先,会审处不按法律程序审判。各县抓到人后,以酷刑逼供,制造假证,立成卷宗,而后将被捕之人送交镇江会审处。会审处既不开庭审问,也不核对事实,就凭卷宗材料予以判刑,他们根据各县送来的材料,不公开审判,不允犯人答辩,一人阅卷,六人会审就确定人犯的死刑。根本不允许犯

人不服上诉。从茅珏烈士遇害之事可见会审处权力之大。茅珏,海门人,被捕后,他父母卖田卖屋找门路,以救儿子之命,得到海门县党部发出公函为之申诉,证明茅珏不是中共党员,未参加农民暴动。这份公函经省党部转呈省政府,省政府主席叶楚伦还在公函中写了"交军法会审处参考"转送会审处。会审处毫不买账,仍然判处茅珏死刑。镇江解放后,茅珏之弟茅理检举钱家骧,钱家骧也承认会审处未按海门县党部和江苏省党部要求从宽处理的事实,他说:"会审处讨论这公函时,叶楚伦批文只说参考,并无成见,从海门县送来的卷宗看,茅珏参加暴动是确实的,我们还是依法办事,判茅珏死刑。"海门县党部、江苏省党部之发函、省主席的批语,他们均可置之不理,可见其杀人权力之大。

其次,会审处滥用死刑,杀人如麻,连孕妇也不放过。会审处的审判程序是一人审阅卷宗,提出判处意见,六人会上通过。所以送到会审处的人犯,很快就被杀害。涟水县送了33名参加农民暴动的共产党员和农民到镇江,其中有14人被会审处杀害。萧县(原属江苏省,今属安徽)1931年初送了5名参加散发革命传单的青年到镇江,4月11日全部遇害,其中最大的才19岁。1931年1月下旬,无锡送来13名革命者,其中有位女同志冯金妹,怀孕六月在身,会审处仍十分残酷地将这位怀孕的女共产党员绑至刑场予以杀害。

会审处除审判杀害各县送来的共产党人和革命群众,对已经被法院判处徒刑、正在各地监狱执行的共产党员也不放过,提至会审处重新审判。1931年1月下旬,苏州监狱送了35人至会审处,2月14日即将原任松江县委书记的袁世钊杀害,2月24日,他又杀害了徐家瑾、陈伯坚、曹起晋、黄子仁等4位县委级的共产党员,对个别证据不足的共产党员即使不杀也从重判处,如镇江县委军事干部陈小三子、无政府主义者马达原判徒刑5年,由苏州押解至镇江后,均重新判处,陈小三子被判20年徒刑,在海门县监狱执行时,受折磨而死。

会审处杀人之快令人咋舌。根据1931年2月《新江苏报》所载,2月11日杀害3人,2月14日杀害9人,2月24日杀害17人。简直是草菅人命,杀人如麻。

会审处究竟杀害了多少中共党员和革命群众,迄今无法查清。20世纪70年代和90年代,我们曾赴南京第二历史档案馆、江苏省高级人民法院、江苏省公安厅查找历史档案,均未发现会审处的历史卷宗。全国保存完整的《申报》及镇江的地方报纸《新江苏报》只登载了1931年1月、2月会审处枪杀共产党人的消息,从1931年3月开始即不再报道此类消息,连共产党的重要人物、红十四军军长李超时1931年9月19日在镇江遇害一事,这两份报纸均无只字报道。1931年4月11日怀孕6个月的冯金妹遇害,同时殉难者共11人,《申报》《新江苏报》也未报道这一新闻。《申报》在镇江设有通讯站,《新江苏报》是镇江民办的大报,为什么在最初两个月不但报道了遇害者的姓名,且注明遇害者的年龄、籍贯,而杀人最多的3月、4月却无只字报道?分明是会审处杀人过多,也有忌讳,改公开枪杀为秘密杀害,禁止新闻媒体采访与报道的原因。

1981年,镇江党史办公室与烈士陵园曾联合发出公函致全省各县民政部门,请大家提供牺牲于镇江的烈士情况;近期,镇江烈士陵园又分赴各地民政部门调查,许多县向我们提供了牺牲于镇江的烈士资料,但无法提供全部烈士姓名及资料。我们根据当年报纸所载的烈士名单,按其籍贯向有关县核对时,有的县不仅证明我们提供的名单确实无误,而且补充了我们所不知的烈士情况;有的县能证明部分人确系该县烈士;有的县不仅对我们提供的名单一无所知,甚至不知有人牺牲于镇江。由于无历史档案可查,当年报纸又被禁止发表杀害共产党员的新闻,各地民政部门又难以提供全面真实情况,所以无法查清军法会审处在镇江杀害中共党员和革命群众的准确数字。

经多年、多方面的调查,我们目前只获取了146名烈士的姓名,据当年被会审处判处徒刑、新中国成立后尚健在的几位老同志回忆和分析,1930年底至1931年秋、1932年10月至1933年9月,约有300名以上共产党人和革命群众在镇江遇害。

从以上几个方面可以看出,国民党江苏省临时军法会审处是以蒋介石为首的国民党反动派镇压革命力量、屠杀共产党人的罪恶产物。烈士的鲜血浸透了镇江的土地,镇江的北固山是江苏的小雨花台。我们应当永远牢记这血写的一页,永远记住这段腥风血雨的历史。

(本文原收录于《烈士与纪念馆研究》,上海人民出版社,2009年)

镇江地区早期中共党组织的建立

1920年8月,上海共产党早期组织正式成立。随后,北京、武汉、东京、长沙、济南、广州、法国等共产党组织相继成立,这些早期党组织的建立为中国共产党一大的召开做好了准备。1921年7月,中国共产党第一次代表大会在上海召开,标志着一个崭新的政党——中国共产党在中华大地上诞生了。星星之火,可以燎原。在中国共产党的领导下,党的队伍不断壮大,党的组织在各地纷纷建立。

镇江的党组织何时建立?是如何建立的?让我们循着历史的轨迹去追

寻、去了解。

一、中共镇江党组织建立的思想准备

五四运动的爆发使新文化运动得到了传播,并逐步向中小城市扩展和延伸,新文化运动的深入发展为马克思主义的传播创造了条件。

五四运动爆发后,镇江青年知识分子组织进步团体,创办进步刊物,宣传新思想、新文化。镇江进步青年嵇直积极动员群众参加反对卖国、抵制日货的斗争,同时,广泛开展各种新文化活动。他与杨植之、陈斯白、杨贯之、戴百川等进步青年一起共同创办了纪念五四运动的社团组织——"己未星期演说会",定期举办各种专题演说活动。丹阳的青年知识分子通过在学校教授白话文、讲普通话、兴办平民义务学校、组织通俗演讲团、创办《觉悟民权报》副刊等形式,广泛宣传新文化。黄竞西于 1920 年 8 月在上海出版的《民国日报》副刊《觉悟》上发表《表姐的绝命书》,宣传妇女解放思想;戴盆天在家乡吕城组织"范社",广泛开展新文化运动。

随着新文化运动的深入开展,国内许多宣传新文化、新思想的报纸、杂志经由各种途径传到镇江,马克思主义思想在镇江的知识青年当中开始得到传播。20 世纪初,镇江启润书社出售《新青年》等进步杂志,嵇直曾通过这个书社订阅《先锋》《新潮》、国立北京大学法学院创办的《社会科学季刊》等。1920 年初,嵇直考入苏州东吴大学,与几位青年创办了油印刊物《探索》,进一步探索救国救民的道路。他更把自己的收获传给镇江的陈斯白等人,并带去了很多社会科学的书,对镇江进步青年接受马克思主义发挥了很大的作用。马克思主义在镇江的初步传播,为共产党组织在镇江的建立提供了思想基础。

二、中共镇江党组织建立的条件准备

1924 年,国共实现第一次合作,中国共产党党员以个人身份加入国民党,并帮助国民党在全国各地建立和发展地方党组织。

(一)国民党镇江党组织的建立和共青团组织的建立

1922 年 2 月,嵇直奔赴上海,3 月加入中国社会主义青年团,成为职业革命者。在上海,他结识了恽代英、侯绍裘、张秋人等一批著名的革命者。1924 年 6 月,嵇直陪同恽代英到镇江做社会调查,并将陈斯白、杨植之等人介绍给恽代英。1924 年下半年,共产党员陈景福在萧楚女的指导下,加入了国民党,并来到镇江开展国民党的组织发展工作。同年底,成立了由陈景福、杨植之、陈斯白、柳健和黄如鸿组成的 5 人中国国民党镇江小组。1925年 5 月,镇江国民党第一区分部成立,党员 7 人,柳健为常务委员,陈景福为组织委员,陈斯白为宣传委员。五卅运动后,一批热血青年纷纷要求加入国民党,党员数量不断增多。1926 年夏,成立国民党镇江第一区党部,有党员

51人。后又成立市党部,到1927年4月底,共发展党员300余人。

中共党员陈景福在发展国民党党员、建立国民党组织的同时,在镇江积极筹建共青团组织,多次向团中央汇报、请示工作。1925年秋,上级团组织派中共党员曹壮父到镇江筹建团组织。经陈景福介绍,江苏省立第九师范学校的学生胡健民、闵春华、阎颂仁等入团,共产主义青年团镇江特别支部也随之成立,胡健民为支部书记。

国民党镇江党组织的建立和共青团组织的建立,为中共镇江党组织的建立创造了条件。

（二）国民党丹阳党组织的建立

1924年3月1日,国民党上海执行部成立,管辖江苏、浙江、安徽、江西4省。开始在江苏各地组建国民党地方组织。上海执行部以胡汉民的名义,在《民国日报》上刊登启事:"凡以党事见询者,请通函上海法租界环龙路44号。"丹阳的进步青年戴盆天、黄竞西等相约致函上海询问入党事宜,执行部寄来了国民党党章和三大政策等资料。他们认真阅读后,认识一致,遂与上海执行部建立通信往来。同年夏天,戴盆天、钱正表受丹阳青年之托,到上海国民党执行部联系入党手续,胡汉民、毛泽东接见并同意他们加入国民党。随后黄竞西、夏霖等也相继加入国民党。在夏霖家秘密成立了国民党丹阳区分部,直属国民党上海执行部。以后又发展了一批党员。1925年7月,区分部改建为国民党丹阳县党部,在城厢、吕城等地相继建立了4个区分部,有党员100多人。

（三）国民党句容党组织的建立

1927年,北伐的国民革命军进驻句容,十七军二师政治部派指导员上官芬接管句容县政府,3月24日由骆继纲、巫宝山组成国民党句容县临时县党部。蒋介石发动"四一二"反革命政变,进行"清党",解散国民党临时县党部,由上官芬及六七名青年知识分子组成的临时县党部成员纷纷逃离。

（四）国民党扬中党组织的建立

1927年北伐战争前,由中国国民党江苏省党部派赵柏诚率田向瑞、夏全伦、吴宗源等到扬中组成中国国民党江苏省扬中县特别委员会,吴宗源为常务委员,田、夏分任宣传、组织部长。北伐时,军阀取道扬中阻击国民革命军,吴、田等回南京,中国国民党江苏省党部又派人回扬中组成中国国民党江苏省扬中县临时执行委员会,但遭军阀搜捕,临时执行委员会尚未开展工作,即奉令回省,直到1928年7月才由省党部派人来组成"扬中县党务指导委托会",吸收一批党员,并设区分部。

三、中共镇江地方党组织的相继建立

国民党丹阳区分部建立后，中共党员恽代英、侯绍裘、刘重民、董亦湘等早期革命家先后来丹阳、镇江等地，通过结识进步青年、发放进步书刊、发表演讲等形式，宣传马克思主义，传播革命火种，为建立中共党组织做了准备。

（一）中共丹阳党组织的建立

1925年4月，经恽代英、侯绍裘、刘重民等中共早期革命家介绍，戴盆天、黄竞西、夏霖、钱正表、吴起文加入了中共党组织，在丹阳县第二高等小学秘密宣誓，成为丹阳第一批中共党员。5月间，中共丹阳支部建立，属上海地委领导，负责人为戴盆天。丹阳第一个中共党组织成立。9月，中共丹阳支部改建为中共丹阳独立支部，由黄竞西任临时书记，11月起任书记。1926年4月，戴盆天、黄竞西调至省里工作，由夏霖担任书记。中共丹阳独立支部成立后，发展了姜寄生、蒋子樵、汤醒白、张连生、管文蔚入党，并根据上级党组织的批示帮助扬州、常州、无锡等地建立国民党组织。1927年4月12日，蒋介石在上海发动反革命政变，随后在江苏、浙江等地"清党"，对共产党人和革命群众进行疯狂屠杀，国民党丹阳县党部左派被迫解体。5月，夏霖带着党的使命回到丹阳，并组织召开了党员会议，成立了中共丹阳临时委员会，由夏霖为书记，张连生、姜寄生、何霖、颜辉、管文蔚为委员，领导党员和革命同志坚持斗争。7月初，正式成立中共丹阳县委员会，夏霖为书记，委员有管文蔚、姜寄生、汤醒白、何霖。

（二）中共镇江党组织的建立

1927年4月，中共江苏省委派夏继尘（管文蔚）为特派员，负责镇江、金坛、句容、丹阳、扬中5个县的组织发展工作，管文蔚秘密来镇，并决定以镇江为立足点开展恢复、建立党组织工作。他首先发展了在镇江总工会工作的闵春华入党，随后又发展了在总工会工作的阎颂仁、何国魂、杨义宣、刘治昌和数名铁路工人入党，同年11月建立中共镇江支部，由闵春华任支部书记。1928年夏，建立起党支部7个，发展中共党员67名。7月4日，由13名代表参加的中共镇江县党员代表大会召开，管文蔚主持了会议。省委派夏采曦到会作形势任务报告，会议选举闵春华任县委书记，县委机关设在万古一人巷赵宅内。

（三）中共句容党组织的建立

1927年11月，句容成立中共党小组，党员6名，后发展到17名。1928年4月，成立了中共句容党支部；同年7月，中共江苏省委派陈剑平来县指导工作。1929年3月8日，中共句容县委员会成立，辖2个支部、28名党员。

（四）中共扬中党组织的建立

中共丹阳支部成立以后，丹阳等地的中共组织曾派员到扬中传播马克思主义，宣传共产党的主张，物色建党对象，并于1926年在扬中发展一名党员。1928年，中共镇江县委在扬中发展中共党员2名，其职业为裁缝、铁匠。同年夏，中共江阴县委率红军游击队来扬中活动。12月，游击队从武进组织游击队员、暴动农民奔袭扬中公安局，分粮救济贫苦农民。1932年夏，中共江阴县委来扬中开展建党工作，发展党员19名，成立扬中第一个中共党组织——中共太平洲支部，隶属中共江阴县委领导。

镇江地区的中共党组织建立以后，纷纷组织开展工运、学运，并积极组织开展农民暴动，尤其是在国民党反动派发动反革命政变，大肆捕杀共产党人和革命同志的白色恐怖之下，与敌人进行了不屈不挠的斗争，并在斗争中不断发展壮大了党的组织。

（本文原收录于《共和国建设档案》，中国文化出版社，2011年）

江海播火种　北固洒热血
——李超时将军与红十四军

20世纪30年代初，在江苏大地上活跃着一支工农武装力量——中国工农红军第十四军。红十四军的历史虽然只有短短的7个月，却在敌强我弱的困难条件下，与苏南、苏北地区的革命武装互相配合，开展革命游击战争，创立革命游击区，英勇地战斗在长江北岸、黄海之滨。李超时是红十四军的创建者和领导者，曾任红十四军军长兼政委，2011年是李超时将军牺牲80周年，谨以此文，追思壮举，缅怀英灵。

一、李超时烈士简介

李超时，原名李振华，曾化名张振华，1906年2月1日出生，江苏邳县（今邳州市）人，19岁考入徐州省立第十中学读书，1926年加入中国共产主义青年团。1926年12月考入中央军事政治学校武汉分校，同年加入中国共产党。历任共青团徐州地委学运委员、学委书记，中共邳县特别支部书记，中共东海县委、中心县委书记，中共通海特委书记，中国工农红军第十四军军长兼政委，中共江苏省外县工作委员会委员、省委巡视员等职。1931年6月，李超时偕夫人吕继英奉命赴苏北检查工作，途经镇江火车站时，被国民党特务盯梢而被捕。同年9月19日在镇江北固山壮烈牺牲。

二、红十四军概述

20世纪20年代末，通海如泰地区农民武装斗争风起云涌。1930年，根据中共中央军事委员会决定，将活动在江苏通海、如皋、泰兴地区的农民武装组建成红十四军。当年4月3日,中国工农红军第十四军于如皋县贲家巷建军。何坤(李维森)任军长,李超时任政治委员,薛衡竟任参谋长,余乃诚任政治部主任,下辖第一、第二支队。红十四军成立后,转战江海平原,打土豪、分田地,创立苏维埃政权,威震大江南北。4月中旬,红十四军进攻如皋县老虎庄未克,何昆牺牲,李超时继任军长兼政治委员。4月下旬,进攻顾高庄未克。6月,第一、第二支队改称第一、第二师,共1300余人。8月初,红十四军进攻泰兴县黄桥镇时遭受重创。8月27日,红十四军二师四团六营会同五万余农民,攻下有"苏南交通要道"之称的南通市五楼桥。9月,由于国民党反动派的军事"围剿",红十四军主力被敌人打散,余下少数部队转移到中央苏区,红十四军的战斗历程至此即告结束。

三、李超时与红十四军

1929年秋天,江苏省委决定成立党的通海特区委员会,任命李超时同志为书记,何昆、王玉文、张辛(吴锡仁)、陆克、石钧(刘瑞龙)、顾臣贤等同志为委员。11月18日至26日,中共江苏省委在上海召开了全省第二次代表大会,李立三、周恩来、项英等中央领导参加了会议。会上李超时和刘瑞龙汇报了通海地区的工作,中央和省委负责同志听了很感兴趣。省二大后,党中央同意省委建议,决定在苏北成立中国工农红军第十四军,由李超时同志负责筹建工作。李超时当即在上海草拟了红十四军的编组计划,同时组织人员将上级派往红十四军的一批军事干部安全护送至如皋西乡。

为了筹建红十四军,李超时曾到各个游击区考察,并向省委提出了一些建议。中共江苏省委先后派何坤、徐德、黄火青等大批熟悉军事的干部来加强部队工作,任命何坤为红十四军军长,李超时为政治委员,薛衡竟为军参谋长,余乃诚为军政治部主任,徐德、黄火青分别为如泰边境和通海边境的军事特派员。与此同时,省委还陆续向游击区输送了各方面的干部。

1930年2月,通海区召开了各县县委书记联席会议,按照党的省二次代表大会决议和省委指示,讨论了通海如泰地区的政治形势和工作路线。会上,李超时根据通海地区的革命斗争形势,结合红四军1928年在中央苏区战斗中总结出来的游击战争的基本原则,即"敌进我退,敌驻我扰,敌疲我打,敌退我追"的16字方针,主持起草了《通海政治状况和党的工作路线的决议案》和《游击战争行动大纲》。会议还研究了红军游击队的编组、干部选拔、建立指挥机关,以及在基层建立党团组织、开展政治工作等问题。会后,李超时和何昆一起,对通海地区红军游击队进行了编组。同年3月,中共通海特区委员会正式成立,李超时任书记。

1930年4月3日,通海特委和红十四军军部在如皋西南乡贲家巷召开了有数万军民参加的大会,宣布红十四军正式建立。4月16日,军长何昆在攻打老虎庄的战斗中牺牲。5月，省委任命李超时为红十四军军长兼政治委员。

1930年6月，李超时决定将部队从通海地区转移至如泰地区休整。在如泰地区，李超时亲自主持了红十四军的整编工作，按照军、师、团、营的建制，将一、二支队改编为第一、二两个师，不久又将启东大队扩编为第三师。与此同时，李超时加强了部队的政治思想工作，健全了各级部队的政治机关，并规定政治部的任务除了加强部队的思想政治工作外，还要发动群众，扩大红军，进行土地革命。整编后的红十四军提高了战斗力。6月中旬，国民党军队对红十四军一师活动的地区进行"八路围剿"。李超时指挥部队伏击，将敌先头部队一个连大部歼灭，迫使其他各路敌军慌忙撤退。随后，红十四军取得了一系列战斗的胜利，革命力量不断壮大。

如火如荼的工农红军运动使南京国民党中央政府惶惶不可终日，为了消除"心腹之患"，国民党加紧了对红十四军的进攻和围剿。当时李立三"左"倾错误思想在党中央占统治地位，红十四军受其影响较重，加上缺乏斗争经验，过高估计了革命力量，红十四军在对敌斗争中，在敌强我弱的形势下，采取了冒险的进攻策略，导致了红十四军的失败。8月3日，李超时亲自指挥，发动数万农民配合，在国民党"苏北剿共总指挥部"驻地黄桥举行总暴动，围攻黄桥镇，最后暴动失败。9月9日，李超时带领部分红军在如皋南乡的田家埠召开群众大会，被叛徒引敌袭击，红十四军失利，被迫化整为零，分散进行游击活动。

同年10月，李超时带着深刻的教训，奉命回省委参加反"立三路线"斗争，后留省委任外县工作委员会委员、省委巡视员。1931年6月26日，李超时奉省委指示偕怀有身孕的妻子吕继英由上海去徐海蚌地区巡视工作，途中被敌人盯上，在镇江火车站被捕，面对敌人的严刑拷打和威逼利诱，李超时与敌人展开了不屈不挠的斗争。同年9月19日，李超时从容就义于镇江北固山下。牺牲前他对难友们说："我们牺牲了，江北的工作是不会完的，革命的烈火是扑不灭的，共产党一定会胜利，活着的人一定要斗争！"

红十四军虽然失败了，但革命的火种已在江海大地上传播，在人民群众的心中熊熊燃烧。以何坤、李超时等为代表的红军将士不怕流血牺牲、英勇奋斗的革命精神，将永远被人民所铭记。

中共中央政治局委员、中央书记处书记、中央组织部部长李源潮多次到镇江烈士陵园祭扫李超时烈士，并先后写下了两首诗："千年北固祭英魂，江涛不息警后人。松柏丛中红枫火，俱是壮士血染成。""百年激荡英雄出，将军热血今有无。舍生取义入青史，回眸遗愿成宏图。"表达了对烈士的敬仰和缅怀之情。

（本文原收录于《烈士与纪念馆研究》，上海人民出版社，2012年）

第二节　教育宣传

"褒扬烈士、教育群众"是烈士陵园的根本宗旨;通过多种形式宣传烈士精神,并以此教育广大群众是烈士陵园的重要职能。《烈士褒扬条例》规定:各级人民政府应当把宣传烈士事迹作为社会主义精神文明建设的重要内容,培养公民的爱国主义精神、集体主义精神和社会主义道德风尚。机关、团体、企业事业单位应当采取多种形式纪念烈士,学习、宣传烈士事迹。各级人民政府应当组织收集、整理烈士史料,编撰烈士英名录。《烈士纪念设施保护管理办法》规定:各级烈士纪念设施保护单位应当根据人民政府安排,开展烈士史料征集研究、事迹编撰和陈列展示工作,组织烈士纪念活动,宣传烈士的英雄事迹和高尚品质。教育宣传工作主要有以下几方面:

一、烈士资料的编撰

烈士资料的编撰是烈士纪念设施保护单位教育宣传工作的重要内容。《国家级烈士纪念设施保护单位服务管理指引》要求:加强文献史料、烈士英雄事迹的搜集整理和研究编撰,深入挖掘不同历史时期烈士精神的实质内涵,增强教育宣传的针对性和时效性。可见,通过对烈士资料的研究,挖掘具有时代精神的内容,编写具有真实性、教育性、可读性的宣传资料,以烈士的英勇事迹和崇高精神品质教育广大群众尤其是青少年,是烈士纪念设施保护单位开展宣传教育的重要方法和手段。

1. 编撰烈士英名录

为了让烈士的英名永镌史册,烈士纪念设施保护单位需对搜集到的所有烈士资料进行整理,根据历史时期和牺牲时间,将烈士分类归纳,撰写简介,编撰烈士英名录。烈士英名录一般应包含烈士出生年月、出生地(或籍贯)、参加革命时间、入党时间、所在部队(或工作单位)、职务、牺牲时间、如何牺牲等信息。烈士英名录中收录的烈士主要是本地或外地牺牲在本地的各个时期的烈士,名单应尽可能全面,随着所掌握的烈士资料的增多,应及时增补,以使烈士的英名和事迹能够永昭后人。

2. 撰写烈士传记

烈士传记是烈士资料的有效记录形式,在掌握大量烈士资料的基础上,根据各种书面的、口述的回忆、调查等相关材料,加以选择性地编排、描写与说明,对烈士的生平、生活、精神等领域进行系统描述,揭示烈士精神和高尚品质。编写烈士传记是教育宣传工作的重要内容,对于资料全面的烈士应做到一人一传,详细记录烈士的人生轨迹和英雄故事;对资料不全面的烈士,应编写烈士简介,介绍烈士故事。

撰写烈士传记必须遵循真实性原则,叙述内容必须有史实根据,每件事迹都必须说明它的实质,且要和当时的社会背景等联系起来,科学地阐明和评价每位烈士及其事迹。要从大量准确而丰富的史料中找出烈士身上最突出、最具闪光点的东西,通过创作,记载烈士的光辉史迹,体现烈士强烈的爱国情怀和崇高品质。撰写烈士传记也是对文物史料进行挖掘、梳理和利用的过程。[①]

3. 编写英烈故事

编写英烈故事的方法,可以是选取某一个著名烈士来写,可以是某个群体的烈士故事,可以是将某个时期的烈士故事集中编辑在一起,也可以将各个时期的重要烈士故事一起编写。编写英烈故事的形式,既可以是单本的图书,也可以是系列图书;既可以是文字的故事,也可以是插图本或连环画。编写的英烈故事要注重可读性和趣味性,对青少年开展教育时,才能产生较理想的效果。

4. 编写宣传画册

宣传画册是通过图片和文字的形式,对烈士纪念设施保护单位进行宣传的印刷物,内容包括对烈士纪念设施保护单位的简介、烈士纪念馆的介绍、烈士纪念设施、重点烈士事迹介绍等。宣传画册具有说明性、概要性,编辑人员在掌握大量文史资料的基础上需对文史资料和保护单位的资料作高度凝练的概括。

5. 拍摄教育片

为了生动、直观地对群众开展爱国主义教育,烈士纪念设施保护单位在对烈士史料研究、挖掘的基础上,拍摄反映烈士精神的影视教育片,通过向公众播放的形式进行宣传。教育片有传记型、艺术创作型等形式。传记型教育片主要是指通过史料和画面把烈士的生平事迹用影视片的表现手法拍摄出来。传记型教育片要绝对尊重史实,需保证内容的真实性,适合在纪念馆展厅内展示。如镇江烈士纪念馆拍摄的《五月的鲜花——许杏虎、朱颖烈士事迹》一片,通过对烈士大量图片、文物,以及生前生活学习工作的场景、地点等的拍摄,真实记载了这对年轻的夫妇为了世界和平牺牲生命的事迹。这部教育片就放在展区内,滚动播放,具有很大的信息量,丰富了陈展的内容。艺术创作型教育片是作者在掌握大量史料的基础上,通过艺术创作,用影视片的表现手法拍摄成的教育片。艺术创作型教育片要基本尊重历史史实,可以有虚构的情节和描写。这类教育片更生动,更具感染力,如电影《红

---

① 吕巍:《浅谈烈士传记的写作》,《神州》,2011 年第 8 期。

岩》,人物有原型,史料有记载,但加入了作者的艺术创作,公开放映后收视效果更佳,传播的范围也更广。

二、烈士纪念活动

烈士纪念设施保护单位担负着弘扬烈士精神、教育人民群众的光荣使命,是开展爱国主义、集体主义、社会主义教育的重要基地。《烈士安葬办法》要求:在清明节等重要节日和纪念日时,机关、团体、企业事业单位应当组织开展烈士纪念活动,祭奠烈士。2013 年 7 月,中共中央办公厅、国务院办公厅、中央军委办公厅印发了《关于进一步加强烈士纪念工作的意见》,对烈士纪念设施保护单位开展烈士纪念工作作了具体的指导,要求各地广泛开展纪念烈士活动。因此,利用清明节、重大纪念日开展多种形式的烈士纪念活动是烈士纪念设施保护单位的基础性工作。《国家级烈士纪念设施保护单位服务管理指引》规定:抓住节假日、重要纪念日等参观、祭扫人员集中的有利时机,开展形式多样的主题教育活动,采取专题展览、烈士英雄事迹宣讲、红色经典影视展播等多种形式,广泛宣传烈士精神和优良传统。结合形势要求、针对不同的对象,烈士纪念活动可以采取不同的形式,做到活动内容丰富、形式多样、主题鲜明,有新意,有吸引力,才能取得显著效果。这里介绍一些不同形式的烈士纪念活动,以供借鉴。

(一)瞻仰烈士纪念设施

这是一项常规性的纪念活动。祭扫单位和群众来到烈士纪念设施保护单位开展爱国主义教育,首先要瞻仰和参观烈士纪念设施,一般是先瞻仰烈士纪念碑,在纪念碑前举行祭扫仪式,仪式结束后再参观烈士墓地、纪念馆等其他烈士纪念设施。

一般祭扫仪式如下:

1. 主持人向烈士纪念碑(塔等)行鞠躬礼,宣布祭扫仪式开始;
2. 奏唱《中华人民共和国国歌》;
3. 朗诵祭文;
4. 向烈士敬献花篮或者花圈,奏《献花曲》;
5. 整理缎带或者挽联;
6. 向烈士行三鞠躬礼或默哀;
7. 参加祭扫人员瞻仰烈士纪念碑(塔等),播放《国际歌》。

参观烈士墓(区)活动的人员可向烈士墓献小白花或鲜花(黄、白色菊花为常用花)。参观烈士纪念馆主要是观看烈士事迹展览,听讲解员讲解。

以上是基本的祭扫程序和活动内容,根据各单位的活动主题和安排,也可以在祭扫程序中增加其他活动内容,或者在其他烈士纪念设施前开展悼念活动。

（二）烈士事迹宣讲

《国家级烈士纪念设施保护单位服务管理指引》规定：积极开展共建活动，有计划地组织流动小分队，深入机关、企业事业单位、社区、农村、学校、驻军等开展巡回展览和宣讲活动，宣传烈士英雄事迹。

烈士事迹宣讲是通过宣讲感人、生动的烈士事迹和高尚品格去熏陶、感染人们，将烈士褒扬工作中可看与可听的内容结合起来，使烈士的精神更加深入人心。烈士纪念馆对烈士事迹的展览是静态的，需要参观者自己去看、去思考、去领悟。

烈士事迹宣讲（一）

因受版面限制，纪念馆也无法做到将烈士的事迹进行全方位的展示。而烈士事迹的宣讲则是一种动态的形式，通过讲解员生动的口头语言表达和肢体语言的展示，将某一个烈士的事迹通过讲故事的形式全面深入地呈现给大家，可以弥补陈列展示中的不足，这一形式更能打动人心，取得良好的教育效果。

烈士事迹宣讲（二）

烈士事迹宣讲（三）

烈士事迹宣讲活动不受场地限制，可以在烈士纪念设施保护单位内开展宣讲活动，也可以走出去，深入学校、社区、部队、企业事业单位宣讲，是展馆宣传的延伸。宣讲内容可以结合宣传形势、听讲对象等自由选择。如，2015 年是抗日战争胜利 70 周年，可选择抗战英烈的事迹进行宣讲。针对青少年听众，可选择一些少儿烈士的故事进行宣讲，会更有吸引力，更能引起少儿的共鸣。2004 年清明期间，镇江烈士陵园成立了"北固红枫"烈士事迹宣讲团，义务开展烈士事迹宣讲 400 余场，取得了良好的宣传效果。

宣讲员不仅仅局限于纪念馆的讲解员，既可以是纪念馆的专职讲解员，也可以邀请部分烈士亲属、党史专家,还可以从社会上招募义务讲解员。镇江烈士陵园曾在全市开展了"我是红色宣讲员——少儿英烈故事大赛",在全市所有的小学中选拔了10名优秀少儿讲解员,并组织这些小讲解员到学校开展烈士事迹巡回宣讲活动。他们的讲解更生动,更符合少儿的心理需求,达到了意想不到的效果。邀请烈士的亲属参加宣讲活动也是不错的选择,烈士亲属以他们的亲身经历教育群众,更能打动人心。镇江烈士陵园曾请著名抗日英烈巫恒通的儿子巫健柏宣讲其父亲的事迹,每讲到自己在11岁时被日本人掠去狱中劝降父亲、父亲如何教育他的情景时,听众无不为之震撼,禁不住潸然泪下,感叹烈士的坚贞与不屈,这些宣讲效果是其他讲解员无法达到的。

"北固红枫"烈士事迹宣讲

(三)网上祭扫

《国家级烈士纪念设施保护单位服务管理指引》规定:加大网络教育宣传力度,定期更新丰富中华英烈网展示内容,有条件的可建立专门门户网站,为社会公众提供网上祭扫和学习交流平台。

到烈士纪念设施保护单位祭扫先烈,"一凭吊,二参观"是传统的祭扫模式。随着现代化信息技术的发展,祭扫先烈的形式不断创新,网上祭扫便应运而生。传统祭扫时,祭扫者必须到烈士纪念地,必须在烈士纪念设施保护单位的上班时间,而网上祭扫不受时间、地点和空间的限制,随着智能手机的普遍使用,人们随时随地都可以通过网上纪念馆祭扫先烈。

网上祭英烈(一)

2014 年,中宣部、中央文明办、教育部、民政部决定以清明节为契机,在全社会广泛开展"纪念先烈·报效祖国·圆梦中华"活动,要求各地开展"网上祭先烈"活动,各主要网站在首页显著位置开设"网上祭先烈"栏目,动员社会各界网上祭扫,刊载各地各有关部门开展活动情况;要求开展手机段子传播活动,通过手机报、短信、彩信、微信、微博等进行传递。中国文明网在"我们的节日·清明"版块专设了网上祭英烈栏目,民政部开办的中华英烈网也开设了网上祭英烈栏目,为全国网民开展网上祭英烈提供了平台。全国许多烈士陵园也都创办了富有地方特色的纪念英烈网站。

镇江烈士陵园早在 2004 年就开通了"镇江烈士褒扬教育网",将所有烈士的资料输入网页中,便于群众查询学习。教育网对陵园的纪念设施进行

网上祭英烈(二)

介绍,及时公布陵园的活动信息,全方位地宣传烈士精神和陵园工作,点击率达到了 300 余万人次。近年,镇江烈士陵园又开通了陵园博客,增强了与群众的互动功能。随着微信等现代信息的发展,宣传的平台将进一步增加。2015 年,在全国两会上,国务院总理李克强在《政府工作报告》中首次提出"制定'互联网 + '行动计划,虽主要针对经济领域,但烈士纪念设施保护单位也应与时俱进,积极运用互联网平台,将阵地教育与互联网教育相结合,不断拓宽网络教育的形式,增强宣传教育的广度和深度"。

(四)图片展览

图片展览是指通过大量生动、直观的图片展示烈士事迹。这种图片集中展示和巡回展览的方式,是对烈士纪念馆展出内容的延伸,弥补了烈士纪念馆展示方式固定、展示内容不够全面深入的不足,同时还起到了向群众普及和宣传历史知

图片展览(一)

识的作用。图片展览可以结合重大纪念日、烈士牺牲纪念日或重要事件等适时制作展板,对群众广泛开展爱国主义教育。

在纪念抗日战争胜利 50 周年之际,镇江烈士陵园策划了"侵华日军在镇暴行图片展",并从南京大屠杀纪念馆引进了"侵华日军南京大屠杀暴行史料展",以大量翔实的人证、物证、史料等历史性图片,揭露了侵华日军在中国的暴行。活动持续了半个月,10 余万人参观了展览。这一展览活动使人们重温抗战历史,缅怀抗日英烈,揭露日寇在中国犯下的滔天罪行,弘扬抗日御侮的爱国主义精神,增强人们居安思危的忧患意识。上海龙华烈士陵园主办的"我爱你,中国——国旗、国歌、国徽"展览,促进了社会各界对国旗、国歌、国徽知识的了解,激发了人们的爱国热情。在辛亥革命 100 周年、中国共产党建党 90 周年和"北固英烈"殉难 80 周年之际,镇江烈士陵园举办了"历史的记忆,光辉的历程"图片展,用 200 多幅珍贵图片,集中再现了中国百年历史的征程及镇江革命者和共产党人的不朽业绩。

1999 年 5 月 8 日,以美国为首的北约无视中国的领土和主权,悍然袭击我驻南斯拉夫大使馆,光明日报社记者许杏虎和妻子朱颖不幸为国殉难。为了表达对烈士的缅怀之情,镇江烈士陵园积极行动,组织人员赴烈士家乡、学校和工作单位搜集资料,举办烈士事迹展。当年 6 月 2 日,镇江烈士

图片展览（二）

陵园举行了首展仪式，通过 150 多幅照片，将两位烈士短暂而美好的一生展示给了观众。之后，展览赴南京、扬州、深圳、烈士家乡丹阳等地展出，反响热烈。在许杏虎与朱颖牺牲后的很短的时间内便成功举办烈士事迹展，是对两位烈士最好、最及时的缅怀，也是烈士陵园服务现实的敏锐反应与成功作为。

（五）演讲活动

烈士纪念设施保护单位可将宣传热点与纪念烈士相结合，组织开展主题演讲活动。演讲者自己选材拟稿能达到自我教育的目的，听众通过演讲人员精彩的、富于表现力的演讲，能够在情感上得到共鸣。演讲活动应确定一个鲜明的主题，演讲者根据主题准备演讲稿，开展演讲。

演讲比赛

2004 年清明，镇江市烈士陵园结合江苏省提出的实现"两个率先(率先全面建设小康社会、率先基本实现现代化)"目标，以

"民族精神代代传——'学英烈、争率先、创业绩'"为主题开展了演讲比赛活动,旨在进一步弘扬和培育民族精神,增强镇江市广大群众尤其是青少年实现中华民族伟大复兴而努力的使命感和责任感,从而激发全市人民热爱祖国、建设家园的热情。来自机关、部队、学校经层层选拔的 8 名选手参加了最后的比赛,近千人聆听了演讲。选手们用充满激情的演讲表达了对先烈的缅怀之情和对祖国的热爱之情,并告诫人们要牢记历史、勿忘国耻、开创未来要为建设强大的新中国而努力奋斗。活动结束后,大家纷纷表示,这种演讲比赛形式的爱国主义教育活动是人生经历中难忘的一课,从演讲中了解到革命先烈们的丰功伟绩,懂得了中华民族艰苦卓绝的奋斗历程。演讲比赛活动,将学习先烈与全省实现"两个率先"目标结合起来,是烈士褒扬工作时代精神的体现,是烈士褒扬工作为时代服务的有益探索。

(六)演唱活动

以歌声颂扬英烈,以歌声歌颂伟大的祖国,是一种非常好的活动形式。在清明节或重大纪念日,结合宣传主题,通过高唱红歌的形式,广大群众借以缅怀为国家独立、民族解放而英勇献身的先烈,振奋民族精神,进一步

演唱会(一)

强化爱国主义和革命传统教育,自觉地在经典歌曲的精神鼓舞下奋勇前进,进而激发自己在今后的行动中更好地建设中华、繁荣家乡的爱国、爱乡热情,使革命精神得以永远传承。

1999 年,镇江市委宣传部等 16 家单位共同倡议,清明期间,在镇江烈士陵园举办"万人百歌颂英烈"演唱会,以演唱红军时期、抗日战争时期、解放战争时期的革命传统歌曲和歌颂社会主义建设及改革开放辉煌成就的歌曲为主,以歌声颂扬英烈的形式贯穿整个清明祭扫活动。举办"万人百歌颂英烈"演唱会的消息在新闻媒体上刊登,单位和群众可以向组委会自愿报名。陵园组织多场演唱活动,选拔优秀者参加。演唱会在烈士纪念碑前隆重举行,参加的群众有数千人。演唱者们演唱了《没有中国共产党就没有新中国》《欢呼镇江解放》《大刀向鬼子们头上砍去》《四渡赤水出奇兵》《歌唱祖国》等歌曲。市民们以高昂的热情深切地缅怀先烈、歌唱祖国,大家纷纷表示,这样的教育形式更形象、直观,效果更好。

演唱会(二)

演唱会(三)

其后,这一形式在继承中有所创新。如镇江烈士陵园举办的"欢乐家园"——纪念镇江解放50周年"丰碑颂"大型广场演唱会,将纪念活动、烈士褒扬、群众文化在一个命题下进行完美结合,为纪念活动群众化、烈士褒扬载体化、群众文化革命化积累了经验。为纪念"北固英烈"牺牲75周年和镇江市烈士陵园建园40周年，镇江烈士陵园举行了"北固红枫"大型文艺演出活动，所有节目均为原创，如大合唱《北固红枫》主题曲、戏曲联唱《北固英烈赞》等给人耳目一新的感觉，这是将单位建园庆典与纪念烈士活动相结合的一次尝试。"丰碑·风采"演唱会将烈士纪念与党员先进性教育结合在一起；"北固红枫"大型广场诗歌演唱会，将诗歌朗诵与歌曲演唱相结合，演唱形式和内容都在创新中得到了发展。

演唱会（四）

（七）吟诗会

"诗言志"，诗歌向来是表达情感、抒发心愿的传统形式。烈士纪念设施保护单位可以组织诗词楹联爱好者，通过举办吟诗会的形式，让人们尽情表达自己对烈士的崇敬和缅怀，将传统文化与纪念烈士相结合，是烈士纪念活动的一个很好的形式。

镇江烈士陵园从1990年起，就组织市松梅诗社的老同志在烈士

吟诗会（一）

陵园开展"清明缅怀先烈吟诗会","一岁一来一唱吟,一诗一祭一颗心",这一活动已开展25年,创作缅怀先烈的诗词作品数千首。2009年,陵园精选了1000余首,结集出版了《千古丰碑——缅怀先烈诗词集》,为烈士陵园文

吟诗会(二)

吟诗会(三)

化建设增加了一个新的亮点。2008 年开展的"北固红枫赞"大型诗歌朗诵活动,进一步扩大了吟诗会的规模,参与面更广,吟诵者的深情朗诵,激发了人们对烈士情感的升华。

(八)知识答题

向革命烈士交份满意答卷

烈士纪念设施保护单位既承担着弘扬烈士精神、宣传烈士事迹的重任,也承担着向广大群众特别是青少年普及爱国知识和党史知识的使命。知识答题和竞赛的形式能够把纪念烈士与学习中国革命史、地方斗争史、中国国情等内容融为一体,达到爱国主义教育内容与形式的有机统一,使活动更具参与性,更具感染力。

1995 年至 1997 年的清明节,镇江市烈士陵园与团市委等 6 家单位连续 3 年主办了"向革命烈士交份满意答卷"活动,活动以"缅怀先烈、振兴中华"为主题,以中国革命史、镇江革命史、中国国情及镇江基本情况为出题范围,在当地媒体上刊登答题,各单位可组织人员集中参加,市民也可自行参加。群众来陵园祭扫时,将答题卡投入陵园提前准备的答题箱内,也可通过邮寄的方式将答题卡直接寄至活动组委会。3 次活动共收到答卷 10 万余份,市委、市政府领导带头参加,从老红军、老干部、机关工作人员到普通市民,从耄耋老人到幼儿园小朋友,从单位到家庭和个人,人们用实实在在的答题向烈士交了份满意答卷,使爱国主义教育真正深入人心。答题活动也可通过知识竞赛的形式开展,镇江烈士陵园曾举办了"纪念抗战爆发 70 周年革命历史知识竞赛"等活动。

(九)栽花植树

栽花植树活动是指群众到烈士纪念设施保护单位缅怀先烈时,栽几株象征烈士精神的花木,通过为爱国主义教育基地做一件实事,绿化、美化烈士纪念地,寄托哀思、表明心迹,营造有利于开展革命传统教育和爱国主义教育的良好氛围和优美环境,让先烈们长眠在绿树和鲜花丛中。栽花植树活动可于每年 3 月植树节起,一直贯穿于整个清明祭扫活动期间。烈士纪念地则需提前做好整体规划、确定树种、划定区域、代购树苗等工作,并在媒体上事先发布植树信息。社会各界采取预约报名的形式,既可参加每年一次的集中植树,也可自行前来植树,所植树木通过挂牌和绘制标识图的形式标明植树者和所植树木的位置，植树市民可随时前来管理和观赏。如烈士纪念地无法向社会提供植树场地时，也可通过树木认养的形式开展活动。

镇江烈士陵园从 1998 年清明起，连续 18 年开展"栽花植树慰英灵"活

栽花植树（一）

栽花植树（二）

动,社会各界在烈士陵园栽种各种树木 1 万余株,形成了松林、竹林、梅园、桂园、红枫林等特色绿化区域,美化、绿化了烈士的安息环境。

（十）影视放映

烈士纪念设施保护单位可利用纪念馆、播放厅等场地,向市民免费播放爱国主义教育影视片。爱国主义教育影视片具有传承民族精神、启迪美好心灵的作用。这类影视片既丰富了市民的文化生活,又以健康向上、催人奋进的思想内涵,对广大市民进行生动、直观、感染力强的爱国主义教育,达到滋养心灵、陶冶情操、激励进取精神的目的,使人们在接受思想洗礼的同时,进一步增强责任意识和感恩意识,增强爱国热情和民族精神。这一活动可作为常年的教育活动项目。

镇江烈士陵园购买了中宣部推出的百部爱国主义教育影片,对群众进行免费放映。每次播放影片前,讲解员都会给大家讲解影片的主题、拍摄背景及意义,并提出一些相应的问题,使观众带着问题去欣赏和思考影片的内容和主题,这样可以有效地引导观众对影片内容的理解。烈士陵园还在观众中坚持开展影视评论等形式的主题教育活动,根据实际情况,引导社会各界尤其是中小学生积极参与影片鉴赏,撰写影评、征文,开展小组讨论等活动,把深刻的爱国主义教育和革命传统教育融入观影后的各种活动中去,而不仅仅是看一场影片了事。环环相扣的活动,使爱国主义教育影片的教育作用得到了很好的发挥。

（十一）诗、书、画、摄影

诗、书、画、摄影创作是文化建设的重要手段。以文化的形式融入爱国主义教育的内容,通过征集诗、书、画、摄影作品,举办诗、书、画、摄影大赛和展览等活动,达到缅怀烈士、传承文化、传递正能量的目的,这无疑也是烈士纪念设施

"我们的节日·清明"
——缅怀先烈少儿诗书画大赛(一)

保护单位开展红色文化建设的有效途径。

诗、书、画作为我国的传统文化形式,为广大青少年所喜爱。为充分发挥中小学生诗、书、画方面的特长,镇江烈士陵园 2013 年举办了"'我们的节日·清明'——缅怀先烈少儿诗书画大赛",这一活动将传统的诗、书、画文化与纪念烈士相结合,大大激发了青少年的创作热情和爱国情怀。活动共

征集到作品近千幅，我们在此基础上又举办了"缅怀先烈少儿诗书画展览"，这一活动也深受青少年的喜爱。

"我们的节日·清明"——缅怀先烈少儿诗书画大赛（二）

2009 年，镇江市烈士陵园成功举办了"我心中的镇江烈士陵园"摄影大赛活动，活动得到了全市广大摄影爱好者的积极支持和踊跃参与，共征集到摄影作品近 400 幅。摄影爱好者用镜头记录了镇江烈士陵园的建设和发展，记录了社会各界弘扬烈士精神、开展爱国主义教育的生动画面，有力地宣传了镇江烈士陵园这一重要的爱国主义教育基地。这些优秀的摄影作品在给大家带来了视觉冲击的同时，也为烈士陵园的烈士褒扬工作提供了新的活动形式和大量的图片素材。

《京江晚报》"如何学习先烈"大讨论

（十二）征文活动

征文活动是指结合烈士纪念工作，确定一个征文主题，向社会广泛征集文章，让广大群众、青少年学生通过学习与思考，围绕主题撰写文章，以达到受教育的目的。

2001年是新世纪的第一年，又是建党80周年，为弘扬先烈的革命英雄主义和爱国主义精神，清明期间，镇江烈士陵园与市委宣传部等14家单位共同主办了"新世纪我向烈士学什么"征文活动。该活动通过当地媒体发布消息，引起了强烈的社会反响。清明期间，各界群众纷纷来到陵园，通过参观、听讲解、查阅抄写烈士事迹资料等形式，进一步了解烈士的英勇事迹，感受烈士的牺牲精神，并对"新世纪我向烈士学什么"这一主题进行了认真的思考，一篇篇征文如雪花般飞向烈士陵园。通过征文活动，大家表达了在新世纪要以实际行动学习和继承先烈精神的共同心声。为配合征文活动的开展，《京江晚报》设立了"众人拾柴"栏目，对"如何学习先烈"开展了大讨论。

（十三）少年先锋岗

少年先锋岗活动是指，每年清明期间，选拔优秀少先队员，让他们身着统一校服，佩戴"少年先锋岗"字样的红色绶带，4人一组，肃立在高大挺拔的烈士纪念碑前，为烈士守灵、站岗。每站一次岗，就是一次对烈士精神的缅怀、追思，也是一次对青少年心灵的

少年先锋岗

净化、震撼。这一活动可以让少先队员们在心灵上与烈士进行对话和交流，感受到烈士们无私奉献、不怕牺牲的精神，同时也感受到光荣与责任。

镇江烈士陵园从1989年清明节起即主动与市教育局联系，在全市中学生中选拔优秀代表组成少年先锋队岗，在每年清明节前后约半个月的时间内，安排少先队员不间断地为烈士站岗、守灵。27年来，5000余名各个时期的少先队员参与了这项活动，一岗接一岗，象征着共产主义事业后继有人。

（十四）入党、入团、入队、入伍和成人仪式

入党、入团、入队、入伍、成人都是人生的重要时刻，在这一时刻，将缅怀烈士与身份转型相结合，通过集中举行仪式，开展集体"洗礼"

先进性教育"入党誓词"活动

活动可以进一步激发人们的荣誉感、自豪感,增强人们的责任意识、使命意识,培养爱国、爱党的情怀,让思想得到升华。

三、烈士公祭活动

烈士公祭是国家缅怀、纪念为民族独立、人民解放和国家富强、人民幸福而英勇牺牲的烈士的活动。2014年3月31日,中华人民共和国民政部令第52号公布《烈士公祭办法》,指导开展公祭烈士活动,并要求烈士纪念设施保护单位应当结合烈士公祭活动,采取多种形式宣讲烈士英雄事迹和相关重大历史事件,配合有关单位开展集体宣誓等主题教育活动,并对烈士公祭活动进行了规范。

2014年8月31日,十二届全国人大常委会第十次会议经表决,通过了《关于设立烈士纪念日的决定(草案)》,以法律形式将9月30日设立为中国烈士纪念日,并规定每年9月30日国家举行纪念烈士活动。在首个烈士纪念日,党和国家领导人以国家的名义对烈士进行了公祭,全国各地都在烈士纪念地开展了烈士公祭活动。"公祭"一词逐渐被人们所熟知,公祭烈士、崇尚烈士精神成了全社会的共识。

烈士纪念设施保护单位从成立之日起便承担了为广大群众开展公祭活动提供组织服务的职能,一般在每年的清明节和国庆节等重大纪念日组织开展祭奠烈士活动。为规范烈士公祭活动,《烈士公祭办法》对公祭的时间、

向烈士墓献花(一)

向烈士墓献花(二)

组织实施单位、公祭地点、活动方案内容、参加人员、着装、场地布置、主持、议程、礼仪、花篮的敬献和缎带等都做了明确的规定,操作性很强。

公祭活动仪式感很强,我国幅员辽阔,民族众多,各地风俗民情差别较大。因而,一直以来,各地烈士公祭活动的仪式不统一。《烈士公祭办法》对活动的程序做出了规范。主要有两种程序:

1. 烈士公祭的一般程序如下:

(1) 主持人向烈士纪念碑(塔等)行鞠躬礼,宣布烈士公祭仪式开始;

(2) 礼兵就位;

(3) 奏唱《中华人民共和国国歌》;

(4) 宣读祭文;

(5) 少先队员献唱《我们是共产主义接班人》;

(6) 向烈士敬献花篮或者花圈,奏《献花曲》;

(7) 整理缎带或者挽联;

(8) 向烈士行三鞠躬礼;

(9) 参加烈士公祭仪式人员瞻仰烈士纪念碑(塔等)。

2. 在国庆节等重大庆典日进行烈士公祭时,采取的献花篮仪式程序如下:

(1) 主持人向烈士纪念碑(塔等)行鞠躬礼,宣布敬献花篮仪式开始;

(2) 礼兵就位;

（3）奏唱《中华人民共和国国歌》；

（4）全体人员脱帽，向烈士默哀；

（5）少先队员献唱《我们是共产主义接班人》；

（6）向烈士敬献花篮，奏《献花曲》；

（7）整理绶带；

（8）参加敬献花篮仪式人员瞻仰烈士纪念碑（塔等）。

在烈士纪念日除在烈士纪念地举行公祭仪式外，各地还可组织慰问烈士家属、召开烈士家属座谈会、向烈士墓献花等系列纪念活动。

公祭活动

四、其他宣传教育活动

《民政部关于在清明节期间开展烈士纪念活动的通知》要求通过广播、电视、报刊、网络等媒体，充分利用横幅、标语、宣传栏、宣传单（画）、政策解答等形式进行宣传发动。《关于进一步加强烈士纪念工作的意见》要求：各地区各部门各单位要充分利用报刊、广播、影视、网络等媒体，广泛宣传烈士精神。烈士纪念设施保护单位应充分利用自身资源，做好教育宣传工作，大力弘扬烈士精神，具体应注意以下几点：

1. 烘托宣传教育氛围。烈士纪念设施保护单位应注重教育氛围的营造，尤其是在开展纪念活动时，将活动主题、标语口号通过悬挂横幅、电子显示屏滚动字幕的形式进行宣传。在举办一些大型的纪念活动时，可通过在活动场地周边插彩旗来烘托浓厚的宣传氛围。烈士纪念设施保护单位还可有效利用场地,设置专门的宣传橱窗,宣传烈士事迹,根据宣传任务的需要,及时更换宣传版面,以各种形式不断强化对参观群众的宣传教育。

2. 加强对自身的宣传。曾经在多数人的眼里,烈士纪念设施保护单位是看陵守墓的单位,是养老休闲的单位,整天无事可做,保护单位的工作因而往往很难取得人们的理解和支持,社会地位不高。因此,烈士纪念设施保护单位对开展的活动、所做的工作通过报刊、广播、影视、网络等媒体进行及时性、密集性的宣传非常必要,可帮助人们了解保护单位的各项工作,进一步扩大知名度和美誉度,取得社会的理解和支持,以便更好地开展烈士褒扬工作。

3. 加强红色文化建设。烈士纪念设施保护单位在环境建设中,可设置具有丰富教育内涵的小品、休闲设施等;在适当区域,布置以弘扬烈士精神为主题的展板、海报等;创作红色歌曲、手机段子、红色小说、剧本等,为群众提供独具特色的红色文化活动场所和红色文化产品,将弘扬烈士精神融入群众性文化活动中。

附:

青少年爱国主义教育现状及思考
——以镇江市为例

自古以来,中华民族就十分重视爱国主义教育,并积累了丰富的爱国主义教育经验。在新的历史时期,爱国主义仍然是时代的主旋律,爱国主义教育在各级领导、部门的努力及全体人民的配合下,已取得了一定的成效。但随着改革开放的不断深入,一些不容忽视的主客观因素又严峻地制约着爱国主义教育的进一步深入,尤其是对青少年的爱国主义教育存在一定的缺失。

一、镇江青少年爱国主义教育现状

(一)历年来镇江烈士陵园的清明祭扫情况

镇江烈士陵园是国务院批准的全国重点烈士纪念设施保护单位。建于1966年,建园40多年来,在对群众开展爱国主义教育方面发挥了积极的作用。尤其是每年清明节时,烈士陵园更是社会各界群众集中祭扫先烈、接受传统革命教育的重要场所。但以20世纪90年代为分期,祭扫情况发生了较大的变化。20世纪90年代以前,每年清明节来烈士陵园祭扫的人数达7万余人,21世纪以来,年平均祭扫人数仅为2.96万人。清明节时祭扫人数最多的 1976 年,来园群众达 12 万人,而 2008 年仅为 2 万人。如果按照当年城区人口的比率来计算,祭扫人数最多的 1976 年市区人口为 26.7 万人,经计算,当年每 2.23 人中就有 1 人来陵园祭扫。根据全国第六次人口普查数据显示,2010 年市区人口为 120 万人,当年祭扫人数为 2.36 万人,即每 51 人中,才有 1 人来陵园祭扫,数据的反差相当明显。据统计,近年来,镇江烈士陵园清明祭扫在单位和人数上都呈下降趋势;祭扫的主体更加单一(学生占了祭扫人员总数的 92.6%);大、中、小学校结构为"两头大中间小"(小学生、大学生较多,中学生较少)等特点。

(二)中小学生调查问卷情况

为了了解我市中小学生开展爱国主义教育的情况,2009 年,镇江烈士陵园编印了 400 份"爱国主义教育调查问卷",选择中小学生为对象,向我市中小学各发放了 200 份问卷,经统计分析,情况不容乐观。

在基本常识方面,有 40% 的学生不知道新中国成立的日期;30% 以上的学生不知道我国国歌的原名;还有相当一部分学生不能说出我国的国旗、首都、国家的全称等。在传统文化、历史知识方面,有近 50% 的学生不能准确列举出我国历史上的五位英雄;40% 的学生不能准确说出我国的四大发明;25% 的学生不知道文天祥"人生自古谁无死,留取丹心照汗青"的名句;很多学生对我国传统节日不感兴趣,却对西方的情人节、圣诞节等极为向往;近30% 的学生不知道卢沟桥事变是日本人所为;有近四分之一的学生不知道圆明园是被英法联军所毁。在时事、国情知识方面,20% 的学生不知道四川汶川地震的具体时间;30% 左右的学生不知道香港回归的时间。同时,有20% 以上的中小学生崇拜的偶像是周杰伦、范冰冰、SHE 等娱乐明星;有近一半的学生崇尚国外影视片和商品等;有 12% 的学生渴望成为外国人。

二、我国爱国主义教育中存在的问题

(一)爱国主义教育的社会氛围不浓

一是爱国主义教育缺失现象严重。从镇江烈士陵园清明祭扫人数逐年下降的情况来看,随着社会的不断进步和发展,人们对爱国主义教育却普遍越来越淡漠。现在整个社会是政府抓经济、企业忙生产,学生忙升学,不能形成一个爱国主义教育的浓厚氛围,青少年的爱国主义教育也就失去了坚实的社会基础。

二是媒体对爱国主义教育的宣传不够。近年来,我国新闻媒体也有对爱国主义教育的报道和宣传,如中央电视台曾开辟了"永远的丰碑"和"红色记忆"栏目,2005 年中央宣传部等六部委公布了百部爱国主义教育书籍和百部爱国主义教育影片,地方媒体也宣传了一些爱国主义教育的内容。但总体来说,氛围不浓,或者说没有通过集中宣传和集中收看等营造出浓厚的氛围,收视、收看率不高,社会的关注度不够。

三是氛围营造不够。笔者曾去过马来西亚,给我留下深刻印象的是马路、宾馆、商铺、住宅,甚至是正在建设的工地都到处飘扬着国旗。而我们国家,国旗并不是随处可见的,也许只有在运动员取得冠军、电视上播放颁奖仪式时,我们才能感受到国旗的亲切和国歌的庄严,才能体会到作为一个中国人的自豪。再看马路上的广告,都是清一色帅哥美女做的商品广告,而那些为国捐躯的英烈和为国奉献的英雄什么时候能占据广告牌一角呢?

(二) 学校、家庭教育存在缺陷

我国现阶段正处于应试教育向素质教育的转型时期,但高考的指挥棒并没有很好地调整,白热化的优质教育竞争导致残酷的淘汰,考场变战场。高考、中考、中学、小学一片"火海"。从而不可避免地使得学校教育的德智失衡,拼命追求升学率而忽视德育,尤其是爱国主义教育。① 近年来,来陵园开展爱国主义教育的初中生少,高中生更少,学校以一个班甚至以十几个人代替全校数千名学生祭扫先烈的现象不断发生。此外,中小学虽然都设置了思想德育课、历史课等,但这些课程往往都作为副课而不被重视,被主课挤占的现象很严重,暴露了学校普遍重知识学习轻爱国主义教育的现状。

有人说,中国家庭的子女缺少的不是营养、金钱,也不是家庭的爱,而是缺少对他们进行爱国主义教育。面对激烈的竞争,我们时时刻刻都在给孩子灌输:要好好学习,长大找个好工作,却很少有家长会这样教育孩子:要好好学习,长大报效祖国。家长的心中想的是小家,而忽视了大家,没有祖国的大家哪有自己幸福的小家? 国家兴亡,匹夫有责。很多家长都知道"岳母刺字"的故事,但有多少家长对孩子进行过"精忠报国"的教育呢?

(三) 多元文化影响着中小学生主流价值观念的形成

随着经济全球化和网络的迅速发展,外来文化,尤其是西方文化的渗透越来越大,影响着我国青少年传统价值观念的形成。中小学生正处于价值观念的形成期,其判别是非的能力较低,在国外多元文化的影响下,很容易迷失。另外,黄色暴力的影视片、奢靡的西方生活方式也会影响学生主流价值观的形成。

(四) 教育手段单一,形式重于效果

近年来,从学校组织祭扫活动的情况来看,我们感到学校没有把清明祭扫作为一个对学生开展爱国主义教育的良机来精心准备,在实效上下功夫,而只是把清明组织学生参观爱国主义教育基地作为一项任务来完成。一个学校上千人,只在纪念碑前匆匆举行一个仪式,轰轰烈烈地来,又轰轰烈烈

---

① 陆冬梅:《浅谈小学生爱国主义教育》,《都市家教:下半月》,2009 年第 1 期。

地走，场面煞是壮观，但学生看到的、学到的很少，接收到的爱国知识更少，其爱国主义的教育效果也就不言而喻了。

纵观我国的爱国主义教育，更多的是灌输式的教育。不分年龄、不分层次，不管能不能接受，教育者单向灌输，学生被动接受，针对性不强。学校在课程设置上也没有将爱国主义教育一以贯之，课程断层现象严重，爱国主义教育在各门课程间的渗透也不够。爱国主义教育理论多，实践活动少，不能在心理上使学生产生共鸣，不能在点点滴滴中加以渗透，教育效果不明显。

三、加强青少年爱国主义教育的对策建议

青少年爱国主义教育中存在的问题，既受到自身内在因素的制约，也受到家庭、学校和社会等外部因素的影响。青少年正处于发展自我认知能力和获取社会认同的重要时期，面对纷繁复杂的环境和各种信息的冲击，对其施以什么样的教育，他们就有可能成为什么样的人。[①] 针对青少年的身心特点，有效开展爱国主义教育，是帮助青少年健康成长的重要途径，全社会都应高度重视，具体对策如下：

（一）加强政府的重视与引导

政府的重视与引导主要体现在以下几个方面：一是政策的引导。注重政策的可执行性、可操作性和持续性。要制订相关法律，保障爱国主义教育的开展，如修订和设立国家安全法、各机关及社会组织活动法等来确立爱国主义教育的法律地位。在确立清明节为法定假日的基础上，可在清明节前后设立"烈士悼念日"，倡导人们崇尚先烈，自觉到烈士陵园接受爱国主义教育的熏陶。此外，对于我国现行的教育体制，也要制定相应的政策，加大改革力度，减少学生课业负担和升学压力，使学生有更多的时间去接受以爱国主义教育为主的思想品德教育，发展各种素质教育。二是组织保障。在全国应成立爱国主义教育指挥系统，各级地方也应有专门的爱国主义教育组织。我国目前在爱国主义教育的组织管理上比较混乱，民政部门负责烈士陵园的管理，教育部门负责青少年爱国主义教育，文化部门负责博物馆、历史遗址等的管理，团委负责青年团员的爱国主义教育，宣传部门负责爱国主义教育的宣传工作；此外，各地的党史部门、关工委、妇联、工会也有爱国主义教育的职能，各自为政，没有统一的组织具体负责爱国主义教育工作，爱国主义教育在力度上、效果上不够，很难组织统一的、有一定影响力的爱国主义教育活动。三是经费上的保障。政府应拨出一定的经费专门用于青少年的爱国主义教育工作，尤其是在爱国主义教育基地的建设上要投入大量

---

① 朱冬梅：《中西方未成年人道德教育的相似性及其启迪》，《信阳农业高等专科学校学报》，2006年第4期。

经费,目前全国还有很多烈士陵园、博物馆、历史遗址、纪念地等存在着房屋破旧不堪、陈列馆简陋、管理人员不足等现象,应引起政府部门的重视。

(二)注重学校教育的方式

1. 通过渗透式教育,提高爱国主义知识的掌握

学校是学生接受知识的重要场所,如何使学生切实有效地掌握爱国主义知识,必须通过课堂的渗透,主要体现在:一是课本内容的渗透。在每门课程课文的选择和编排上要有连贯性,在课程与课程之间要有渗透性。如语文课讲《狼牙山五壮士》,历史课则对应讲抗日战争这段历史,地理课可以对应讲故事发生的地点,这样就有助于学生对课文历史背景的理解和地理知识的了解,也便于学生对爱国主义教育知识的理解,提高教育的效果。二是各门课程的及时渗透。这就需要老师在上课时能随时发现爱国主义教育的内容,通过相关知识的讲解使学生能融会贯通,掌握知识。三是在各种活动中的适时渗透。如通过升旗仪式,可向学生介绍国旗、国歌的来历,有关《国旗法》的知识,升国旗、放国歌的礼仪知识等。2009 年是新中国成立 60 周年,学校可组织一些纪念活动,同时可向学生介绍一些历史知识,如解放战争中有哪些重大的历史事件和重要战役,有哪些重点烈士,本地区在渡江战役中牺牲了哪些烈士等。

2. 通过针对性教育,提高爱国主义教育的效果

青少年爱国主义教育要针对不同的年龄层次来组织开展,小学生、初中生、高中生、大学生年龄不同,心理的成长发展不同,接受的能力也不同,要提高爱国主义教育的效果,一定要有针对性地开展。针对小学生的活动要生动活泼,寓教于乐;针对初中生与高中生的活动可侧重于理论与实践的结合;针对大学生的教育就应侧重于实践和对理性思考的引导。此外,由于城乡的差别,农村学生和城市学生存在差异性,所以在爱国主义教育的开展方式上也应有所不同。农村学生可能见闻少一些,知识面窄一些,可以结合课本知识,走出乡村,拓宽知识面;城市学生则可以运用网络或多媒体手段来进行教育。

3. 通过多种形式的活动,提高学生的参与意识

若仅靠单一的说教,学生会觉得爱国主义知识无趣和无味,往往不能取得好的效果。因此,还要有丰富的形式来吸引学生的参与。在活动的开展上,我们可结合学生的兴趣,有针对性地组织活动,对学生兴趣不大的演讲、专家讲座、社区服务等,也要加以变革和创新。如演讲和听专家讲座,我们应该在知识性、生动性和互动性上做文章,变单一的传授为授受双方的互动,提高学生的兴趣和参与意识。在社区服务等实践性活动中,也要融入新的形式和内容,不能一提到社区服务,学生想到的就是到社区去打扫卫生、

擦牛皮癣。其实,社区服务有很多形式,我们可以与社区开展联谊活动、看望社区弱势群体、陪老人聊天、给残疾儿童讲故事、了解社区知识等,关键是要找一个契合点,使学生认为参与社区服务是一种光荣,更是一份社会责任。

（三）注重家庭教育的作用

"子不教,父之过",家庭教育是一切教育的起点,是一个人接受的最早教育,对人的品格、情感和道德的形成具有很大的影响。在家庭教育中形成的思维能力、行为习惯等将会影响人的一生。家庭教育在爱国主义教育中有着无法替代的作用。一方面,家长与子女间的亲情关系、子女对父母的依恋关系,使子女更容易理解、接受父母的教育,在感情上更容易产生共鸣,形成互相认同。另一方面,家长对孩子的了解使家长对孩子的教育往往更有针对性,能更好地选择适合子女的方式、方法和内容来开展教育。

但现实现情况并非如此,很多家长恰恰忽视了自己的教育作用,认为只要把子女送到学校,有老师教育就行了,教育是学校的事,孩子的生活是家庭的事。许多家长把孩子的生活料理得妥妥当当,却从来不知道向孩子传授爱国主义教育和思想道德教育方面的知识,更有些家长把社会上一些不健康的思想和生活方式带回家,给孩子造成了非常不良的影响。父母的一言一行都会成为孩子的榜样,在潜移默化中影响孩子的成长。

此外,父母还应该注意自己的及时引导作用。孩子与父母在一起的时间最长,社会上一些不良思想对孩子的影响,会不自觉地表露在其言行上,父母要及时引导,帮助孩子明辨是非。随时随地加强对孩子思想品德的培养,这是家庭教育的优势,家庭教育与学校教育互相配合,更有利于孩子的健康成长。

（四）注重社会教育的影响

个体成长发展的过程也是一个不断社会化的过程,青少年正处于价值观的形成期,社会的影响对其价值观的形成具有重要作用,加强社会教育、营造浓厚的爱国主义教育氛围,意义重大。

1. 营造浓厚的爱国主义氛围

一是要发挥新闻媒体的传播作用,传播历史文化知识,及时传播爱国主义教育的信息,播放爱国主义教育影片,编辑爱国主义教育书刊,宣传爱国英雄、先进典型,宣扬传统美德等,通过集中的、大密度的宣传,主导青少年的意识形态。二是政府、学校、单位、公共场所等要悬挂国旗,要举行挂国旗、唱国歌仪式,开展经常性的国旗、国歌、国徽教育,让爱国主义的情怀时时激荡在每一个人的心中。三是通过公益广告、展览、街头雕塑等强化爱国主义教育的氛围。

2. 净化社会环境

目前,许多成人爱国情感不高,社会上一些负面的、消极的、不健康的东西影响着青少年的成长,如个人利己主义、贪图享乐、贪污腐败、铺张浪费、诚信缺失等一系列不良的思想和不健康的生活方式,都影响着青少年爱国主义意识的形成。许多孩子追求发达国家的生活方式,迷恋明星、网络成瘾、逃学、暴力、少年犯罪等现象时有发生,这些现象不能不令我们关注,净化社会环境势在必行。在舆论宣传上要正确引导青少年追求健康的生活方式,辨别是非,正确对待社会上的不良现象,培养青少年的爱国情怀。

(五)发挥爱国主义教育基地的育人功能

1. 加大基地建设,增加基地教育内涵

爱国主义教育基地是青少年开展爱国主义教育活动的重要载体,应以新的理念加强基地建设。一是要改变过去基地建设统一以庄严肃穆为基调的传统观念,要融入现代化的理念。基地建设可集参观、教育、旅游、休闲为一体,向公园化发展,让青少年在心情愉悦中接受爱国主义教育的熏陶。二是要充分挖掘教育内涵,每一个爱国主义教育基地都有着丰富的教育资源,在基地建设中要将这些内容通过艺术的手法生动地表现出来,让青少年易于接受。

2. 发挥基地作用,组织多种形式的教育活动

爱国主义教育基地应改变过去"等人上门,被动宣传"的传统思维模式,应主动作为,"走出去"与"请进来"相结合,如通过发倡议等形式主动邀请社会各界来基地开展活动,也可通过上门宣讲等形式开展活动。爱国主义教育基地也可以与社会各界携手,借助社会的力量,共同开展多种形式的爱国主义教育活动,扩大活动的覆盖率和影响率,如可利用基地开展演讲、演唱会、吟诗会、植树、知识竞赛、宣讲等多种形式的活动,充分发挥基地的作用。爱国主义教育基地还可结合青少年特点,在深入挖掘爱国主义教育资源的基础上,创办爱国主义教育网络,为青少年提供健康、快捷的爱国主义教育资源,充分发挥网络的优势。

青少年爱国主义教育不是一蹴而就的事情,它具有艰巨性、复杂性和长期性。作为一项长期的、系统的工程,爱国主义教育需要全社会共同的关注和重视,只要大家坚持科学发展观,齐抓共管,在教育的内容上求拓展,在教育的形式上求创新,在教育的效果上求突破,为青少年的健康成长创造良好的社会环境和氛围,青少年的爱国主义教育就一定能取得勃勃的生机和深入持久的活力。

(本文原刊发于《中国科教创新导刊》,2009 年第 32 期)

第三节　烈士安葬

作为烈士纪念设施保护单位的烈士陵园是烈士的安葬地,配合政府和烈士家属做好烈士安葬工作是烈士陵园的职责。国务院颁布的《烈士褒扬条例》规定:烈士在烈士陵园安葬。未在烈士陵园安葬的,县级以上人民政府征得烈士遗属同意,可以迁移到烈士陵园安葬,或者予以集中安葬。《烈士褒扬条例》首次以法规的形式提出了"烈士安葬"。

安葬烈士,是烈士褒扬工作的重要环节和组成部分。庄严、肃穆地安葬烈士,是宣传烈士事迹、抚慰烈士遗属、弘扬烈士精神的有效时机和形式。由于缺乏统一的规定,各地安葬烈士的方式、仪式程序等都存在着较大的差异性,影响了烈士安葬工作的严肃性。为了规范烈士安葬工作,为烈士安葬工作提供基本的制度,2013年4月,民政部出台了《烈士安葬办法》(以下简称《办法》)。《办法》从立法的目的、烈士安葬地和安葬仪式、烈士骨灰或遗体(骸)安放、烈士安葬证明书、烈士迁葬和祭扫等方面作了明确的规范。

1. 烈士安葬地

《办法》指出,烈士在烈士陵园或者烈士集中安葬墓区安葬。在征得烈士遗属意见的情况下,烈士可以在牺牲地、生前户口所在地、遗属户口所在地、生前工作单位所在地的烈士陵园或烈士集中安葬墓区安葬。

2. 烈士安葬仪式

在运送烈士骨灰或者遗体(骸)方面,为庄严肃穆起见,《办法》规定要由烈士牺牲地、烈士安葬地人民政府负责安排,并举行必要的送迎仪式;烈士骨灰盒或者灵柩应当覆盖中华人民共和国国旗。需要覆盖中国共产党党旗或者中国人民解放军军旗的,按照有关规定执行。国旗、党旗、军旗不同时覆盖,安葬后由烈士纪念设施保护单位保存。在烈士安葬仪式方面,《办法》强调烈士安葬地县级以上地方人民政府应当举行庄严、肃穆、文明、节俭的烈士安葬仪式,且应在仪式中宣读烈士批准文件和烈士事迹。

3. 烈士骨灰或遗体(骸)安放

一是安放方式。《办法》明确了三种方式:将烈士骨灰安葬于烈士墓区或者烈士骨灰堂;将烈士遗体(骸)安葬于烈士墓区;其他安葬方式。同时强调安葬烈士应当尊重少数民族的丧葬习俗,遵守国家殡葬管理有关规定。二是烈士墓穴、骨灰格位选择方面。《办法》明确由烈士纪念设施保护单位按照规定确定。并明确安葬烈士骨灰的墓穴面积一般不超过1平方米。允许土葬的地区,安葬烈士遗体(骸)的墓穴面积一般不超过4平方米。三是在碑文方面。《办法》明确烈士墓碑碑文或者骨灰盒标示牌文字应当经烈士安葬地人民政府审定,内容应当包括烈士姓名、性别、民族、籍贯、出生年月、牺牲时间、单位、职务、简要事迹等基本信息。四是在墓区建设方面。《办法》明确烈士墓区应当规划科学、布局合理。烈士墓和烈士骨灰存放设施应当形制统一、用材优良,确保施工建设质量。

4. 烈士安葬证明书

《办法》明确了烈士陵园、烈士集中安葬墓区的保护单位应当向烈士遗属发放烈士安葬证明书,载明烈士姓名、安葬时间和安葬地点等;没有烈士遗属的,应当将烈士安葬情况向烈士生前户口所在地县级人民政府民政部门备案;烈士生前有工作单位的,应当将安葬情况向烈士生前所在单位通报。

5. 烈士迁葬

《办法》第十二条明确规定:"烈士在烈士陵园或者烈士集中安葬墓区安葬后,原则上不迁葬。对未在烈士陵园或者烈士集中安葬墓区安葬的,县级以上地方人民政府可以根据实际情况并征得烈士遗属同意,迁入烈士陵园或者烈士集中安葬墓区。"烈士安葬在烈士陵园或者烈士集中安葬墓区,一般情况下是可进不可出。这主要是考虑到烈士安葬和纪念设施保护单位开展烈士事迹宣传展示具有同步性,也为避免出现新的零散烈士墓频繁迁移,影响烈士安葬、宣传工作的整体性和严肃性。同时,从某种意义上来讲,烈士的遗骸、骨灰及烈士的精神都成为国家的珍贵资源,已不再属于个人所有。

6. 烈士祭扫

祭扫烈士,既是烈士遗属寄托哀思、表达情感的方式,也是党政机关、学校和机关各界人士不能忘却的道德义务。《办法》指出,在清明节等重要节日和纪念日时,机关、团体、企业事业单位应当组织开展烈士纪念活动,祭奠烈士;烈士陵园、烈士集中安葬墓区所在地民政部门对前来祭扫的烈士遗属,应当做好接待服务工作。

《国家级烈士纪念设施保护单位服务管理指引》规定,国家级烈士纪念设施保护单位要建立健全烈士安葬、凭吊瞻仰、祭扫等制度规定,明确相关礼仪规范标准。协助当地人民政府和烈士遗属做好烈士安葬工作,确保烈士安葬活动庄严、肃穆、文明、节俭。

因此,烈士安葬工作已成为新时期烈士纪念设施保护单位的一项神圣而光荣的工作。

第四节　服务接待

一、法规政策要求

烈士纪念设施是弘扬爱国主义精神、教育激励群众的重要载体与阵地，是面向社会的窗口，因此，做好服务与接待工作是烈士纪念设施保护单位工作的重要内容。《革命烈士纪念建筑物管理保护办法》规定：革命烈士纪念建筑物保护单位应当建立健全瞻仰凭吊服务制度和工作人员岗位责任制度。对本单位职工进行职业教育和业务培训，做好接待服务工作，提高管理水平。《烈士褒扬条例》规定：烈士纪念设施保护单位应当健全管理工作规范，维护纪念烈士活动的秩序，提高管理和服务水平。《烈士安葬办法》规定：烈士陵园、烈士集中安葬墓区所在地人民政府民政部门对前来祭扫的烈士遗属，应当做好接待服务工作。《烈士纪念设施保护管理办法》要求：烈士纪念设施保护单位应当健全瞻仰凭吊服务、岗位责任、安全管理等内部制度和工作规范，对本单位工作人员定期进行职业教育和业务培训。《烈士公祭办法》规定：烈士纪念设施保护单位应当保持烈士纪念场所庄严、肃穆、优美的环境和气氛，做好服务接待工作。

二、服务分类

《烈士纪念设施保护单位服务规范》将烈士纪念设施保护单位的服务分为基本服务和其他服务两大类。基本服务主要分烈士纪念堂（馆）服务、烈士骨灰堂（室）服务、烈士墓区（地）服务。其他服务主要指专项纪念活动服务和文物史料征集及烈士事迹宣传服务。具体要求如下：

1. 基本服务

① 烈士纪念堂（馆）服务：纪念堂（馆）内应环境清洁、光线适当、展品醒目、主题明确；应做好烈士遗物、图片、音像等资料的收集、登记、鉴别、保管工作，不断充实馆藏内容；陈列、展览的烈士遗物、图片、音像等资料应清晰、美观、庄重；烈士纪念设施保护单位可提供宣传资料和出版物；烈士纪念设施保护单位宜充实、更新陈展内容，运用现代化手段提升展示水平；讲解人员能够运用语言、演讲等技能将本烈士纪念设施保护单位的陈展内容传递给观众；讲解人员应当着装得体、举止大方、挂牌上岗、语言规范、讲解流畅；有外事接待任务的烈士纪念设施保护单位应配备涉外讲解员；对年老体弱、身体残疾、外籍人员等瞻仰群众，宜安排专人陪同；纪念堂（馆）应设有留言簿、题词册。

② 烈士骨灰堂(室)服务：烈士骨灰堂(室)应建立骨灰存放规范化管理、骨灰迁入迁出工作流程、烈士骨灰堂开放时间公示表、凭吊须知等制度；工作人员持证上岗，语言文明，举止端庄；烈士骨灰堂(室)应维持凭吊瞻仰秩序，做好烈士亲属的接待和抚慰工作，倡导文明祭扫的良好社会风尚；烈士骨灰堂(室)应保持环境整洁，骨灰盒保管完好，摆放整齐，附烈士遗像、生平简介。

③ 烈士墓区(地)服务：烈士墓区(地)应规划整齐，布局合理，庄严肃穆；墓碑应庄严肃穆、完整清晰；烈士墓区(地)应设置引导标识；烈士纪念设施保护单位应组织举行烈士骨灰安葬、瞻仰祭扫等仪式；讲解人员应严肃、庄重、认真地讲解烈士生平事迹。

2．其他服务

① 专项纪念活动服务：烈士纪念设施保护单位在重大历史事件、历史人物的纪念日及其他有特殊意义的纪念日，应为举行专项纪念活动提前做好准备，制订纪念活动计划及应急预案，确保纪念活动可以安全有序地开展，并根据大型集体纪念活动的时间、内容、形式等相关要求，报请当地政府及有关部门提前发布通知。烈士纪念设施保护单位应按照纪念活动礼仪程序组织烈士纪念仪式。烈士纪念设施保护单位应提供纪念场地、宣传资料、会标、音响器材等设施，以及花圈、花篮、鲜花等祭奠物品。烈士纪念设施保护单位应提供引导参观群众、接待烈士亲属、停车、等候、休息等综合性服务。烈士纪念设施保护单位应联络新闻媒体单位及时宣传报道，对纪念活动适时总结。烈士纪念设施保护单位应建立健全优质服务联络机制和重大专题纪念活动登记备案制度。

② 文物史料征集及烈士事迹宣传服务：烈士纪念设施保护单位为完善革命文物史料，应依据陈列展示主题，制订征集的工作计划，确定征集范围。烈士纪念设施保护单位对于捐赠的革命文物，应设立保管专柜或库房；建立健全捐赠文物档案；对捐赠文物的单位和个人应给予精神鼓励或物质奖励。烈士纪念设施保护单位应做好文物史料的挖掘、抢救和保护工作。

烈士纪念设施保护单位应利用已知的馆藏文物史料，采取不同形式，弘扬英烈精神，纪念重大历史事件，发挥其革命传统的教育作用，主要形式包括：编制图书资料、制作音像制品、建立网上纪念馆、开展烈士事迹宣讲等服务。

三、主要接待服务工作

根据以上法规政策，结合实际工作，我们认为烈士纪念设施保护单位还应做好以下几个方面的服务接待工作。

1. 烈士家属的接待服务

烈士的成长离不开其亲属的默默支持和奉献,烈士为党和国家牺牲了生命,其家属应该得到社会的尊重和关心。作为烈士的安息地,烈士纪念设施保护单位直接面对的是烈士家属,因此,为烈士家属提供优质的服务,也是我们应尽的职责。《民政部关于在清明节期间开展烈士纪念活动的通知》中指出:各地应在清明节期间开展走访慰问烈士家属活动,动员社会各界积极为烈士家属送温暖、献爱心,帮助他们解决生产、生活中的实际困难,使纪念活动既庄严又生动活泼,既节俭又富有成效……要精心组织烈士家属及各界人士的祭扫活动,为来参观和瞻仰的群众做好服务。《关于进一步加强烈士纪念工作的意见》要求各地要定期走访慰问烈属,精心组织烈属祭扫活动。

① 对来园烈士家属的接待。一是做好接待登记。这项工作主要是为了烈士纪念设施保护单位能及时掌握烈士家属的信息,便于日后联系。二是提供安葬、祭扫、资料查询等服务。烈士纪念设施保护单位应协助政府部门做好烈士安葬工作、落实墓(穴)位、提供场地、安排安葬程序等。对前来开展祭扫的烈士亲属应提供鲜花、祭奠物品等。对前来查询资料的烈士亲属,要耐心细致地服务,帮助查找资料,做好解释工作。三是做好心理安抚。亲人的逝去对烈士家属是永远的伤痛,由于对亲人的思念,烈士亲属难免会有因哀伤而情绪失控的现象,工作人员应掌握一定的社会学和心理学知识,擅于用专业的手段对烈士家属做好心理抚慰工作。四是安排食宿。烈士纪念设施保护单位应给远道而来的烈士家属免费安排食宿,帮助他们解决祭扫困难。有条件的单位针对一些年老体弱的烈士家属,可开展祭扫接送服务,帮助烈士家属开展祭扫。

② 对烈士家属的精神抚慰。一是定期走访慰问。烈士纪念设施保护单位应主动对烈士家属开展走访慰问工作,与烈士家属建立良好的互动关系,了解他们的情况,帮助他们解决实际困难。对单位解决能力之外的问题,主动向政府部门反映,做好政府与烈士亲属之间的桥梁纽带。二是开展活动。烈士纪念设施保护单位要主动为烈士家属召开座谈会、协助民政部门组织烈士家属定期疗养、邀请烈士家属开展烈士事迹宣讲等活动,提升烈士家属的荣誉感和自豪感。

2. 预约登记和安排

在清明节和重大纪念日时,社会各界会集中来烈士纪念设施保护单位开展烈士褒扬活动,高峰时一天有数万人、数十万人前来参观祭扫。为了确保祭扫活动安全有序,烈士纪念设施保护单位应做好预约登记工作,做好统计、掌握情况,做好组织安排,为预约单位提供祭扫信息,合理安排祭扫时间,实行错峰祭扫。预约登记是一项贯穿全年的工作,通过预约登记,烈士纪念设施保护单位可以从中分析一年来的祭扫人数、人员结构、活动集中时间、服务需求等,以便烈士纪念设施保护单位能根据掌握的情况做好全年工作安排,完善服务内容。

3. 活动服务和保障

烈士纪念设施保护单位每年都要接待大量前来开展祭扫活动的单位,应积极协助活动单位,帮助策划组织活动,在提供会标、宣传资料、音响器材等设施及花圈(篮)、鲜花、小白花等祭奠物品的基础上,还要提供讲解、医疗、茶水供应等服务,安排活动场地,营造活动氛围,确保活动环境安全有序。

4. 烈士资料查阅

为社会各界有需求的群众提供资料查阅是烈士纪念设施保护单位的工作内容之一。保护单位掌握着大量的烈士资料和文物史料,这些资料既为单位自己所用,更应该为社会所用。烈士纪念设施保护单位在不损毁革命文物的前提下,应开发利用馆藏文物,为单位或个人提供查阅、考证、复制等服务,积极配合群众做好资料的查阅工作,做到有专人接待,对查阅人进行查询登记,帮助查找所需的资料,帮助做好文字资料的复印。由于文物史料的珍贵性,烈士资料一般不得外借,一些珍贵的资料应由工作人员帮助查阅、复印。

5. 免费开放服务

2008年,中宣部、财政部、文化部、国家文物局联合下发《关于全国博物馆、纪念馆免费开放的通知》。根据通知,全国各级文化文物部门归口管理的公共博物馆、纪念馆及全国爱国主义教育示范基地将全部实行免费开放,烈士纪念设施保护单位均参照执行,全面实行了免费开放。根据通知要求,博物馆、纪念馆要改善管理和服务,努力满足观众需求;要坚持以人为本,提高展示传播水平;要改革创新,增加博物馆、纪念馆活力。为此,烈士纪念设施保护单位应重点做好以下服务:

① 健全开放服务管理制度。纪念馆为了更好地开展免费开放服务,应制订一系列的服务管理制度,如建立每日参观人数总量控制和疏导制度,制订参观人员突发事件的应急预案,完善应急处理机制等。

② 公示免费开放管理办法。烈士纪念设施保护单位需在纪念馆显著位置公示免费开放管理办法、服务项目、开放时间、文明参观须知等制度措施,方便公众了解和监督,引导观众有序、文明参观。

③ 改善观众服务设施条件。应不断改善烈士纪念馆文物安全保护和观众服务设施条件,增加安全、保洁、讲解、咨询等服务人员,强化内部管理,

加强安全防范,切实保证免费开放的安全、规范、有序。

④ 不断拓宽服务领域、方式和手段。准确把握观众及其精神文化需求多层次、多方面、多样式的特点,在展示传播的内容上、形式上积极探索和大胆创新,充分发挥纪念馆的社会教育功能,不断拓展服务领域、方式和手段,提供更加人性化的服务设施和服务项目,努力强化教育的感染力和辐射力。

6. 服务质量评估与改进

为了不断提高烈士纪念设施保护单位的服务质量和水平,根据《烈士纪念设施保护单位服务规范》的要求,烈士纪念设施保护单位应建立服务质量评估工作制度,建立评估组织,确定主管责任,完善评估措施,建立评估定期报告制度和评估制度;要定期开展自查自评,重点检查工作人员遵章守纪、文明举止、挂牌上岗等情况;要通过设立意见箱、留言簿、回访烈士亲属和观众、走访教育活动单位等多种形式,获得服务质量、内容、方式、需求等多角度的信息反馈,以便及时改进工作方式方法。镇江市烈士陵园"北固红枫"烈士事迹宣讲团,每次外出宣讲时都带着意见反馈表,宣讲结束后,请听讲单位提出意见和建议,根据这些反馈,及时对宣讲工作的不足进行改进,宣讲效果得以不断提升。烈士纪念设施保护单位要及时处理群众的投诉、意见和建议,不断改进工作方法,提高服务质量,保管好相关资料。

第五节　社会工作

一、法规政策要求

党的十六届六中全会指出,要"建设宏大的社会工作人才队伍","造就一支结构合理、素质优良的社会工作人才队伍","充实公共服务和社会管理部门,配备社会工作专门人员,完善社会工作岗位设置,通过多种渠道吸纳社会工作人才,提高专业化社会服务水平"。

党的十七大报告再次提出"要健全党委领导、政府负责、社会协同、公众参与的社会管理格局,健全基层社会管理体制"和"重视社会组织建设和管理"的任务。这表明中央更加重视社会建设和社会发展,重视社会工作人才队伍的建设。[1]

专业社会工作首次写入了 2015 年国家政府工作报告中,表明了我国在经济发展的新常态下社会治理的一种新动向,认可了社会工作在社会治理

① 乌鲁木齐市烈士陵园:《社会工作人才队伍建设的探究与思考》,http://wenku.baidu.com/link? url = dehbJ － i7lbGGAIiGSe737VQnxx0HHlFyxgK95ZXLlymuUka4sqTXOv － a5EyNFFZRQT1rMaLUOwBqgKanNIQlL6tL0HrflFVSk07ga5UDCji。

中作为专业力量的地位,明确了未来专业社会工作发展的方向,对促进我国社会工作的专业化、职业化具有重要意义。①

二、社会工作的开展

目前,由民政部门主导的在新形势下运用专业的社会工作方法开展烈士纪念工作,是烈士纪念设施保护单位有效开展社会服务的重要途径。烈士纪念设施保护单位主要的社会工作对象是烈士家属、青少年和参观群众等,主要社会工作范围是烈士褒扬社会工作,同时可以融合老年社会工作、青少年社会工作等。

烈士褒扬社会工作是指社会工作者运用社会工作的专业理论、方法和技巧,去推进与凭吊人群、烈属、工作人员和系统有关的社会政策或措施的工作过程。主要包括以下内容:

1. 引导讲解员,引导参观群众,加强阵地宣传,开展群体性的心理辅导;

2. 策划有针对性的宣传纪念活动;

3. 协助烈士遗物史料的收集;

4. 协调解决烈属、来园群众与陵园之间在工作中产生的误会与矛盾;

5. 协助做好前来祭扫的烈士亲属的精神抚慰工作,帮助其走出心理阴影;

6. 协助完善解说词,针对不同人群凸显教育重点;

7. 推动志愿服务并针对志愿服务进行督导;

8. 推动相关政策完善,协助做好宣传解释。②

镇江市烈士陵园有效发挥现有社工资源及丰富的爱国主义教育资源,对烈士纪念工作进行了积极有效的探索,如,与街道、社区联系,招募了一批下岗职工和外来务工人员子女,开展了"携手雏鸟,欢乐成长——青少年社工小组活动",通过"破冰"、听烈士故事、看爱国主义教育影片、参观红色景点、制作并献小白花、表达与分享等多次小组活动让青少年感受烈士精神、确立正确价值取向,帮助他们增强自信心及团队合作的意识。经过多次修改论证后,镇江市烈士陵园开展了"烈属温情之约"社会工作项目,通过社工服务,抚慰烈属心理,听取烈士家属需求意见,帮助解决生活困难;组织烈士家属开展短期疗养;组织"健康礼包"烈属体检咨询活动,将关怀和健康带给

① 房光宇:《"社会工作"首进政府工作报告反响热烈》,《中国社会报》,2015 年 3 月 9 日。
② 全国社会工作者职业水平考试教材编写组:《社会工作实务(中级)》,中国社会出版社,2012 年,第 306 页。

烈士家属,此项活动得到了烈士家属的好评。

　　烈士纪念设施保护单位应积极探索,将社会工作糅合到传统烈士褒扬工作中,切实践行"助人自助"的准则,秉持专业理念,保持价值中立,充分尊重单位工作人员、烈士家属及受教育群众等服务对象,协助其增强自身能力,激发活力,使其能进一步发扬先烈精神,达到高度的成长与改变。

附:

团体社会工作介入青少年爱国主义教育初探
——以镇江烈士陵园"七彩夏日"青少年活动为例

　　一、研究背景

　　"爱国主义是民族精神的核心,爱国主义有利于增强民族自尊心、自信心和民族自豪感,爱国主义是国家崛起和民族复兴的强大武器。"[①]爱国主义教育是正视历史轨迹、培养民族自豪感和归属感的必要手段和方式,中华民族的伟大复兴离不开爱国主义这一基石。

　　青少年时期是人生中的发展期,更是"危险期"。青少年将在这个阶段初步形成自我意识和道德观。建立正确的个体道德观与价值体系,是青少年个体发展的需要之一,也是宏观社会对青少年意识形态的导向重任。学校课堂教育是青少年爱国主义教育的重要途径和方式,在对青少年进行爱国主义教育时发挥着重大作用。但多数学校的爱国主义教育仅停留于内容的强硬灌输,忽略了对学生爱国主义思想的启迪和行为的养成,使得部分青少年的爱国主义意识较弱。此外,有些爱国主义教育基地不重视硬件和软件设施的建设和维护,教育内容和理念陈旧,导致其发挥不出应有的教育和警示作用。

　　作为爱国主义教育基地,镇江烈士陵园利用暑期与社区联手、依托红色文化资源及社会工作方法,开展社会目标模式下的教育小组活动,旨在通过帮助青少年学习爱国主义知识培养其民族意识,提升其参与社会生活的能力,从而促进其思想道德观念的正向形成,为其最终走向社会打下坚实的基础。

　　二、介入依据——概念与相关理论的简述

　　1. 团体社会工作

　　团体社会工作是运用小组的活动形式,借助小组的各种力量,促进个人发展、个人与社会关系的调适及其他有益于社会的目的达成的一种社会工

---

　　① 薛文杰:《中国和平崛起视野下的爱国主义教育研究》,中国矿业大学博士论文,2013年。

作方法。此次团体社会工作以社区青少年为小组服务对象,并通过小组活动促进小组及其成员的发展,使个人能借助集体生活加快自身的社会化,协调和发展个人与个人、个人与团体,以及团体与团体之间的社会关系,促进整个小组成员的共同成长。

2. 理论依据

(1) 小组动力学理论

小组的形成是一种特殊场域的形成,当小组成员进入小组时就进入了一个自由身与不同的力量和变量组成的心理场,个人的行为会受到这些力量和变量组成的心理场的影响。在凝聚力高的小组里,成员会积极增进感情和思想交流,乐于影响他人,也很乐于接受他人的影响,从而加大成员间的相互吸引,以及小组对个人的吸引。因此,在小组活动中,社会工作者应及时了解小组内可能出现的各种影响力量和变量,才能更好地引导小组,促成小组目标的达成。

(2) 社会学习理论

以班都拉为代表的社会学习理论,强调人类具有认知能力,是积极的信息加工者,能够思考行为和结果之间的关系。社会工作者在活动中应该认识到每个青少年都是一个资源库,充分肯定和鼓励组员在行动中分享各自的想法、经验和感受,并进行观察、模仿和学习,以增强自己的适应性行为。

三、介入策略——活动流程的呈现

小组成员是来自鼓楼岗社区的青少年,通过张贴海报、现场招募及电话招募等方式确定组员。最终确定 10 名青少年作为小组成员,他们的年龄在 11~15 岁。对这批青少年初步了解后发现,他们都具有一定的爱国主义知识,了解一些爱国人士的英勇事迹,但他们的爱国主义意识不强,对先烈的崇敬敬仰之情及国家民族自豪感较为缺乏。

此次团体社会工作以"携手雏鸟,欢乐成长"为主题,以爱国主义教育为主要目标,在方案设计中着重将团体社会工作方法与爱国主义教育相结合,从团队组建到小组结束,一步步深入推进。活动流程策划如下:

活动主题	单元活动	活动目标
了解彼此,倾听红色事迹	游戏"放飞机,识朋友"	活跃小组气氛,感受烈士事迹
	共同倾听"北固红枫"烈士事迹宣讲	
追忆历史,放眼中国梦	观看电影《鸡毛信》	带着思考观看电影,增进爱国情感,学会表达与分享
	交流观影感受或者分享一个烈士的事迹	

活动主题	单元活动	活动目标
团队合作,自制小白花	在工作人员的指导下共同制作献给烈士的小白花	锻炼组员的动手能力,增强团队意识、提高自信,表达对烈士的敬意
走近烈士,走向未来	参观北固英烈殉难地、烈士纪念馆	了解真实的烈士,献上对烈士的敬仰,处理离别情绪
	敬献小白花	

活动设计充分考虑青少年的群体特征,立足于团体社会工作与爱国主义教育,利用团体的互动性与学习性,促进青少年爱国情怀的提升。特别是正确的青少年社会工作价值观,把青少年看作能动的且富有潜力的人,通过小组与组员、组员与组员之间的互动来激发组员社会责任、社会意识的潜能,提升他们的社会参与、社会行动和自我发展的能力。

在小组活动初期,考虑到组员之间相互不熟悉、行为拘谨,在此阶段设计了"放飞机,识朋友"的互动环节,消除组员间的陌生感,营造和谐、信任的小组氛围。而后,通过"北固红枫"烈士事迹宣讲团的精彩宣讲向组员展现烈士的英勇事迹,促进他们的思考与交流。电影《鸡毛信》是一部经典爱国影片,主角是一名机智勇敢、爱国爱家的青少年,这一形象使组员从心理上更加能接受、认同,甚至产生共鸣。观影之后,社会工作者趁热打铁并充分引导组员分享观影感受与烈士故事,增强组员的爱国情怀和为国奋斗的崇高信念。亲手制作小白花的活动意在让组员能直观地表达对烈士的敬意,同时增强组员的团队协作意识。在最后一次活动中,组员们通过参观北固英烈殉难地、烈士纪念馆和敬献小白花等活动,进一步升华了爱国情感,固化了习得的新技能,处理了小组离别情绪。

四、介入评估——小组活动过程与成效的测量

"小组评估不仅可以让工作者知道小组目标达成的情况、组员改变的状况,还可以帮助工作者了解自己工作的状况,为今后小组工作提供借鉴。"[1]

整个活动中,所招募的服务对象均有出席,出席率较高。在活动初期,服务对象比较拘谨,状态不佳,首次游戏之后,气氛有所缓和。直至整个活动结束时,服务对象的状态发生了变化,且相互间建立了良好安全的信任关系,气氛较为融洽。在交流分享中,服务对象对整个活动给予了较高的评价。他们之前没有参与过此类形式的活动,认为,形式比较新颖有趣,内容比较丰富,寓教于乐,符合青少年的需求特点,是青少年比较喜欢的方式。

---

① 刘梦:《小组工作》,高等教育出版社,2006年。

活动按原定计划完成了预期的各项任务内容,基本实现了预定目标。爱国主义教育较有成效,服务对象体会了革命先烈浴血奋战的壮志豪情和坚定信念,爱国主义情感加深,爱国主义意识有所增强。

五、反思与小结

活动期间及之后,社会工作者对活动整体进行了专业性反思,有几点不足:社会工作者在告知活动计划、内容及目标等方面不够具体和详细,导致服务对象对活动的某些环节不够清楚;由于时间的关系,活动显得比较仓促;受场地和资源的限制,某些环节的活动场地安排不理想,音乐对活动气氛的烘托没有达到预期效果;在活动评估方面,没有客观量表的测评,评估不够透彻;由于社会工作者的工作经验和精力有限,没有能将某些能促进服务对象加深感情和交流的突发情况发挥出最佳效果。这些都是社会工作者在之后的工作中需要注意和不断改进的地方,以便能更好地服务于各类活动项目。

红色文化是社会主义核心价值体系的重要组成部分,是对青少年进行爱国主义教育的重要资源,因此将红色文化内涵和精神品格融入现代青少年的思想道德体系中具有重要的意义。将团体社会工作融入青少年爱国主义教育是镇江烈士陵园创新工作方式的一次尝试和突破,虽有些不足,但为之后的爱国主义教育提供了借鉴。今后,我们将不断摸索,继续传播社会工作价值理念,利用同辈群体的力量,提升青少年的爱国意识,提高其自信心、团结合作意识及沟通交流能力,促使其更有效地完成社会化的过程。

新形势下如何加强烈士纪念工作

2012 年 8 月,国务院颁布了《烈士褒扬条例》;2013 年 4 月,民政部和中共中央办公厅、国务院、中央军委办公厅分别出台了《烈士安葬办法》《关于进一步加强烈士纪念工作的意见》;2013 年 7 月,民政部下发了《烈士纪念设施保护管理办法》。对烈士纪念工作来说,如此密集的政策和法规的出台,反映了党和国家对烈士纪念工作的高度重视。这些法规体系的完善,为烈士纪念工作提供了有力保障。

一、现阶段烈士纪念工作中存在的问题

《关于进一步加强烈士纪念工作的意见》指出,随着形势任务的发展变化,烈士纪念工作还存在一些不足,特别是有的地方和部门对这项工作重视不够,公众参与度不高,相关制度不完善。民政部部长李立国在全国烈士纪念工作电视电话会议上说:我们应清醒地看到,全社会崇尚烈士的氛围不够浓厚,烈士纪念设施保护管理需要加强,烈士精神尚未得到足够宣扬,在社会主义核心价值体系建设中的功能作用尚未得到充分发挥。可见，当前烈士纪念工作的开展存在一定的难度。

1. 社会氛围不浓，组织活动难

近年来，党和国家领导人率先垂范，每逢国庆节等重要纪念日就会到天安门广场举行隆重的祭扫仪式，但地方和基层就没那么重视。有些地方官员要么鲜见祭扫先烈，要么匆匆走过场，很难起到示范引领的作用。地方宣传部门和新闻媒体的宣传也不到位，不能营造出崇尚缅怀学习烈士的浓厚氛围。人们普遍对烈士的敬仰不够，爱国主义教育意识淡薄，纪念烈士活动可有可无，甚至认为开展烈士纪念活动就是搞形式、浪费时间。组织开展纪念活动，各部门都不想出力，开展活动是组织人员难、宣传发动难。

2. 群众参与不广，发挥效果难

据笔者了解，近年来，很多烈士纪念地的清明祭扫都呈明显下降趋势，与各地浩浩荡荡的公墓祭扫大军相比，烈士纪念地的祭扫往往显得冷冷清清，这种反差在清明节假日期间显得尤为强烈。为了有效发挥教育的效果，许多纪念地使出浑身解数，积极策划组织各种形式的纪念活动，但群众参与率仍然不高。领导忙招商、企业忙经济、学生忙学业，谁都没时间来烈士陵园参加纪念活动，教育作用难以发挥。

3. 经费投入不多，建设维护难

近年来，国家对烈士纪念工作高度重视，随着散葬烈士墓集中安葬等工作的全面推进，各地各级烈士纪念设施的管理保护工作都取得了较大的进展，但地方财政的投入明显不够，配套资金严重不足。烈士纪念设施的建设维护工作需要的是长期稳定的经费投入，仅靠争取国家、省级资金的投入，只能保证一时，无法保证烈士纪念设施的长效运行。

4. 人才队伍不足，推进工作难

烈士纪念地承担着烈士安葬、烈士事迹宣传、烈士史料征集、管理维护、园林绿化等职能。目前，人才不足现象普遍存在于各级烈士纪念地，尤其是乡镇一级纪念地。有些纪念地没有配备专职工作人员，只是请一名临时工看看门、打扫打扫卫生，除清明节平时都不开放。许多县市烈士纪念地同样也存在人才队伍不足的情况，由于编制少，有的甚至还不是全额拨款的事业单位，很难配备起完整、稳定的人才队伍。

二、如何做好烈士纪念工作

如何做好烈士纪念工作？笔者认为应从以下方面开展工作。

1. 加大财政投入，做好烈士纪念设施的维护管理

烈士纪念设施是开展烈士纪念工作的重要载体，记载着烈士和重大历史事件的重要信息，承载着人们对历史、对烈士的永久纪念，必须高度重视

对烈士纪念设施的维护。一是财政部门应加大对烈士纪念地的投入,将烈士纪念设施的管理经费纳入每年的预算经费中,形成自然增长机制,确保烈士纪念地有足够的管护经费。对零散烈士和没有设立保护单位的烈士纪念设施,当地政府也应将零散烈士纪念设施的维护经费纳入财政预算中,由当地民政部门给予长期的管理。二是各地政府应将烈士纪念设施保护单位的建设纳入城市建设的总体规划,划定保护范围,制订保护措施,做到同步规划、同步实施、同步提升。三是烈士纪念设施保护单位应该建立完善的管理制度,成立专业管理队伍,确保纪念设施保护完好,确保纪念地内不安葬与烈士无关的人,确保园内环境优美、整洁。

2. 加强宣传引导,营造全社会崇尚烈士的氛围

烈士们热爱祖国、忠于人民、无私奉献、敢于牺牲的精神,凝聚着中华民族无数仁人志士对世界观、人生观、价值观的认知和感受,积淀着中华民族的崇高精神和品格,应该得到全社会的崇尚和学习。宣传部门作为弘扬社会主义主旋律的重要部门,应该高度重视对烈士精神的宣扬,可通过主流媒体,加大宣传引导,针对清明节、国庆节、重大事件等重要时间节点,集中开展对烈士精神的宣传。同时,也要注重长期的宣传引导。文化部门应多创作弘扬烈士精神的影视和文学作品,不断传递正能量。教育部门应把宣传烈士精神融入学生爱国主义教育、思想品德教育之中,提高学生的爱国意识。全社会共同努力,一定能营造出崇尚烈士的浓厚氛围。

3. 组织开展活动,有效发挥烈士纪念地的作用

烈士纪念活动是发挥烈士陵园教育功能的重要形式。烈士纪念设施保护单位一定要转变"看陵守墓""等人上门"的传统思维,通过公祭烈士、宣讲烈士故事、栽花植树、网上祭扫、吟诗绘画等多种形式开展烈士纪念活动,吸引群众广泛参与。保护单位既要重视抓住清明节、国庆节、重大纪念日集中开展群众性纪念活动,也要重视平时烈士纪念活动的开展,使弘扬烈士精神常态化,成为人们自觉的行为。烈士为国家做出了巨大的牺牲,烈士家属应该得到尊重。要组织开展关爱烈士家属活动,建立与烈士家属长期保持交流沟通、慰问帮扶的工作制度。尤其是清明节期间,保护单位应关心一些年老体弱和生活困难的烈士家属对烈士的祭扫,有条件的可做好接送祭扫服务,还可通过组织集中祭扫、烈士亲属座谈、烈士亲属参与烈士事迹宣讲等形式,提升烈士家属的荣誉感和自豪感。

4. 加强队伍建设,抓好人才的引进与培养工作

烈士纪念设施保护单位不论大小,功能都一样,这就决定了各级保护单位必须要建立一支文博讲解、园林绿化、财务管理、设备维护等方面的专业人才队伍。专业人才队伍的建设一方面需要通过公开招聘、人才引进,一方

面需要通过自我培养来实现,尤其是小型烈士陵园在编制不足的情况下,应加强对现有人才的培养,提高人员素质,实现一专多能,最大化地运用好现有的人才队伍。

三、开展烈士纪念工作的注意事项

1. 必须突出主体功能

从功能上看,烈士纪念地具有教育纪念、绿化观赏与旅游休闲等功能,但无论时代如何发展、烈士纪念地的功能如何拓展,教育纪念功能永远都应是主体功能,这是由烈士陵园"褒扬烈士、教育群众"的宗旨决定的。因此,发挥教育基地的作用,开展烈士纪念活动,永远都是烈士纪念地应该突出的重点工作。但有些地方恰恰就忽视了这点。如某地烈士陵园内出现了游乐场、动物园、驾驶培训学校等,完全冲淡了陵园的纪念功能。还有的陵园在"陵园公园化"的建设中本末倒置,更多地突出了公园的特性,陵园则成了陪衬;还有的陵园则完全成了旅游景点,游客服务中心、导游员、游览线路图等字眼过于强化游览功能,无意中弱化了烈士陵园纪念先烈的功能。

2. 必须要有创新思维

时代在变,环境在变,人们的思想和意识形态也在变,面对不断变化的外部环境,如何开展烈士纪念工作?烈士褒扬工作者必须要转变观念,创新思路,顺应形势,不断探索烈士纪念工作的新途径。如,烈士纪念地过去主要是等人上门、被动宣传,无须吆喝,每至清明,不论老少,人们会自发地涌向烈士纪念地开展各种纪念活动;现在,烈士纪念地主动开展服务,积极组织策划活动,清明节前来祭扫烈士的人数仍然寥寥无几。过去展示烈士事迹主要是图片加文字,但现在必须要有声、光、电等多种展示手段。过去展览内容格式化,现在的展示却突出了故事性。如南京雨花台烈士陵园深入挖掘烈士事迹,以讲故事的形式,将烈士精神与廉政教育相结合,别出新意,增强了教育的感染力。

3. 必须形成多部门联动机制

组织开展烈士纪念工作是一项复杂的系统工程,烈士陵园很难靠自己的力量组织策划开展大型的烈士纪念活动,必须积极与相关部门沟通协调,形成多部门联动机制。如积极与宣传部、党史办、关工委、教育局、新闻单位联系,共同组织开展活动,能达到省时省力、事半功倍的效果。多年来,镇江烈士陵园积极依靠社会力量,通过每年召开清明祭扫协调会,联合发文,多部门携手共同举办活动等,形成了联动机制,很好地推动了烈士纪念工作的开展。

4. 必须引入社会工作的方法

随着时代的发展,人们思想变得多元化,烈士纪念工作的开展也需要更多的方法和手段，在烈士纪念工作中引入社会工作的方法是形势发展的需要。烈士陵园的社会工作主要有青少年社会工作、老年社会工作等。烈士家属在物质上享受了国家的优待，但在精神上，他们失去了亲人，尤其是失去子女的老年烈士家属，随着年龄的增加，身体、生活等方面会出现各种困难，悲伤的情绪逐步积聚，有时会引发对政府、社会的不满，这就需要我们引入社会工作方法，做好烈士家属的精神抚慰工作。同样，青少年是我们的主要服务对象，针对青少年特点，开展他们喜闻乐见的教育活动，强化青少年思想道德建设，促进青少年健康快乐成长，这些都需要引入社会工作的方法。

烈士精神，民族之魂，①是中国精神的完美表达，值得大力弘扬。作为烈士褒扬工作者，我们有责任、有义务做好这项工作，抓住机遇，不断创新，进一步加强烈士纪念工作，大力弘扬烈士精神，着力培育中国精神，凝聚中国力量，为实现中华民族的伟大复兴梦而努力奋斗！

（本文原刊发于《今日中国论坛》总第 114 期）

---

① 《烈士精神　中国精神》，《中国社会报》，2013 年 7 月 5 日，第 1 版。

第六章　烈士纪念工作相关法规政策

　　政策法规是烈士纪念设施保护单位开展工作的重要依据,对于开展烈士纪念设施管理保护工作具有规范指导作用。新中国成立以后,为加强和规范烈士褒扬工作和优抚工作,1950 年,国家先后制定了《革命烈士家属革命军人家属优待暂行条例》《革命军人牺牲、病故褒恤暂行条例》《革命工作人员伤亡褒恤暂行条例》和《民兵民工伤亡抚恤暂行条例》等四部法规,形成了烈士褒扬工作的基本法律体系。改革开放以来,烈士褒扬工作进入了新的发展阶段。1980 年 6 月,国务院专门制定了《革命烈士褒扬条例》,使审批和褒扬烈士工作更加制度化。① 这一条例颁布后,1950 年颁布的四个条例即行废止。1995 年民政部第二号令颁布了《革命烈士纪念建筑物管理保护办法》,使烈士纪念建筑物管理保护工作有章可循。长期以来,烈士纪念设施保护单位都依据这两个法规开展工作,随着社会的进步与发展,烈士褒扬环境也发生了变化,原有的法规已不适应新形势下的烈士褒扬工作,制约了烈士纪念设施管理保护工作的开展。

　　近年来,党和国家高度重视烈士纪念工作,相继颁布了《烈士褒扬条例》《烈士安葬办法》《烈士纪念设施保护管理办法》《烈士公祭办法》四个法规,编制了《烈士纪念设施保护单位服务规范》《国家级烈士纪念设施保护单位服务管理指引》等规范性文件;全国人大将每年的 9 月 3 日确定为中国人民抗日战争胜利纪念日,将每年的 9 月 30 日设立为烈士纪念日;中共中央办公厅、国务院办公厅、中央军委办公厅印发了《关于进一步加强烈士纪念工作的意见》《关于做好烈士纪念日工作的意见》两个政策性文件;同时,为规范烈士褒扬工作,民政部在各个时期均出台一系列政策性文件,并会同其他部门在革命文物保护、岗位设置、零散烈士保护等方面出台了相关的文件。这些政策法规文件是新时期下烈士纪念设施保护单位开展烈士纪念工作的重要依据,具有指导作用。

　　由于烈士纪念设施保护单位的许多工作与宣传部门、文化部门、文物部

---

　　① 《改革开放中的烈士褒扬工作》,http://www.360doc.com/content/11/0113/20/1298788_86331029.shtml。

门、旅游部门等密切相关,国家出台的一些其他法规政策,如《革命纪念馆工作试行条例》《爱国主义教育实施纲要》《公民道德建设实施纲要》《中共中央国务院关于进一步加强和改进未成年人思想道德建设的若干意见》《全国红色旅游发展规划纲要》《关于全国博物馆、纪念馆免费开放的通知》等,或同样适用于烈士纪念设施保护单位的工作,或对烈士纪念设施保护单位具有指导借鉴作用。烈士纪念设施保护单位应认真学习研究各项法规政策并加以运用。

这里附主要的法规和政策文件,供烈士纪念设施保护单位的从业人员学习和参考。

烈士褒扬条例

1. 2011 年 7 月 26 日国务院令第 601 号公布
2. 自 2011 年 8 月 1 日起施行

第一章　总　则

第一条　为了弘扬烈士精神,抚恤优待烈士遗属,制定本条例。

第二条　公民在保卫祖国和社会主义建设事业中牺牲被评定为烈士的,依照本条例的规定予以褒扬。烈士的遗属,依照本条例的规定享受抚恤优待。

第三条　国家对烈士遗属给予的抚恤优待应当随经济社会的发展逐步提高,保障烈士遗属的生活不低于当地居民的平均生活水平。

全社会应当支持烈士褒扬工作,优待帮扶烈士遗属。

国家鼓励公民、法人和其他组织为烈士褒扬和烈士遗属抚恤优待提供捐助。

第四条　烈士褒扬和烈士遗属抚恤优待经费列入财政预算。

烈士褒扬和烈士遗属抚恤优待经费应当专款专用,接受财政部门、审计机关的监督。

第五条　县级以上人民政府应当加强对烈士纪念设施的保护和管理,为纪念烈士提供良好的场所。

各级人民政府应当把宣传烈士事迹作为社会主义精神文明建设的重要内容,培养公民的爱国主义、集体主义精神和社会主义道德风尚。机关、团体、企业事业单位应当采取多种形式纪念烈士,学习、宣传烈士事迹。

第六条　国务院民政部门负责全国的烈士褒扬工作。县级以上地方人民政府民政部门负责本行政区域的烈士褒扬工作。

第七条　对在烈士褒扬工作中做出显著成绩的单位和个人,按照国家有关规定给予表彰、奖励。

第二章 烈士的评定

第八条 公民牺牲符合下列情形之一的,评定为烈士:

(一)在依法查处违法犯罪行为、执行国家安全工作任务、执行反恐怖任务和处置突发事件中牺牲的;

(二)抢险救灾或者其他为了抢救、保护国家财产、集体财产、公民生命财产牺牲的;

(三)在执行外交任务或者国家派遣的对外援助、维持国际和平任务中牺牲的;

(四)在执行武器装备科研试验任务中牺牲的;

(五)其他牺牲情节特别突出,堪为楷模的。

现役军人牺牲,预备役人员、民兵、民工以及其他人员因参战、参加军事演习和军事训练、执行军事勤务牺牲应当评定烈士的,依照《军人抚恤优待条例》的有关规定评定。

第九条 申报烈士的,由死者生前所在工作单位、死者遗属或者事件发生地的组织、公民向死者生前工作单位所在地、死者遗属户口所在地或者事件发生地的县级人民政府民政部门提供有关死者牺牲情节的材料,由收到材料的县级人民政府民政部门调查核实后提出评定烈士的报告,报本级人民政府审核。

属于本条例第八条第一款第一项、第二项规定情形的,由县级人民政府提出评定烈士的报告并逐级上报至省、自治区、直辖市人民政府审查评定。评定为烈士的,由省、自治区、直辖市人民政府送国务院民政部门备案。

属于本条例第八条第一款第三项、第四项规定情形的,由国务院有关部门提出评定烈士的报告,送国务院民政部门审查评定。

属于本条例第八条第一款第五项规定情形的,由县级人民政府提出评定烈士的报告并逐级上报至省、自治区、直辖市人民政府,由省、自治区、直辖市人民政府审查后送国务院民政部门审查评定。

第十条 烈士证书由烈士遗属户口所在地的县级人民政府民政部门向烈士遗属颁发。

第三章 烈士褒扬金和烈士遗属的抚恤优待

第十一条 国家建立烈士褒扬金制度。烈士褒扬金标准为烈士牺牲时上一年度全国城镇居民人均可支配收入的 30 倍。战时,参战牺牲的烈士褒扬金标准可以适当提高。

烈士褒扬金由颁发烈士证书的县级人民政府民政部门发给烈士的父母或者抚养人、配偶、子女;没有父母或者抚养人、配偶、子女的,发给烈士未满

18 周岁的兄弟姐妹和已满 18 周岁但无生活来源且由烈士生前供养的兄弟姐妹。

第十二条 烈士遗属除享受本条例第十一条规定的烈士褒扬金外,属于《军人抚恤优待条例》以及相关规定适用范围的,还享受因公牺牲一次性抚恤金;属于《工伤保险条例》以及相关规定适用范围的,还享受一次性工亡补助金以及相当于烈士本人 40 个月工资的烈士遗属特别补助金。

不属于前款规定范围的烈士遗属,由县级人民政府民政部门发给一次性抚恤金,标准为烈士牺牲时上一年度全国城镇居民人均可支配收入的 20 倍加 40 个月的中国人民解放军排职少尉军官工资。

第十三条 符合下列条件之一的烈士遗属,享受定期抚恤金:

(一)烈士的父母或者抚养人、配偶无劳动能力、无生活来源,或者收入水平低于当地居民的平均生活水平的;

(二)烈士的子女未满 18 周岁,或者已满 18 周岁但因残疾或者正在上学而无生活来源的;

(三)由烈士生前供养的兄弟姐妹未满 18 周岁,或者已满 18 周岁但因正在上学而无生活来源的。

符合前款规定条件享受定期抚恤金的烈士遗属,由其户口所在地的县级人民政府民政部门发给定期抚恤金领取证,凭证领取定期抚恤金。

第十四条 烈士生前的配偶再婚后继续赡养烈士父母,继续抚养烈士未满 18 周岁或者已满 18 周岁但无劳动能力、无生活来源且由烈士生前供养的兄弟姐妹的,由其户口所在地的县级人民政府民政部门参照烈士遗属定期抚恤金的标准给予补助。

第十五条 定期抚恤金标准参照全国城乡居民家庭人均收入水平确定。定期抚恤金的标准及其调整办法,由国务院民政部门会同国务院财政部门规定。

烈士遗属享受定期抚恤金后仍达不到当地居民的平均生活水平的,由县级人民政府予以补助。

第十六条 享受定期抚恤金的烈士遗属户口迁移的,应当同时办理定期抚恤金转移手续。户口迁出地的县级人民政府民政部门发放当年的定期抚恤金;户口迁入地的县级人民政府民政部门凭定期抚恤金转移证明,从第二年 1 月起发放定期抚恤金。

第十七条 烈士遗属不再符合本条例规定的享受定期抚恤金条件的,应当注销其定期抚恤金领取证,停发定期抚恤金。

享受定期抚恤金的烈士遗属死亡的,增发 6 个月其原享受的定期抚恤金作为丧葬补助费,同时注销其定期抚恤金领取证,停发定期抚恤金。

第十八条　烈士遗属享受相应的医疗优惠待遇,具体办法由省、自治区、直辖市人民政府规定。

第十九条　烈士的子女、兄弟姐妹本人自愿,且符合征兵条件的,在同等条件下优先批准其服现役。烈士的子女符合公务员考录条件的,在同等条件下优先录用为公务员。

烈士子女接受学前教育和义务教育的,应当按照国家有关规定予以优待;在公办幼儿园接受学前教育的,免交保教费。烈士子女报考普通高中、中等职业学校、高等学校研究生的,在同等条件下优先录取;报考高等学校本、专科的,可以按照国家有关规定降低分数要求投档;在公办学校就读的,免交学费、杂费,并享受国家规定的各项助学政策。

烈士遗属符合就业条件的,由当地人民政府人力资源社会保障部门优先提供就业服务。烈士遗属已经就业,用人单位经济性裁员时,应当优先留用。烈士遗属从事个体经营的,工商、税务等部门应当优先办理证照,烈士遗属在经营期间享受国家和当地人民政府规定的优惠政策。

第二十条　符合住房保障条件的烈士遗属承租廉租住房、购买经济适用住房的,县级以上地方人民政府有关部门应当给予优先、优惠照顾。家住农村的烈士遗属住房有困难的,由当地人民政府帮助解决。

第二十一条　男年满60周岁、女年满55周岁的孤老烈士遗属本人自愿的,可以在光荣院、敬老院集中供养。

各类社会福利机构应当优先接收烈士遗属。

第二十二条　烈士遗属因犯罪被判处有期徒刑、剥夺政治权利或者被司法机关通缉期间,中止其享受的抚恤和优待;被判处死刑、无期徒刑的,取消其烈士遗属抚恤和优待资格。

第四章　烈士纪念设施的保护和管理

第二十三条　按照国家有关规定修建的烈士陵园、纪念堂馆、纪念碑亭、纪念塔祠、纪念塑像、烈士骨灰堂、烈士墓等烈士纪念设施,受法律保护。

第二十四条　国家对烈士纪念设施实行分级保护。分级的具体标准由国务院民政部门规定。

国家级烈士纪念设施,由国务院民政部门报国务院批准后公布。地方各级烈士纪念设施,由县级以上地方人民政府民政部门报本级人民政府批准后公布,并报上一级人民政府民政部门备案。

各级人民政府应当确定烈士纪念设施保护单位,并划定烈士纪念设施保护范围。

第二十五条　烈士纪念设施应当免费向社会开放。

烈士纪念设施保护单位应当健全管理工作规范,维护纪念烈士活动的秩序,提高管理和服务水平。

第二十六条 各级人民政府应当组织收集、整理烈士史料,编纂烈士英名录。

烈士纪念设施保护单位应当搜集、整理、保管、陈列烈士遗物和事迹史料。属于文物的,依照有关法律、法规的规定予以保护。

第二十七条 县级以上人民政府有关部门应当做好烈士纪念设施的保护和管理工作。未经批准,不得新建、改建、扩建或者迁移烈士纪念设施。

第二十八条 任何单位或者个人不得侵占烈士纪念设施保护范围内的土地和设施。禁止在烈士纪念设施保护范围内进行其他工程建设。

任何单位或者个人不得在烈士纪念设施保护范围内为烈士以外的其他人修建纪念设施或者安放骨灰、埋葬遗体。

第二十九条 在烈士纪念设施保护范围内不得从事与纪念烈士无关的活动。禁止以任何方式破坏、污损烈士纪念设施。

第三十条 烈士在烈士陵园安葬。未在烈士陵园安葬的,县级以上人民政府征得烈士遗属同意,可以迁移到烈士陵园安葬,或者予以集中安葬。

第三十一条 烈士陵园所在地人民政府民政部门对前来烈士陵园祭扫的烈士遗属,应当做好接待服务工作;对自行前来祭扫经济上确有困难的,给予适当补助。

烈士遗属户口所在地人民政府民政部门组织烈士遗属前往烈士陵园祭扫的,应当妥善安排,确保安全。

第五章 法律责任

第三十二条 行政机关公务员在烈士褒扬和抚恤优待工作中有下列情形之一的,依法给予处分;构成犯罪的,依法追究刑事责任:

(一)违反本条例规定评定烈士或者审批抚恤优待的;

(二)未按照规定的标准、数额、对象审批或者发放烈士褒扬金或者抚恤金的;

(三)利用职务便利谋取私利的。

第三十三条 行政机关公务员、烈士纪念设施保护单位工作人员贪污、挪用烈士褒扬经费的,由上级人民政府民政部门责令退回、追回,依法给予处分;构成犯罪的,依法追究刑事责任。

第三十四条 未经批准迁移烈士纪念设施,非法侵占烈士纪念设施保护范围内的土地、设施,破坏、污损烈士纪念设施,或者在烈士纪念设施保护范围内为烈士以外的其他人修建纪念设施、安放骨灰、埋葬遗体的,由烈士纪念设施保护单位的上级主管部门责令改正,恢复原状、原貌;造成损失的,依法承担赔偿责任;构成犯罪的,依法追究刑事责任。

第三十五条 负有烈士遗属优待义务的单位不履行优待义务的，由县级人民政府民政部门责令限期改正；逾期不改正的，处 2000 元以上 1 万元以下的罚款；属于国有或者国有控股企业、财政拨款的事业单位的，对直接负责的主管人员和其他直接责任人员依法给予处分。

第三十六条 冒领烈士褒扬金、抚恤金，出具假证明或者伪造证件、印章骗取烈士褒扬金或者抚恤金的，由民政部门责令退回非法所得；构成犯罪的，依法追究刑事责任。

第六章 附 则

第三十七条 本条例所称战时，是指国家宣布进入战争状态、部队受领作战任务或者遭敌突然袭击时。

第三十八条 军队评定的烈士，由中国人民解放军总政治部送国务院民政部门备案。

第三十九条 烈士证书、烈士通知书由国务院民政部门印制。

第四十条 位于境外的中国烈士纪念设施的保护，由国务院民政部门会同外交部等有关部门办理。

第四十一条 本条例自 2011 年 8 月 1 日起施行。1980 年 6 月 4 日国务院发布的《革命烈士褒扬条例》同时废止。

烈士安葬办法

1. 2013 年 4 月 3 日民政部令第 46 号公布
2. 自 2013 年 4 月 3 日起施行

第一条 为了褒扬烈士，做好烈士安葬工作，根据《烈士褒扬条例》，制定本办法。

第二条 烈士在烈士陵园或者烈士集中安葬墓区安葬。

烈士陵园、烈士集中安葬墓区是国家建立的专门安葬、纪念、宣传烈士的重要场所。

第三条 确定烈士安葬地和安排烈士安葬活动，应当征求烈士遗属意见。

烈士可以在牺牲地、生前户口所在地、遗属户口所在地或者生前工作单位所在地安葬。烈士安葬地确定后，就近在烈士陵园或者烈士集中安葬墓区安葬烈士。

第四条 运送烈士骨灰或者遗体(骸)，由烈士牺牲地、烈士安葬地人民政府负责安排，并举行必要的送迎仪式。

烈士骨灰盒或者灵柩应当覆盖中华人民共和国国旗。需要覆盖中国共产党党旗或者中国人民解放军军旗的，按照有关规定执行。国旗、党旗、军旗不同时覆盖,安葬后由烈士纪念设施保护单位保存。

第五条 烈士安葬地县级以上地方人民政府应当举行烈士安葬仪式。烈士安葬仪式应当庄严、肃穆、文明、节俭。

烈士安葬仪式中应当宣读烈士批准文件和烈士事迹。

第六条 安葬烈士的方式包括:

(一)将烈士骨灰安葬于烈士墓区或者烈士骨灰堂;

(二)将烈士遗体(骸)安葬于烈士墓区;

(三)其他安葬方式。

安葬烈士应当尊重少数民族的丧葬习俗,遵守国家殡葬管理有关规定。

第七条 烈士墓穴、骨灰安放格位,由烈士纪念设施保护单位按照规定确定。

第八条 安葬烈士骨灰的墓穴面积一般不超过1平方米。允许土葬的地区,安葬烈士遗体(骸)的墓穴面积一般不超过4平方米。

第九条 烈士墓碑碑文或者骨灰盒标示牌文字应当经烈士安葬地人民政府审定,内容应当包括烈士姓名、性别、民族、籍贯、出生年月、牺牲时间、单位、职务、简要事迹等基本信息。

第十条 烈士墓区应当规划科学、布局合理。烈士墓和烈士骨灰存放设施应当形制统一、用材优良,确保施工建设质量。

第十一条 烈士陵园、烈士集中安葬墓区的保护单位应当向烈士遗属发放烈士安葬证明书,载明烈士姓名、安葬时间和安葬地点等。没有烈士遗属的,应当将烈士安葬情况向烈士生前户口所在地县级人民政府民政部门备案。

烈士生前有工作单位的,应当将安葬情况向烈士生前所在单位通报。

第十二条 烈士在烈士陵园或者烈士集中安葬墓区安葬后,原则上不迁葬。

对未在烈士陵园或者烈士集中安葬墓区安葬的,县级以上地方人民政府可以根据实际情况并征得烈士遗属同意,迁入烈士陵园或者烈士集中安葬墓区。

第十三条 烈士陵园、烈士集中安葬墓区的保护单位应当及时收集陈列有纪念意义的烈士遗物、事迹资料,烈士遗属、有关单位和个人应当予以配合。

第十四条 在清明节等重要节日和纪念日时,机关、团体、企业事业单位应当组织开展烈士纪念活动,祭奠烈士。

烈士陵园、烈士集中安葬墓区所在地人民政府民政部门对前来祭扫的烈士遗属,应当做好接待服务工作。

第十五条　鼓励和支持社会殡仪专业服务机构为烈士安葬提供专业化、规范化服务。

第十六条　本办法自 2013 年 4 月 3 日起施行。

烈士纪念设施保护管理办法

1. 2013 年 6 月 28 日民政部令第 47 号公布
2. 自 2013 年 6 月 28 日起施行

第一条　为褒扬烈士,加强烈士纪念设施保护管理,弘扬爱国主义、集体主义精神和社会主义道德风尚,促进社会主义精神文明建设,根据《烈士褒扬条例》,制定本办法。

第二条　本办法所称烈士纪念设施,是指在中华人民共和国境内为纪念烈士专门修建的烈士陵园、纪念堂馆、纪念碑亭、纪念塔祠、纪念塑像、烈士骨灰堂、烈士墓等设施。

第三条　根据烈士纪念设施的纪念意义和建设规模,对烈士纪念设施实行分级保护管理。

烈士纪念设施分为:

(一) 国家级烈士纪念设施;

(二) 省级烈士纪念设施;

(三) 设区的市级烈士纪念设施;

(四) 县级烈士纪念设施。

未列入等级的零散烈士纪念设施,由所在地县级人民政府民政部门保护管理或者委托有关单位、组织或者个人进行保护管理。

第四条　县级以上烈士纪念设施由所在地人民政府负责保护管理,纳入当地国民经济和社会发展规划或者有关专项规划,所需经费列入当地财政预算。

民政部会同财政部安排国家级烈士纪念设施维修改造补助经费,地方各级人民政府民政部门会同财政部门安排当地烈士纪念设施维修改造经费。维修改造经费的使用和管理接受审计等部门的监督。

第五条　县级以上烈士纪念设施应当确定保护单位,加强工作力量,明确管理责任。烈士纪念设施保护单位由所在地人民政府的民政部门负责管理。

第六条　符合下列基本条件之一的,可以申报国家级烈士纪念设施:

(一) 为纪念在革命斗争、保卫祖国和建设祖国等各个历史时期的重大事件、重要战役和主要革命根据地斗争中牺牲的烈士而修建的烈士纪念设施;

（二）为纪念在全国有重要影响的著名烈士而修建的烈士纪念设施；

（三）为纪念为中国革命斗争牺牲的知名国际友人而修建的纪念设施；

（四）位于革命老区、少数民族地区的规模较大的烈士纪念设施。

省级以下各级烈士纪念设施，根据其纪念意义和建设规模，分别确定为省级、设区的市级、县级烈士纪念设施。

第七条 确定国家级烈士纪念设施，由民政部报国务院批准后公布。确定地方各级烈士纪念设施，由民政部门报本级人民政府批准后公布，并报上一级人民政府民政部门备案。

第八条 烈士纪念设施保护单位的上级主管部门应当提出划定保护范围的方案，报同级人民政府批准和公布。

对属于文物的烈士纪念设施，应当按照文物保护法律法规划定保护范围和建设控制地带。

县级以上烈士纪念设施应当设立保护标志。烈士纪念设施保护标志式样由民政部统一制定。

第九条 烈士纪念设施保护单位应当办理烈士纪念设施土地使用权属文件。

第十条 改建、扩建烈士纪念设施，应当经原批准等级的人民政府民政部门同意，并纳入建设项目管理。

第十一条 未经批准，不得迁移烈士纪念设施。

因重大建设工程确需迁移地方各级烈士纪念设施的，须经原批准等级的人民政府同意，并报上一级人民政府的民政部门备案。

迁移国家级烈士纪念设施的，应当由所在地省级人民政府报国务院批准。

第十二条 烈士纪念设施应当纳入城乡建设规划，绿化美化环境，实现园林化，使烈士纪念设施形成庄严、肃穆、优美的环境和气氛，为社会提供良好的瞻仰和教育场所。

第十三条 各级烈士纪念设施保护单位应当根据人民政府安排，开展烈士史料征集研究、事迹编纂和陈列展示工作，组织烈士纪念活动，宣传烈士的英雄事迹、献身精神和高尚品质。

烈士纪念设施保护单位应当充分发挥红色资源优势，具备条件的列入红色旅游发展规划，发挥爱国主义教育基地作用。

烈士纪念设施保护单位应当配备具备资质的讲解员。

第十四条 烈士纪念设施保护单位应当健全瞻仰凭吊服务、岗位责任、安全管理等内部制度和工作规范，对本单位工作人员定期进行职业教育和业务培训。

第十五条　任何单位或者个人不得侵占烈士纪念设施保护范围内的土地和设施。禁止在烈士纪念设施保护范围内进行其他工程建设。

任何单位或者个人不得在烈士纪念设施保护范围内为烈士以外的其他人修建纪念设施或者安放骨灰、埋葬遗体。

在烈士纪念设施保护范围内不得从事与纪念烈士无关的活动。

第十六条　未经批准迁移烈士纪念设施,非法侵占烈士纪念设施保护范围内的土地、设施,破坏、污损烈士纪念设施,或者在烈士纪念设施保护范围内为烈士以外其他人修建纪念设施、安放骨灰、遗体的,由烈士纪念设施保护单位的上级主管部门责令改正,恢复原状、原貌;造成损失的,依法承担赔偿责任;构成犯罪的,依法追究刑事责任。

第十七条　烈士纪念设施保护单位的工作人员玩忽职守、徇私舞弊,造成烈士纪念设施、烈士史料或者遗物遭受损失的,依法给予处分;构成犯罪的,依法追究刑事责任。

第十八条　本办法自 2013 年 6 月 28 日起施行。1995 年 7 月 20 日民政部发布的《革命烈士纪念建筑物管理保护办法》同时废止。

烈士公祭办法

2014 年 3 月 31 日民政部令第 52 号公布

第一条　为了缅怀纪念烈士,弘扬烈士精神,做好烈士公祭工作,根据《烈士褒扬条例》,制定本办法。

第二条　烈士公祭是国家缅怀纪念为民族独立、人民解放和国家富强、人民幸福英勇牺牲烈士的活动。

第三条　在清明节、国庆节或者重要纪念日期间,应当举行烈士公祭活动。

烈士公祭活动应当庄严、肃穆、隆重、节俭。

第四条　举行烈士公祭活动,由县级以上人民政府民政部门提出建议和方案,报请同级人民政府组织实施。

第五条　烈士公祭活动应当在烈士纪念场所举行。

上级人民政府与下级人民政府在同一烈士纪念场所举行烈士公祭活动,应当合并进行。

第六条　烈士公祭活动方案应当包括以下内容:

(一)烈士公祭活动时间、地点;

(二)参加烈士公祭活动人员及其现场站位和着装要求;

(三)烈士公祭仪式仪程;

(四)烈士公祭活动的组织协调、宣传报道、交通和安全警卫、医疗保障、经费保障、礼兵仪仗、天气预报、现场布置和物品器材准备等事项的分工负责单位及负责人。

第七条 烈士公祭活动应当安排党、政、军和人民团体负责人参加,组织烈属代表、老战士代表、学校师生代表、各界干部群众代表、解放军和武警官兵代表等参加。

第八条 参加烈士公祭活动人员着装应当庄重得体,可以佩戴获得的荣誉勋章。

第九条 烈士公祭活动现场应当标明肃穆区域,设置肃穆提醒标志。在肃穆区域内,应当言行庄重,不得喧哗。

第十条 烈士公祭仪式由县级以上人民政府或者其民政部门的负责人主持。

烈士公祭仪式不设主席台,参加烈士公祭仪式人员应当面向烈士纪念碑(塔等)肃立。

第十一条 烈士公祭仪式一般应当按照下列程序进行:

(一)主持人向烈士纪念碑(塔等)行鞠躬礼,宣布烈士公祭仪式开始;

(二)礼兵就位;

(三)奏唱《中华人民共和国国歌》;

(四)宣读祭文;

(五)少先队员献唱《我们是共产主义接班人》;

(六)向烈士敬献花篮或者花圈,奏《献花曲》;

(七)整理缎带或者挽联;

(八)向烈士行三鞠躬礼;

(九)参加烈士公祭仪式人员瞻仰烈士纪念碑(塔等)。

第十二条 在国庆节等重大庆典日进行烈士公祭的,可以采取向烈士纪念碑(塔等)敬献花篮的仪式进行。敬献花篮仪式按照下列程序进行:

(一)主持人向烈士纪念碑(塔等)行鞠躬礼,宣布敬献花篮仪式开始;

(二)礼兵就位;

(三)奏唱《中华人民共和国国歌》;

(四)全体人员脱帽,向烈士默哀;

(五)少先队员献唱《我们是共产主义接班人》;

(六)向烈士敬献花篮,奏《献花曲》;

(七)整理缎带;

(八)参加敬献花篮仪式人员瞻仰烈士纪念碑(塔等)。

第十三条 烈士公祭仪式中的礼兵仪仗、花篮花圈护送由解放军或者武警部队官兵担任,乐曲可以安排军乐队或者其他乐队演奏。

第十四条　花篮或者花圈由党、政、军、人民团体及各界群众等敬献。

花篮的缎带或者花圈的挽联为红底黄字,上联书写烈士永垂不朽,下联书写敬献人。

整理缎带或者挽联按照先整理上联、后整理下联的顺序进行。

第十五条　参加烈士公祭活动人员应当在烈士纪念设施保护单位工作人员组织引导下参观烈士纪念堂馆、瞻仰祭扫烈士墓。

第十六条　烈士纪念设施保护单位应当结合烈士公祭活动,采取多种形式宣讲烈士英雄事迹和相关重大历史事件,配合有关单位开展集体宣誓等主题教育活动。

第十七条　烈士纪念设施保护单位应当保持烈士纪念场所庄严、肃穆、优美的环境和气氛,做好服务接待工作。

第十八条　本办法自发布之日起施行。

全国人民代表大会常务委员会
关于确定中国人民抗日战争胜利纪念日的决定

2014 年 2 月 27 日第十二届全国人民代表大会常务委员会第七次会议通过

中国人民抗日战争,是中国人民抵抗日本帝国主义侵略的正义战争,是世界反法西斯战争的重要组成部分,是近代以来中国反抗外敌入侵第一次取得完全胜利的民族解放战争。中国人民抗日战争的胜利,成为中华民族走向振兴的重大转折点,为实现民族独立和人民解放奠定了重要基础。中国人民为世界各国人民夺取反法西斯战争的胜利、争取世界和平的伟大事业作出了巨大贡献和民族牺牲。中华人民共和国成立后,中央人民政府政务院、国务院先后将 1945 年 9 月 2 日日本政府签署投降书的次日即 9 月 3 日设定为"九三抗战胜利纪念日"。为了牢记历史,铭记中国人民反抗日本帝国主义侵略的艰苦卓绝的斗争,缅怀在中国人民抗日战争中英勇献身的英烈和所有为中国人民抗日战争胜利作出贡献的人们,彰显中国人民抗日战争在世界反法西斯战争中的重要地位,表明中国人民坚决维护国家主权、领土完整和世界和平的坚定立场,弘扬以爱国主义为核心的伟大民族精神,激励全国各族人民为实现中华民族伟大复兴的中国梦而共同奋斗,第十二届全国人民代表大会常务委员会第七次会议决定:

将 9 月 3 日确定为中国人民抗日战争胜利纪念日。每年 9 月 3 日国家举行纪念活动。

全国人民代表大会常务委员会
关于设立烈士纪念日的决定

2014 年 8 月 31 日第十二届全国人民代表大会常务委员会第十次会议通过

近代以来,为了争取民族独立和人民自由幸福,为了国家繁荣富强,无数的英雄献出了生命,烈士的功勋彪炳史册,烈士的精神永垂不朽。为了弘扬烈士精神,缅怀烈士功绩,培养公民的爱国主义、集体主义精神和社会主义道德风尚,培育和践行社会主义核心价值观,增强中华民族的凝聚力,激发实现中华民族伟大复兴中国梦的强大精神力量,第十二届全国人民代表大会常务委员会第十次会议决定:

将 9 月 30 日设立为烈士纪念日。每年 9 月 30 日国家举行纪念烈士活动。

关于进一步加强烈士纪念工作的意见

1. 2013 年 7 月 3 日中共中央办公厅、国务院办公厅、中央军委办公厅印发

2. 中办发〔2013〕8 号

在中国革命、建设、改革各个历史时期,涌现出无数为民族独立、人民解放和国家富强、人民幸福矢志奋斗、无私奉献、英勇牺牲的烈士,他们的功勋彪炳史册,他们的精神成为激励全国各族人民为实现中华民族伟大复兴而不懈奋斗的力量源泉。中央历来高度重视烈士纪念工作,出台了一系列政策措施,推动烈士纪念工作取得明显成效。随着形势任务的发展变化,烈士纪念工作还存在一些不足,特别是有的地方和部门对这项工作重视不够,公众参与度不高,相关制度机制不完善。为深入贯彻落实党的十八大精神,着力推进社会主义核心价值体系建设,经中央同意,现就进一步加强烈士纪念工作提出如下意见。

一、大力弘扬烈士精神

各地区各部门各单位要充分利用报刊、广播、影视、网络等媒体,广泛宣传烈士精神。积极开展主题教育活动,运用专题展览、报告会、阅读活动等多种形式,将弘扬烈士精神融入群众性文化活动之中。鼓励创作出版以烈士英雄事迹为题材、群众喜闻乐见的文艺作品和通俗读物,积极开展烈士史料编纂工作,制作展播反映烈士纪念设施建设保护管理的专题片,创办开通中华英烈网。整合军地资源,拓展研究领域,深入挖掘和大力弘扬在不同历

史时期形成的烈士精神,在全社会营造缅怀烈士、崇尚烈士、学习烈士的浓厚氛围。

二、广泛开展纪念烈士活动

每年清明节、国庆节等节日和重要纪念日期间,各级党委、政府和驻军部队以及企事业单位、社会组织要充分利用烈士纪念设施、爱国主义教育基地、国防教育基地等红色资源,组织开展祭奠烈士、缅怀英烈活动。采取有力措施,引导广大干部群众积极参与瞻仰烈士纪念设施、献花植树等经常性纪念活动,将烈士纪念活动融入日常生活、学校教育和红色旅游。充分运用现代信息技术手段,开展网上祭奠活动。研究设立烈士纪念日,建立健全烈士祭扫制度和礼仪规范等相关规章制度,让人民群众充分参与,确保烈士纪念活动深入持久、庄严有序开展。

三、坚持用烈士英雄事迹教育青少年

要在中小学充实关于著名烈士英雄事迹教育的内容,利用课堂教学、主题教育等对学生进行形式多样的思想道德教育。积极组织老红军、老八路、老战士、老党员和烈士后人,为青少年讲授烈士生平和英雄事迹,增强宣传教育活动的吸引力和感染力。坚持在入队、入团、入党、入伍等人生成长的重要时机,倡导在18岁成人、学生毕业时,组织开展烈士英雄事迹教育活动,通过参观瞻仰烈士纪念设施、集体宣誓仪式、网上祭奠英烈等形式,引导广大青少年铭记烈士的英名和壮举,进一步树立正确的世界观、人生观、价值观,增强历史责任感和使命感。

四、加强烈士纪念设施保护管理

各级党委、政府和有关部门要整合各地区各部门烈士纪念设施资源,理顺隶属关系,明确保护管理责任,统一归口民政部门实施保护管理,充分发挥烈士纪念设施的整体效能。认真落实烈士纪念设施保护管理相关法规,研究制定烈士纪念设施建设规范和标准,完善烈士纪念设施保护管理办法,明确分级保护管理责任,加大经费投入和保护管理力度。高质量高标准完成零散烈士纪念设施抢救保护工程,积极稳妥推进境外烈士纪念设施保护管理工作,建立健全保护管理长效机制。加强烈士史料和遗物的收集、抢救、挖掘、保护和陈列展示工作。对已公布为文物的烈士纪念设施,要按照文物保护法有关规定加强保护、管理与利用。动员社会力量支持烈士纪念设施建设保护管理,研究制定社会捐赠、志愿服务、义务劳动等方面的政策规定。建立检查监督机制,严肃查处人为破坏和污损烈士纪念设施的行为。

五、完善烈属抚恤优待政策

各级党委和政府要不断完善烈属优待帮扶政策,进一步强化政府主体责任,逐步提高烈属抚恤金标准,妥善解决烈属生活、医疗、住房和子女教育、就业等方面存在的实际困难。对符合条件的烈属家庭,优先配租配售保障性住房或发放廉租住房租赁补贴;对住房困难的农村烈属家庭,当地政府要积极帮助解决困难。切实加强优抚医院、光荣院建设,最大限度地满足烈属医疗、供养服务需求。定期走访慰问烈属,精心组织烈属祭扫活动,认真落实为烈属挂光荣牌工作,积极动员社会力量为烈属送温暖献爱心,让广大烈属切实感受到党和政府的关心关爱,感受到全社会的尊重。

六、认真履行部门职责

民政部门要统筹协调规划烈士纪念工作,研究制定烈士褒扬政策规定,做好烈士评定备案、烈属抚恤优待、纪念设施保护管理和组织指导祭扫活动等工作。宣传部门要加强对烈士纪念工作宣传报道的指导协调,逐步将符合条件的烈士纪念设施命名为爱国主义教育基地,并落实相关政策。党史、军史研究部门要加强对烈士精神的理论研究。组织、机构编制和人力资源社会保障部门要在队伍建设、人才培养等方面,加大对烈士纪念工作的支持力度。发展改革部门要将烈士纪念设施建设和保护纳入国民经济和社会发展规划,将重要烈士纪念设施纳入红色旅游发展规划。教育部门要以青少年学生为重点,把烈士英雄事迹宣传教育贯穿到国民教育体系。财政部门要加大经费保障力度,健全经费保障使用管理办法。文化、新闻出版广电等部门要鼓励和支持弘扬烈士精神的文学艺术、影视作品,以及报刊、图书、数字、音像电子等出版物的创作生产和宣传推广。文物部门要做好涉及烈士的文物鉴定和普查工作,加强对革命文物保护管理的指导。旅游部门要积极引导广大群众参观瞻仰烈士纪念设施,接受英雄事迹教育。工会、共青团、妇联等人民团体要组织企业职工、青少年、妇女开展纪念烈士活动。军队和武警部队要支持和配合地方政府做好烈士纪念工作,努力形成齐抓共管、共同推进的良好局面。

七、强化组织领导

各级党委和政府要加强对烈士纪念工作的组织领导和统筹协调,坚持继承与发展并举、建设与保护并重,努力推动烈士纪念工作深入持久开展。建立党委统一领导、政府行政主导、部门主动配合、社会广泛参与的工作机制,定期研究解决烈士纪念工作中存在的困难和问题。将烈士纪念工作落实情况纳入文明城市、双拥模范城（县）创建活动考评内容，同步考评、同步推进。把烈士纪念设施日常保护管理和维修改造经费纳入同级财政预算，民政部门会同财政部门安排中央财政性资金对国家级和零散烈士纪念设施维修改造给予补助，并对中西部地区予以倾斜。强化烈士纪念设施保护单位的公益属性，根据烈士纪念设施分级保护管理标准和工作需要，调整优化机构设置，充实人员力量。按照稳定队伍、充实力量、提高素质的要求，加强教育培训，健全激励机制，注重选拔使用，努力建设一支政治坚定、业务精湛、结构合理、甘于奉献的工作人员队伍，为烈士纪念工作提供人才保障。

关于做好烈士纪念日纪念活动的通知

1. 2014 年 8 月 31 日中共中央办公厅、国务院办公厅、中央军委办公厅发布

2. 厅字〔2014〕49 号

各省、自治区、直辖市党委和人民政府，中央和国家机关各部委，解放军各总部、各大单位，各人民团体：

2014 年 8 月 20 日，中央政治局常委会会议专门就设立烈士纪念日进行了审议讨论，并对做好相关工作作出了部署。8 月 31 日，第十二届全国人民代表大会常务委员会第十次会议作出关于设立烈士纪念日的决定，将 9 月 30 日设立为烈士纪念日。为做好烈士纪念日纪念活动，更好地贯彻落实《中共中央办公厅、国务院办公厅、中央军委办公厅关于进一步加强烈士纪念工作的意见》（中办发〔2013〕8 号）精神，经中央领导同志同意，现就有关事项通知如下。

一、充分认识开展烈士纪念日纪念活动的重大意义

为民族独立、人民解放和国家富强、人民幸福英勇牺牲的烈士，是中华民族的骄傲。以立法形式设立烈士纪念日，充分体现了党和国家对烈士的崇高敬意，对广大烈属的关心关爱。在全面深化改革、全面建成小康社会实现中华民族伟大复兴中国梦的进程中，深入开展烈士纪念日纪念活动，缅怀烈士功绩，弘扬烈士精神，对于培养公民的爱国主义、集体主义精神和社会主义道德风尚，培育和践行社会主义核心价值观，增强中华民族的凝聚力，激发实现中华民族伟大复兴中国梦的强大精神力量，具有重要现实意义和深远历史意义。各地区各部门各单位要充分认识开展烈士纪念日纪念活动的重要性，周密筹划组织，精心安排部署，认真抓好各项工作落实。

二、精心组织安排烈士纪念日各项纪念活动

1. 举行公祭烈士活动。烈士纪念日当天，国家将举行公祭烈士活动，地方各级党委、政府和有我烈士纪念设施国家的我驻外使领馆，都要举行公祭烈士活动，深切缅怀烈士的不朽功绩，表达继往开来、接续奋斗的坚定信心。

2. 向烈士墓敬献鲜花。烈士纪念日当天，各地要动员和组织党政机关干部、学校师生、部队官兵以及社会各界群众向烈士墓敬献鲜花；我驻外使领馆要动员和组织使领馆工作人员、华人华侨、留学生、中资机构代表等向我在境外的烈士墓敬献鲜花，永远铭记烈士的英名和壮举，进一步增强历史责任感和使命感。

3. 开展网上纪念烈士活动。烈士纪念日前后，各地要充分运用现代信息技术手段，开辟网上缅怀纪念烈士栏目，倡导社会各界群众特别是青少年通过网络缅怀纪念烈士，学习烈士英雄事迹，继承烈士遗志，进一步激发爱国热情、凝聚奋进力量。

4. 关怀慰问烈士遗属。烈士纪念日前后，各地要组织走访慰问烈士遗属，积极为他们解决实际困难，同时动员社会力量为烈士遗属送温暖献爱心，让他们切实感受到全社会的尊重，进一步增强荣誉感。

三、扎实抓好烈士纪念日纪念活动的组织实施

1. 加强组织领导。各地区各部门各单位要加强对烈士纪念日纪念活动的组织协调，建立健全党委统一领导行政主导、部门主动配合、社会广泛参与的工作机制。要认真研究制定具体实施方案，统筹各方力量，细化明确分工安排，精心抓好各项纪念活动的落实，既确保纪念活动庄严、肃穆、隆重，又严格遵守中央八项规定精神，杜绝铺张浪费。同时，继续组织安排好清明节期间群众性祭扫烈士墓活动。

2. 落实保障措施。各地区各部门各单位要充分利用红色资源，加大烈士纪念设施保护力度，强化烈士纪念设施教育功能。要加强经费保障，将每年纪念活动所需经费纳入同级财政预算范围，并按照现行分级管理体制和资金渠道，做好烈士纪念设施的维修改造工作。要广泛动员社会各界群众积极参与，确保纪念活动安全有序、深入持久。

3. 注重宣传教育效果。各地区各部门各单位要把纪念活动与宣传教育紧密结合起来，丰富教育内容，创新教育手段，让参加纪念活动的人员真正从中得到教育、受到启迪。要加大宣传力度，综合运用报刊、广播、影视、网络、移动媒体等平台，深入宣传各项纪念活动安排及开展情况，不断提高

公众知晓度。要大力宣扬烈士英雄事迹和优良传统,深入挖掘和弘扬不同历史时期的烈士精神内涵,用烈士精神凝聚党心军心民心,让正能量在全社会广泛传播。

烈士纪念设施保护单位服务规范

1. 2012 年 12 月 31 日中华人民共和国国家质量监督检验检疫总局、中国国家标准化管理委员会发布

2. 2013 年 5 月 1 日实施

1. 范围

本标准规定了烈士纪念设施保护单位服务质量的基本标准。

本标准适用于经各级人民政府批准公布的烈士纪念设施保护单位。

2. 规范性引用文件

下列文件对于本文件的应用是必不可少的。凡是注日期的引用文件,仅注日期的版本适用于本文件。凡是不注日期的引用文件,其最新版本(包括所有的修改单)适用于本文件。

烈士褒扬条例.国务院令〔2011〕第 601 号.

3. 术语和定义

下列术语和定义适用于本文件。

3.1　烈士　martyr

经认定,符合《烈士褒扬条例》烈士评定要求的人。

注:烈士主要包括:

　　——在依法查处违法犯罪行为、执行国家安全工作任务、执行反恐怖任务和处置突发事件中牺牲的;

　　——在抢险救灾或者其他为了抢救、保护国家财产、集体财产、公民生命财产牺牲的;

　　——在执行外交任务或者国家派遣的对外援助、维持国际和平任务中牺牲的;

　　——在执行武器装备科研实验任务中牺牲的;

　　——其他牺牲情节特别突出,堪为楷模的;

　　——现役军人牺牲,预备役人员、民兵、民工以及其他人员因参战、参加军事演习和军事训练、执行军事勤务牺牲评定烈士的。

3.2　烈士纪念设施保护单位　Martyr monuments protection unit

经批准,负责划定范围内烈士纪念设施管理保护的机构。

注:烈士纪念设施保护单位分为以下四级:全国重点保护单位;省、自治区、直辖市级保护单位;自治州、市(地区、盟)级保护单位;县(市、旗、自治县)级保护单位。

3.3　烈士纪念设施　the martyr memorial building

为纪念烈士专门修建的永久性设施,包括烈士陵园、纪念堂(馆)、纪念

碑(亭)、纪念塔(祠)、纪念雕塑、烈士骨灰堂、烈士墓区(地)等。

3.4 烈士陵园 martyr cemetery

为纪念烈士所建的纪念性建筑。

3.5 烈士纪念堂(馆) the martyr memorial hall

为纪念烈士而建立的陈设实物、图片等的建筑物。

3.6 烈士墓区(地) revolutionary Martyrs'Cemetery

为安葬烈士修建的墓区、墓地。

3.7 烈士骨灰堂(室) revolutionary Martyrs'Columbarium

安放烈士骨灰的纪念性建筑物。

3.8 烈士纪念碑(塔、亭) monument /tower /pavilion to the Martyrs

为纪念烈士所修建的纪念性碑(塔、亭)

3.9 烈士纪念雕塑 martyr Memorial Sculpture

用艺术的手法再现烈士形象修建的浮雕、群雕等。

4. 组织与制度

4.1 烈士纪念设施保护单位应根据实际情况科学设置岗位,岗位应配置管理人员、博物馆馆员、讲解人员、园艺师、社工师、维护人员、疏导人员等。

4.2 烈士纪念设施保护单位应建立健全以下规章制度:

——免费开放制度;

——讲解接待制度;

——馆藏革命文物陈列展示及保护制度;

——烈士纪念设施维护保养制度;

——重大纪念活动流程;

——纪念活动礼仪程序;

——安全保卫消防制度;

——环境美化制度。

5. 设施设备

5.1 烈士纪念设施保护单位应交通便利、设施齐全、功能完备、园容整洁。

5.2 对于已收集、整理的烈士遗物和事迹史料应妥善保管,并根据需要向公众展示。

5.3 革命文物应依照有关规定予以保护,做到无丢失、无破损、无锈蚀、无涂抹。

5.4 有条件的烈士纪念设施保护单位可在非褒扬区划定休闲活动区域,提供宣传资料,配备健身器材。

5.5　应由专人负责公共设施的维修保养,保障供水、供电、取暖、降温、通讯、消防、卫生等服务设施处于良好状态。

6. 基本服务

6.1　烈士纪念堂(馆)服务

6.1.1　烈士纪念堂(馆)内应环境整洁、光线适当、展品醒目、主题明确。

6.1.2　应做好烈士遗物、图片、音像等资料的收集、登记、鉴别、保管工作,不断充实馆藏内容。

6.1.3　陈列、展览的烈士遗物、图片、音像等资料应清晰、美观、庄重。

6.1.4　烈士纪念设施保护单位可提供宣传资料和出版物。

6.1.5　烈士纪念设施保护单位宜充实、更新陈列、展览内容,运用现代化手段提升展示水平。

6.1.6　讲解人员能够运用语言、演讲等技能将本烈士纪念设施保护单位的陈列、展示内容传递给观众。

6.1.7　讲解人员应着装得体、举止大方、挂牌上岗、语言规范、讲解流畅。

6.1.8　有外事接待任务的烈士纪念设施保护单位应配备涉外讲解员。

6.1.9　对年老体弱、身体残疾、外籍人员等参观者,宜安排专人陪同。

6.1.10　烈士纪念堂(馆)应设有留言簿、题词册。

6.2　烈士纪念堂(室)服务

6.2.1　烈士纪念堂(室)应建立以下制度:

——骨灰存放规范化管理;

——骨灰迁入、迁出工作流程;

——烈士骨灰堂开放时间公示表;

——凭吊须知。

6.2.2　工作人员挂牌上岗,语言文明,举止端庄。

6.2.3　烈士骨灰堂(室)应维持凭吊瞻仰秩序,做好烈士亲属的接待和抚慰工作,倡导文明祭扫的良好社会风尚。

6.2.4　烈士骨灰堂(室)应保持环境整洁,骨灰盒保管完好,摆放整齐,附烈士遗像、生平简介。

6.3　烈士墓区(地)服务

6.3.1　烈士墓区应规划整齐,布局合理,庄严肃穆。

6.3.2　墓碑应庄严肃穆、完整清晰。

6.3.3　烈士墓区(地)应设置引导标识。

6.3.4　烈士纪念设施保护单位应组织举行烈士骨灰安葬、瞻仰祭扫等仪式。

6.3.5 讲解人员应严肃、庄重、认真地讲解烈士生平事迹。

7. 其他服务

7.1 专项纪念活动服务

7.1.1 烈士纪念设施保护单位在重大历史事件、历史人物的纪念日及其他有特殊意义的纪念日,应为举行专项纪念活动提前做好准备,制定纪念活动计划及应急预案,确保纪念活动安全、有序,并根据大型集体纪念活动的时间、内容、形式等相关要求,报请当地政府及有关部门提前发布通知。

7.1.2 烈士纪念设施保护单位应按照纪念活动礼仪程序组织烈士纪念仪式。

7.1.3 烈士纪念设施保护单位应提供以下纪念活动需求:
——纪念场地;
——宣传资料;
——会标、宣传资料、音响器材;
——花圈、花篮、鲜花等祭奠物品。

7.1.4 烈士纪念设施保护单位应提供以下服务:
——引导参观群众;
——接待烈士亲属;
——停车、引导、等候、休息等综合性服务。

7.1.5 烈士纪念设施保护单位应联络新闻媒体单位及时宣传报道,对纪念活动适时总结。

7.1.6 烈士纪念设施保护单位应建立健全优质服务联络机制和重大专题纪念活动登记备案制度。

7.2 文物史料征集及烈士事迹宣传服务

7.2.1 烈士纪念设施保护单位为完善革命文物史料,应依据陈列展示主题,制定征集工作计划,确定征集范围。

7.2.2 烈士纪念设施保护单位对于捐赠革命文物,应:
——设立保管专柜或库房;
——建立健全捐赠文物档案;
——对捐赠文物的单位和个人给予精神鼓励或物质奖励。

7.2.3 烈士纪念设施保护单位应做好文物史料的挖掘、抢救、保护工作。

7.2.4 烈士纪念设施保护单位在不损毁革命文物的前提下,应开发利用馆藏文物,为单位或个人提供查阅、考证、复制等服务。

7.2.5 烈士纪念设施保护单位宜采取不同形式,弘扬英烈精神,纪念重大历史事件,发挥其革命传统的教育作用,主要形式包括:编制图书资料、制作音像作品、建立网上纪念馆。

8. 服务质量评估与改进

8.1 烈士纪念设施保护单位应制定服务质量评估工作制度,确定服务质量评估工作的主管责任,完善服务质量评估工作组织实施,并建立服务质量评估定期报告制度和评估制度。

8.2 烈士纪念设施保护单位应定期进行自查自评。重点检查工作人员坚守岗位、文明举止、着装整齐、挂牌上岗、制度落实等情况。

8.3 烈士纪念设施保护单位应通过设立意见箱、留言簿、回访烈士亲属和观众、走访教育活动单位等形式,获得服务质量、内容、方式、需求等多角度的信息反馈。

8.4 烈士纪念设施保护单位应及时处理瞻仰群众的投诉、意见和建议,制定改进方案,促进各项服务工作的持续改善,并做好服务质量评估工作资料的积累与保存。

参考文件

〔1〕革命烈士纪念建筑物管理保护办法.民政部令〔1995〕第 2 号.

〔2〕博物馆藏品管理办法.文化部令〔2005〕第 35 号.

国家级烈士纪念设施保护单位服务管理指引

1. 2014 年 7 月 24 日民政部公布

2. 民发〔2014〕138 号

为深入贯彻《中共中央办公厅 国务院办公厅 中央军委办公厅关于进一步加强烈士纪念工作的意见》(中办发〔2013〕8 号)精神,进一步加强国家级烈士纪念设施保护单位服务管理工作,规范服务内容,提高管理水平,充分发挥国家级烈士纪念设施褒扬烈士、教育群众的功能。根据《烈士褒扬条例》和《烈士纪念设施保护管理办法》《烈士安葬办法》《烈士公祭办法》等相关政策法规,制定本指引。

一、组织机构

(一)国家级烈士纪念设施,由国务院民政部门报国务院批准后公布。各级人民政府应当确定烈士纪念设施保护单位,作为保护管理国家级烈士纪念设施的专设机构。

(二)国家级烈士纪念设施保护单位实行行政领导人负责制,由县级以上人民政府民政部门负责管理。

(三)建立规范的行政领导人办公会议、全体职工会议制度,建立健全日常工作制度,保证烈士纪念设施保护管理工作科学规范运行。

(四)按照党章要求设置党组织,严格落实党的组织生活制度,加强学习型、服务型、创新型党组织建设,积极开展创先争优活动,发挥政治核心作用。

(五)加强党风廉政建设,坚持政务公开、事务公开、财务公开,坚持重大事项、重大问题集体研究,民主决策,增强保护管理工作的透明度和科学化水平,杜绝违法违纪现象发生。

二、纪念设施

(六)将烈士纪念设施建设和保护纳入当地国民经济和社会发展规划,提高建设水平,提升服务品质;争取将烈士纪念设施纳入红色旅游经典景区(线路)、爱国主义教育基地,创建 A 级旅游景区,拓展教育功能,扩大社会影响力。

(七)科学制定烈士纪念设施建设和维修改造规划,建立健全烈士纪念设施管理制度,加强日常管理和修缮,做到设施齐全、功能完备。

(八)协助有关部门划定烈士纪念设施保护范围,设置保护标志,及时制止破坏、污损烈士纪念设施,以及在烈士纪念设施保护范围内进行其他工程建设的行为。

(九)合理设置烈士纪念设施功能区域,对外公布开放时间,标明引导提示标志,完善配套服务用房和设施,为社会公众创造人性化的瞻仰和悼念环境。

(十)烈士纪念馆(堂)要布局合理、主题鲜明、史料翔实,形式和内容统一,运用现代信息技术手段,不断完善和提高布展水平。

(十一)烈士纪念碑亭、塔祠、塑像、英名墙等设施要外观完整、清洁,镌刻的题词、碑文、烈士名录清晰,用字规范,无褪色、脱落。

(十二)烈士骨灰堂要保持洁净,烈士骨灰保管完好,摆放整齐有序,烈士基本信息记录完整。

(十三)烈士墓区要规划科学、布局合理。烈士墓形制统一、用材优良。墓碑碑文字迹工整,碑文内容应镌刻烈士姓名、性别、民族、籍贯、出生年月、牺牲时间、单位、职务、简要事迹等基本信息。

三、烈士安葬和祭扫服务

(十四)建立健全烈士安葬、凭吊瞻仰、祭扫等制度规定,明确相关礼仪规范标准。

(十五)协助当地人民政府和烈士遗属做好烈士安葬工作,确保烈士安葬活动庄严、肃穆、文明、节俭。

（十六）积极配合机关、团体、企事业单位和部队开展经常性的烈士纪念和主题教育实践活动，精心组织烈属和社会公众日常祭扫和瞻仰活动，提供必要的祭扫用品，做好引导、讲解等服务工作。

（十七）做好烈属的接待工作，按规定申请和落实异地祭扫烈属的食宿等费用。

（十八）对年老体弱、身体残疾、少年儿童等特殊群体，要提供人性化服务，方便其进行参观、凭吊、祭扫等活动。有外事接待任务的单位，要配备涉外讲解员。

（十九）动员和引导社会力量支持烈士纪念活动，研究制定社会捐赠、志愿服务、义务劳动等方面的制度规定。

四、专项纪念活动

（二十）每年清明节、国庆节等节日和重要纪念日，要积极配合当地人民政府和有关部门承办专项烈士纪念活动。

（二十一）专项纪念活动开展前，要根据保护单位实际情况，协助县级以上人民政府民政部门提出开展纪念活动的建议方案，健全完善纪念活动计划及应急预案，准备必要的宣传资料和纪念用品。

（二十二）专项纪念活动实施过程中，按照纪念活动实施方案，组织参加纪念活动人员参观烈士纪念陈列馆（室）、瞻仰烈士纪念碑、烈士墓等，做好引导、讲解等服务；积极配合有关部门做好治安维护、交通管理、礼兵仪仗、医疗保障等工作。

（二十三）专项纪念活动结束时，与新闻媒体共同做好宣传报道工作，对专项纪念活动进行总结，进一步健全完善开展专项纪念活动的相关制度规定。

五、教育宣传

（二十四）加强文献史料、烈士英雄事迹的搜集整理和研究编纂，深入挖掘不同历史时期烈士精神的实质内涵，增强教育宣传的针对性和时效性。

（二十五）注重做好烈士遗物、实物史料的收集、鉴定工作，设立专柜陈列展示馆藏文物和烈士遗物，充分发挥教育功能。对可移动文物要设立专门文物库房，分级建档，妥善保管，做到无丢失、无虫害、无霉变、无锈蚀。

（二十六）抓住节假日、重要纪念日等参观、祭扫人员集中的有利时机，开展形式多样的主题教育活动，采取专题展览、烈士英雄事迹宣讲、红色经典影视展播等多种形式，广泛宣扬烈士精神和优良传统。

（二十七）积极开展共建活动，有计划地组织流动小分队，深入机关、企事业单位、社区、农村、学校、驻军等开展巡回展览和宣讲活动，宣传烈士英雄事迹。

（二十八）加大网络教育宣传力度，定期更新丰富"中华英烈网"展示内容，有条件的可建立专门门户网站，为社会公众提供网上祭扫和学习交流平台。

（二十九）有条件的可在适当区域，设置以弘扬烈士精神为主题的展板、海报等，配备必要的休闲设施，为群众提供独具特色的红色文化活动场所，将弘扬烈士精神融入群众性文化活动中。

六、园容园貌

（三十）园区规划应布局完整、合理、协调，建筑设施外观整洁，道路平坦干净，保护范围和建设控制地带内无违章建筑。

（三十一）注重绿化美化环境，实现园林化。园内花木与纪念设施相协调，四季常青，按照有关规定做好园内珍贵花木的保护工作。

（三十二）有专人负责公用设施、公共场所的维修保养和清扫保洁工作，确保园区环境干净整洁，供水、供电、卫生等服务设施处于良好状态。

（三十三）创新园区管理方式，努力实现从封闭、围墙式的管理向开放、人性化的管理方式转变。

七、队伍建设

（三十四）根据事业发展和实际工作需要科学合理设置管理岗位、专业技术岗位和工勤岗位。

（三十五）明确工作人员选录条件，严格按照标准选人用人，确保各类工作人员具备本职岗位所需的基本文化素质和专业知识。

（三十六）明确工作人员岗位职责，建立健全岗位责任制，做到有章可循，职责分明。

（三十七）制定工作人员学习教育计划，定期组织业务培训、进修和学习交流，鼓励工作人员考取相关职业资格和专业技术职称。

（三十八）加强思想政治工作和作风建设，教育和激励工作人员牢固树立爱岗敬业精神，热爱烈士褒扬事业。

八、财务资产管理

（三十九）加强经费管理，按照财务管理规定设置账簿、账户、科目。

（四十）完善财务审批制度和管理流程，坚持大项资金支出集体议定制度,主动接受有关部门监督审计,防止违规违纪现象的发生。

(四十一)建立健全资产登记制度,加强资产管理,防止国有资产流失。

九、安全管理

(四十二)坚持把安全工作纳入日常服务管理和专项纪念活动中,做到有机构、有制度、有预案、有演练。

(四十三)水、电、气以及易燃易爆品管理符合行业规范,按照有关规定配备防火、防盗、防自然损坏的设施,落实设施器械安全管理责任,确保馆藏文物、烈士遗物、纪念设施安全。

(四十四)合理、醒目设置安全标识,做到疏散通道和安全出口畅通。

(四十五)岗位人员安全意识强,熟悉安全要求,熟练掌握应急处理的程序,定期进行安全检查,及时消除安全隐患,杜绝安全责任事故发生。

十、绩效评估与奖惩

(四十六)建立健全服务管理绩效评估工作制度,明确绩效责任、工作目标及保障措施,定期组织绩效评估并及时通报相关情况。

(四十七)注重改进服务管理质量,通过设立意见箱、留言簿、回访烈属和社会公众、走访开展纪念活动的单位等形式,取得服务质量、内容、方式、需求等多角度的信息反馈。

(四十八)在园区醒目位置明示服务承诺,自觉接受监督,及时处理服务对象和社会公众的投诉、意见和建议,制定改进方案。

(四十九)建立健全工作人员奖惩制度,对在烈士褒扬工作中做出显著成绩的个人,按照有关规定给予表彰、奖励;对玩忽职守、徇私舞弊,造成烈士纪念设施、烈士史料或者遗物遭受损失的,依法给予处分;构成犯罪的,依法追究刑事责任。

省级、设区的市级和县级烈士纪念设施保护单位服务管理工作参照本指引执行。

附:

坚持宗旨　扎实推进烈士纪念工作的开展
——镇江市落实《关于进一步加强烈士纪念工作意见》调研

近年来,党和国家高度重视烈士纪念工作,相继出台了《烈士褒扬条例》《烈士纪念设施保护管理办法》《烈士安葬办法》《烈士公祭办法》等政策和法规。尤其是 2013 年 4 月,民政部和中共中央办公厅、国务院、中央军委办公厅下发的《关于进一步加强烈士纪念工作的意见》(以下简称《意见》),为开展烈士纪念工作提供了有力保障。

一、镇江市烈士纪念工作基本情况

据统计,镇江市现有国家重点烈士纪念设施保护单位 1 个,县级烈士纪念设施保护单位 3 个,零散烈士纪念设施 38 个。共安葬烈士 448 位,自 2009 年实施"慰烈工程"以来,共有 335 座散葬烈士墓得到了集中安葬,各地烈士纪念设施管理与保护工作得到了有效推进。

各级烈士陵园大力征集烈士资料,全市共搜集了 3000 余名烈士的事迹资料。各级烈士陵园认真做好烈士祭扫活动,开展形式多样的爱国主义教育活动,大力宣传烈士精神,开展烈士家属的精神抚慰工作,充分发挥了爱国主义教育基地的作用。

二、落实《意见》情况

1. 认真贯彻落实,推动镇江市相关文件的出台

党中央、国务院、中央军委办公室颁布《意见》以后,为了进一步做好镇江市烈士纪念工作,2013 年 8 月,镇江市委、市政府在江苏省率先出台了《关于加强烈士纪念工作的意见》(镇办发〔2013〕102 号),并制定了《烈士纪念设施保护单位工作细则》,明确了县级以上及乡镇烈士陵园工作的管理标准,具有操作性和指导性。2014 年 3 月,镇江市委办公室、市政府办公室转发了市民政局等六部门《关于规范开展祭奠烈士工作意见的通知》(镇办发〔2014〕22 号),这两个文件的出台,推动了镇江市烈士纪念工作的深入开展。

2. 发挥示范作用,加强对管理人员的培训指导

镇江烈士陵园是全国重点烈士纪念设施保护单位,无论是在烈士纪念设施的管理与保护方面,还是在烈士褒扬教育活动的开展上都具有丰富的经验,在全市起一定的示范引导作用。为此,我们有效利用国家级烈士陵园的龙头作用,组织开展烈士纪念工作培训班,解读《意见》,并聘请镇江烈士陵园的同志为全市烈士陵园管理人员进行专题讲课,开展业务培训和指导,同时组织管理人员赴镇江市烈士陵园和省内其他省级以上烈士陵园进行观摩学习,提高开展烈士纪念工作的能力和水平。

3. 加强考察指导,全力推进乡镇陵园提档升级

慰烈工程实现了散葬烈士墓的集中安葬,但有些乡镇烈士纪念设施还不够完善,管理保护水平还不够规范,教育基地的作用还不能有效发挥。为此,《意见》出台后,我们成立了专家组,对镇江市乡镇烈士陵园进行了全面考察,提出了具体的指导意见,力促全市乡镇烈士陵园的提档升级。如丹阳市结合当地特点和实际,对丹阳市五处烈士陵园及纪念设施进行了全方位

的规划设计,着力打造精品陵园。其中,投入200万元对贺甲烈士陵园在原址上进行了改扩建,将陵园建设纳入了延陵镇旅游规划之中,目前纪念馆改建工作正在进行,改扩建后,贺甲烈士陵园将成为整个旅游景区的一道亮丽风景线;投入160万元对司徒镇烈士陵园另选址进行了重建;先后投入150万元对导墅里庄进行建设和管理,新建烈士墓穴21座,并正在新建革命烈士陈列馆。丹徒区对全区范围内的所有乡镇烈士陵园进行了改扩建。上党镇烈士陵园在启动慰烈工程以来,新征用了5亩土地,投入了150万元,用于陵园的改扩建工程。荣炳烈士陵园投入30余万元,对陵园进行了整修,增加了绿化面积,设立了烈士事迹宣传栏。丹徒区烈士陵园也正在积极筹建中。扬中市在完成扬中市烈士陵园改扩建工程的基础上,完善了油坊镇烈士陵园建设,启动了八桥红旗英烈广场建设工程。八桥红旗英烈广场依托渡江七烈士墓碑,建开放式英烈广场,为如何因地制宜建设乡镇烈士陵园提供了新的模式。

同时,各地还对照《烈士纪念实施保护单位工作细则》,加大规范化建设,强化内部管理。丹阳市在对烈士墓的建设中,按民政局要求,烈士墓的规格、墓穴材料、碑文、刻字等均按统一样式,标准化实施。目前,镇江市各乡镇烈士陵园均建立了内部管理制度和台账,完善了烈士信息,设立宣传橱窗,制订了陵园祭扫须知,设立陵园指示牌,并配备了专门人员加强陵园管理,通过规范管理,逐步强化了各地烈士陵园的纪念功能。

4. 开展纪念活动,营造爱国主义教育的氛围

一是扎实开展爱国主义教育活动。为深入贯彻《意见》精神,各辖市区高度重视,大力开展多种形式的烈士纪念活动,尤其是抓住清明这一重要时机,各地都制定了详细的祭扫方案,全市统一、上下联动,将清明节前一周确定为"烈士纪念周",各地四套班子领导在"烈士纪念周"期间带头到烈士陵园祭扫先烈。镇江烈士陵园还率先开展了首个"烈士纪念周"启动仪式,并按照《烈士公祭办法》组织社会各界群众开展公祭先烈活动,被中央电视台及《新华日报》等省级以上媒体报道。

二是创新爱国主义教育的方法。镇江市烈士陵园通过烈士褒扬教育网站和陵园博客为群众提供了方便快捷的网上祭扫和适时互动,加大了宣传的力度;利用"北固红枫"烈士事迹宣讲团这一流动的课堂,长年对外开展烈士事迹宣讲活动。在烈士纪念工作中,镇江烈士陵园引入社会工作的方法,开展"携手雏鸟,欢乐成长"和"烈属温情之约"社工服务项目,将对青少年的爱国主义教育和对烈士家属的关爱行动融入专业社工的服务之中。扬中市西来桥镇整理本地知名烈士的生平事迹,制作成展板,开展"烈士事迹进校园"活动。将烈士事迹制作成"烈士生平二维码",让学生及社会各界人

士通过扫二维码,便捷地获取烈士的信息,增强爱国主义教育活动的时代感。扬中市市民何宇勇通过"扬中百事通"微信平台,发布英烈故事160余篇和600多名烈士英名,供市民网上祭奠,该做法曾被《中国民政》报道。

三是提高烈士遗属保障水平。2011年起,镇江市重点优抚对象的抚恤补助标准实行城乡一体,烈士遗属的保障标准得到了很大的提高,以2014年为例,烈士遗属定期抚恤年标准为24374元。对未享受定期抚恤金或补差的烈士父母(抚养人)、配偶,由户籍所在地的辖市区人民政府按照每月不低于其户籍所在地烈属定期抚恤金标准的20%发放抚慰金。同时,加大了对烈士遗属的医疗保障,通过居民医疗保险、社会医疗救助、慈善救助、大病救助和门诊补助等方式,使烈士遗属的基本用药的自费比例不超过10%。

我们还加强了对烈士遗属的精神抚慰工作。2013年,镇江市民政局组织烈士遗属赴丹阳红叶颐馨园进行短期疗养,为他们办理了可以免费游园和可以免费乘坐公交的"镇江市重点优抚对象优待卡",各辖市区组织烈属外出参观游览,开展烈士家属免费体检,对住院的烈属及时探望,八一、春节上门慰问等,提高了烈士遗属的荣誉感和自豪感。镇江市烈士陵园成立"北固红枫"志愿者服务队,长年走访慰问贫困烈士家属,提供烈士家属祭扫接送等服务,并积极做好异地祭扫烈士家属的接待工作。

三、存在问题

1. 体制机制不顺

目前镇江市有丹阳、扬中和句容三个县级烈士陵园,这些陵园都存在体制机制不顺的问题。丹阳市烈士陵园主管部门为丹阳史志办,民政局无法对烈士陵园的业务工作进行有效的管理和指导,导致烈士陵园不能严格按照《烈士褒扬条例》和《烈士纪念设施保护管理办法》来规范建设和管理。句容市烈士陵园仍为差额拨款事业单位,这与2013年民政部颁布的《烈士纪念设施保护管理办法》精神相违背。《烈士纪念设施保护管理办法》明确指出县级以上烈士纪念设施由所在地人民政府负责保护管理,纳入当地国民经济和社会发展规划或者有关专项规划,所需经费列入当地财政预算。扬中市烈士陵园虽有独立编制,但仅有2名在编人员,且全部借调至民政局工作,没有实现独立办公。烈士陵园由民政局优抚科代管,优抚科兼管安置、双拥等大量工作,除一般性的祭扫活动外,没有太多精力从事烈士纪念活动的策划组织、烈士事迹整理和宣讲工作,对乡镇级烈士陵园的指导仅停留在简单管理维护的水平上。其他乡镇烈士陵园基本没有专门的管理机构和人员,也就是请临时工看看门。

2. 经费投入不足

烈士纪念设施管理与维护、陵园绿化的管护、烈士纪念活动的开展,都需要投入大量的资金,这离不开财政的大力支持,然而镇江市各地烈士陵园普遍存在资金投入不足的情况。镇江烈士陵园作为国家级烈士陵园,财政所拨经费也仅能维持陵园基本的运转,陵园的建设经费基本靠向上争取,制约了陵园向更高层次的发展。其他县级烈士陵园的管理维护经费虽纳入财政预算,但与实际支出都有一定的差距。许多乡镇级烈士陵园的管理维护经费没有明确来源。

3. 部门合作不够

爱国主义教育是社会主义核心价值观的重要内容,做好烈士纪念工作是全社会共同的责任。需要宣传部门的大力宣传、教育部门的积极引导、人社和财政部门的有力保障、旅游部门的有效配合及其他各部门的关心、支持和重视。但目前,开展烈士纪念工作的外部环境氛围还不浓,各相关部门的重视程度还不够,各部门互相推诿,简单应付,都不愿意主动参与,承担责任,开展烈士纪念工作成了民政部门在唱独角戏,工作推进的难度很大。

4. 人才队伍缺乏

烈士纪念设施的管理与维护、烈士纪念活动的开展都需要大量的人才作为支撑,既需要管理型人才,也需要文博讲解、园林绿化、设备维护、档案管理、专业社工等多种专业技术型人才,目前各地烈士陵园,尤其是乡镇烈士陵园人才队伍尤为缺乏,人才老化、专业知识匮乏等现象严重。因此,无论是县级烈士陵园,还是乡镇级烈士陵园,管理和服务都还处于低水平运作。

四、建议和策略

1. 健全体制机制建设

针对镇江市烈士陵园在体制机制方面存在的问题,我们将进一步加强与当地政府和相关部门的沟通,加大对政策法规的宣传,利用双拥创建等机遇,积极争取各级政府和相关部门对烈士纪念工作的重视,通过明确烈士陵园的主管部门和单位性质、增加人员编制等,逐步理顺制约烈士陵园发展的体制机制,建立科学合理的管理机制,促进各地烈士纪念工作有效开展。

2. 争取财政经费投入

加强地方财政对烈士陵园的支持力度,在保证各级烈士陵园正常运转经费的前提下,要加大建设和管理经费的投入,对一些改造项目要确保配套的资金,同时,要形成保护单位零基预算的逐年增长机制,使保护单位的管理、建设与经济社会发展相适应,确保烈士陵园健康有序地发展,使烈士陵园能为社会提供更加丰富的精神食粮。

3. 加强部门协调机制

开展烈士纪念工作必须整合各部门的力量,形成多部门联动的机制。

成立烈士纪念工作领导小组,加强各部门的分工与合作,明确部门责任,逐步形成开展烈士纪念工作的合力,营造浓厚的烈士褒扬教育氛围,努力形成齐抓共管、共同推进的良好局面。

4. 着力培养人才队伍

转变看陵守墓的传统观念,明确建设现代化烈士陵园对人才队伍建设的要求,通过引进和培养,建立起适应形势任务要求的人才队伍。尤其要在培养文博讲解员、绿化管理员、档案管理员等传统人才的基础上,引进和培养陈列展览、电子信息、社会工作等新型人才。为烈士纪念工作的创新与发展注入新的活力。

烈士精神是中国精神的具体体现,弘扬烈士精神,做好烈士纪念工作,是烈士纪念设施保护单位当前进行爱国主义教育的重要内容。为此,全社会都应高度重视烈士纪念工作,坚持"褒扬烈士、教育群众"的宗旨,大力弘扬烈士精神,为实现中华民族伟大复兴的中国梦而凝聚力量!

怎样推进烈士纪念设施的管理与保护工作

近年来,在国家民政部的部署下,我国一大批散葬烈士得到了妥善的安置,许多纪念设施得到了完善,同时,也增加了一批新的纪念设施。但如何做好烈士纪念设施的后续管理,发挥烈士纪念建筑物应有的作用,这是每一个烈士纪念设施保护单位都必须思考的问题。

一、烈士陵园和烈士纪念设施保护单位的概念

烈士陵园是党和国家及人民为那些为国牺牲的革命烈士建造的安息之地,也是以革命先烈的光辉业绩教育人民、永昭民族正气的革命纪念地。

革命烈士纪念设施是指为缅怀革命烈士专门修建的烈士陵园、纪念堂馆(祠)、纪念碑(塔)、纪念亭(碑廊)、纪念雕塑、烈士墓等纪念建筑设施。

烈士纪念设施保护单位可以包含烈士陵园;烈士陵园也可以是由碑、堂、亭、馆、墓等综合在一起的烈士纪念设施保护单位。许多烈士纪念地还达不到烈士陵园的标准,但是只要有碑、堂、亭、馆、墓的烈士纪念地,就属烈士纪念设施保护单位。

二、政策法规

1.《革命烈士褒扬条例》。这是国务院 1980 年 6 月 4 日颁布实施的。主要从批准烈士的条件、批准机关、抚恤等方面对优抚工作加以指导,涉及保护单位的工作,仅有第七条:"各级人民政府应当搜集、整理、陈列著名革命烈士的遗物和斗争史料,编印《革命烈士英名录》,大力宣扬革命烈士的高尚品质。"实际上指出了保护单位宣传教育的主体功能及主要的工作内容。

2.《民政部、财政部关于对全国烈士纪念建筑物加强管理保护的通知》。这是 1986 年 10 月 28 日由国务院批准,民政部、财政部发布的。根据纪念意义和规模大小第一次提出了保护单位的分级管理制度(即全国重点保护单位;省重点保护单位;自治区、直辖市保护单位和县保护单位),对各级保护单位的审批、公布、备案和经费的保障作了具体的说明。并于当年公布了第一批 32 个全国重点保护单位。这个通知对保护单位具有一定的指导作用。

3.《革命烈士纪念建筑物管理保护办法》。该办法是 1995 年 7 月 20 日民政部令第 2 号发布的。该办法第三条提出了保护单位的分级管理制度。其中指出,未列为县级以上保护单位的革命烈士纪念建筑物,由建设单位负责管理保护。

第四条:列为县级以上革命烈士纪念建筑物的保护单位是全额拨款的事业单位,实际上指出了保护单位的性质。目前有些县级以上的保护单位,仍然属于差额拨款的性质,完全可以据此去争取。

第五条:全国保护单位由民政部报国务院批准后公布,其他地方各级保护单位,由该级人民政府的民政部门提出,报同级人民政府批准后公布,并报上一级人民政府的民政部门备案。

同时,该办法还对烈士纪念设施保护单位的机构设置、保护范围的划定、保护标志的设置、工作内容、经费、管理、修建迁移、法律责任等有了明确的规定。烈士纪念设施保护单位应认真学习保护办法,按照办法精神开展各项保护工作。

4.《县级以上烈士纪念建筑物保护单位争创管理工作先进单位考评细则》和《县级以上烈士纪念建筑物保护单位争创管理工作先进单位考评办法》,1994 年民政部颁发(民办发〔1994〕2 号)。《细则》和《办法》虽是对争创管理先进单位的一个考评要求,但对所有的保护单位都具有一定的指导性。对照标准可以知道我们要从哪些方面去开展工作。

总体来说,针对烈士纪念设施保护单位的一些法规政策文件,颁布时间长,规格不高,客观上讲,已不太适应新时期烈士褒扬教育工作的开展。目前,民政部正在加紧修订新的《革命烈士褒扬条例》。

三、保护单位的功能

1. 主体功能:宣传教育功能

从保护单位"褒扬烈士、教育群众"的工作宗旨中可以看出,保护单位的主体功能就是弘扬烈士精神,教育广大群众。无论过去、现在还是将来,宣传教育功能永远是保护单位的主要功能。

2. 附属功能:休憩观赏功能、红色旅游功能、历史文化功能等

随着社会的发展,文明程度的提高,烈士纪念设施保护单位的功能也在

不断扩大,如休憩观赏功能、红色旅游功能、历史文化功能等,都将保护单位与社会大众的需求越来越紧密地联系在一起,在社会主义精神文明建设中发挥着重要的作用。

四、怎样做好烈士纪念设施的管理与保护工作

1. 加强管理,做好纪念设施的维护

烈士纪念设施是烈士纪念设施保护单位开展爱国主义教育的重要载体,在有形之物上附着着烈士的革命不屈精神、重要的历史文化价值和宝贵的教育资源。因此,做好纪念设施的保护工作至关重要。作为烈士纪念设施保护单位,不管单位大小、级别高低、纪念设施的多少,都必须高度重视这一工作。要做到"专人管理,及时修理",始终保持烈士纪念设施的庄严、肃穆。具体要做到以下"五个确保":一是确保烈士纪念设施无破损、无锈蚀;二是确保纪念设施上镌刻的题词、碑文、烈士名字清晰;三是确保烈士墓区整洁、肃穆,墓碑碑文字迹工整、记述清楚;四是确保烈士骨灰堂洁净,骨灰盒保管完好,摆放整齐,附有烈士遗像及生平简介,烈士骨灰堂内不得存放非烈士骨灰盒等;五是确保有良好的凭吊活动场地和服务设施。

2. 加强宣传,发挥教育基地作用

(1) 做好烈士资料的征集、整理、建档工作。烈士资料和文物是我们每一个烈士纪念设施保护单位开展教育工作的源泉。任何一处纪念设施都蕴含着一定的纪念意义,或是烈士的安息地,或是历史事件的发生地,或是烈士的出生、牺牲地,作为烈士纪念设施保护单位,我们应尽可能地收集反映烈士生平、反映历史事件及背景的资料和物品。对一些牺牲年代久远的烈士,我们必须抱着抢救的心态去积极征集,通过查资料、寻找烈士亲属和幸存者等,尽可能地完善资料。针对刚刚牺牲的烈士,要迅速征集资料。尤其是烈士的遗物,因为民间的风俗是人死后生前使用过的东西大多家庭都不再保存。如果我们不在第一时间征集遗物,就会使烈士的遗物被销毁,而造成不可挽回的损失。同时,在烈士资料的征集中,还要时刻保持敏感性,看报纸、看电视、听新闻、上网,不经意间就会获得某个烈士的线索,顺着线索寻找就会有意想不到的收获。

对于搜集到的烈士资料和遗物要及时做好登记和说明,如要标明什么时间、在什么地方、通过什么形式搜集到的烈士资料与文物,以及资料与烈士和事件的关系等。同时,要做好整理、归档工作,对烈士资料最好要做到一人一档,便于查询。保护单位要设有文物库房或专柜,对馆藏革命文物、烈士斗争史料、遗物做到账物一致,分级建档,妥善保管,无丢失、无虫害、无霉变、无锈蚀。

县级以上保护单位应按照以上要求做好资料和文物的征集、整理、归

档、保管工作;县级以下的保护单位也应根据自身的实际做好资料征集工作;没有专职人员管理的保护单位,兼职人员应协助当地的民政部门做好烈士资料的征集和管理工作。

(2) 做好烈士资料和文物的陈列展示工作

陈列展示是加强烈士事迹宣传的有效途径。新形势下,如何顺应时代的要求,与时俱进,建设符合自身实际和特点的纪念馆? 笔者认为烈士纪念堂馆的陈列展示应做到主题鲜明,史料翔实,形式与内容统一。纪念馆在陈列布展工作上的探索与创新,最终还是要体现在展陈效果上,因此要做到"四个注重":注重陈列内容的真实性与陈展形式的生动性相结合;注重烈士事迹与历史背景及时代意义相结合;注重历史文化的传承与适应群众要求的时代性相结合;注重固定展出内容与流动展览相结合。以上是对县级以上保护单位的要求,对县级以下、没有专门管理机构、没有纪念堂馆的烈士纪念设施保护单位,笔者认为,可以在适当的时机,如烈士牺牲纪念日、历史事件纪念日等,就某一事件或某一烈士,通过举办临时性展览的方式,达到宣传教育的目的。

(3) 做好宣传、讲解工作

在宣传教育工作中,我们还应利用自身的资源,通过编写烈士传记,编辑出版发行报纸、画册、宣传书刊,拍摄爱国主义教育影片等来宣传烈士事迹,宣传革命斗争史知识。我们还要充分利用报纸、电台、电视台、网络等媒体,来加强对爱国主义教育的宣传,加强对保护单位工作的宣传,让群众通过宣传了解保护单位,学习爱国主义教育知识。

有纪念馆的单位,应配备专职的讲解员,通过讲解员生动的讲解来教育群众、传播知识。因此,讲解员要熟悉馆藏内容,知识面要丰富,力求做到自己撰写讲解稿。讲解员还要做到因人施讲,使讲解富有感染力。许多烈士纪念设施保护单位由于人员不足,没有专职讲解员或讲解员不足,还有一些没有专人管理的保护单位,可主动与高校等部门联系,通过招募社会志愿者的形式来开展讲解工作。

(4) 组织开展教育活动

烈士纪念设施保护单位不论大小都是爱国主义教育的基地,要发挥教育基地的作用,必须以活动为载体,通过形式多样、内容丰富的爱国主义教育活动的开展达到宣传烈士的目的。在开展教育活动中,应侧重于"三个注重":

一是注重清明活动的策划。清明活动是保护单位全年工作的重点内容,也是保护单位组织开展爱国主义教育活动的最佳时期。因此,一定要抓住这一时机,做好清明教育活动的策划、组织和开展工作。保护单位可主动与市委宣传部、市关工委、团市委、市党史办、市教育局等单位联系，召开清明活动协调会，通过协调会确定整个清明活动的方案，并且将陵园清明爱国主义教育活动内容纳入市委宣传部的爱国主义教育活动中，以宣传部的名义向全市各单位发出《关于清明组织开展爱国主义教育活动的通知》，宣传媒体及时跟进，提前发出活动通告，及时营造清明开展爱国主义教育的氛围。这样就能确保清明期间各项活动的顺利开展。

二是注重全年活动的开展。许多保护单位清明期间热热闹闹，平时冷冷清清，这是重视清明而忽视了平时的教育。爱国主义教育应注重长效性，在策划清明爱国主义教育活动的同时，更要注重全年活动的开展，才能发挥基地长久的作用。由于清明节的特殊意义，许多单位自发组织来陵园开展教育活动，在其他时间，主动上门联系活动的单位不多。在这种情况下，保护单位如何做好全年教育工作，就必须要动脑筋、想办法。保护单位可通过"走出去"与"请进来"相结合的办法，将爱国主义教育活动贯穿全年，如成立烈士事迹宣讲团，深入城乡，针对不同对象开展烈士事迹宣讲，针对重要纪念日组织策划教育活动；也可在暑期，针对学生特点组织"七彩夏日——青少年暑期系列活动"，组织开展烈士事迹巡回展览等。保护单位通过主动作为，使爱国主义教育活动常态化。

三是注重活动形式的创新。爱国主义教育不能是简单的说教，丰富的内容必须要通过新颖的形式来展现，才能达到易于被群众接受的目的。因此，保护单位在开展爱国主义教育活动中一定要注重形式的创新。可以从可看性、可听性和可参与性方面入手。如可看性：可通过办展览、组织观看爱国主义教育影片、举办文艺演出等活动来体现；可听性：可开展烈士事迹宣讲、演讲比赛、座谈会、吟诗会等活动；可参与性：可组织植树、绘画、摄影、知识竞赛等活动。现代化信息技术的发展，在爱国主义教育的形式上又有了新的突破，如开办烈士褒扬教育网，通过网上祭扫、网上烈士资料信息的浏览功能，可以使观众足不出户就能接受大量的教育内容，不失为拓宽保护单位功能的好方法。笔者认为有能力的保护单位都应建有自己的宣传教育网站。县级以下保护单位也可借助于当地的政府网站或民政网站，建立一个自己的宣传版块。

3. 美化环境，加强园容园貌建设

《县级以上烈士纪念建筑物保护单位争创管理工作先进单位考评细则》对园容园貌有具体的要求，即要做到布局合理，规划完整，树木与纪念建筑物协调，道路平坦干净，环境优美等；环境美化好、绿化好，绿化面积应占保护单位面积的80%；对珍贵花木建立档案标志，采取保护措施，而使树木成活率高，无意外多株枯死现象。以上细则是对保护单位拓宽附属功能的具体要求。保护单位应该根据自身实际编制整体规划,规划可设近期、中期、远期目标。在新建、改建纪念设施时,按规划要求,分步实施,力求做到布局合理,不能想到哪做到哪。纪念建筑物的建设还要注重增加文化、艺术品位,打造陵园的休憩观赏功能、红色旅游功能、历史文化功能,努力营造陵园的可亲性,满足社会大众的精神需求,使其成为一个可供游览、融自然与人文景观于一体的纪念公园。

4. 科学规范,加强内部管理

一要加强内部管理制度的建设。要使各项工作规范化,制度是关键。保护单位应建立健全各级、各类人员岗位责任制,做到有章可循、职责分明,要有严格的考核办法和奖惩措施。同时,要根据工作要求,不断创新、完善各项制度,切实做到以制度管人、以制度管事、以制度管权。

二要建立服务规范。为了方便群众参观祭扫,保护单位应制订预约登记制度、瞻仰凭吊制度、服务承诺制度、入园参观须知、免费开放细则等,不断规范服务标准,热情接待参观群众,主动接受群众监督。力求做到让群众乘兴而来,满意而归。

三要重视队伍建设。有专门机构的保护单位,要重视人才队伍的建设。功能完备的保护单位需要文博、陈列讲解、美术摄影、文档、园林绿化、机械维修、会计、电脑、墓地维护等多方面的专业技术人员,而多数保护单位目前都存在专业人才缺少、人员素质不高、编制少等问题,这就要求我们在引进人才的同时,更加注重对自身员工的培养,针对人员编制少的状况要培养一专多能的人才。一方面要鼓励职工自己开展文化和业务知识的学习,一方面单位要通过送出去培训,请老师上门授课等多种形式来有意识地培养人才。

5. 加强沟通,争取多方面的支持

烈士纪念设施保护单位目前大都存在经费不足等问题,这就要求我们要通过多种途径来争取资金。一方面要争取政府和上级部门的支持,另一方面也可争取社会力量来加强自身建设。这就需要我们认真策划项目,主动上门加强沟通,组织开展活动,来赢得群众的支持与参与。保护单位还需要加强与宣传部、关工委、团市委、党史、教育局等单位的联系,从业务上寻求指导,从开展活动上寻求支持,共同携手开展爱国主义教育活动。使保护单位的工作真正走上社会化发展之路。

6. 认真负责,维护保护单位的形象

打开互联网,我们会发现,近年来,由于保护单位人员素质差、管理不善等原因,恶劣负面影响的新闻不断。如,一些散落在荒郊野外的烈士纪念建筑物,无人管理,破损不堪。某些陵园内存在赌博、养鸡、种菜等亵渎烈士的

现象,还有曾被媒体曝光过的"艳舞跳进泸州烈士陵园""济南市烈士陵园竟成集市""湖南衡阳耒阳烈士陵园歌厅林立,娱乐项目五花八门"等现象。烈士纪念设施保护单位在群众心目中是一个神圣的地方,群众关注度很高,做任何事都要考虑自身的社会影响,不能为了小利而破坏了烈士纪念设施保护单位的庄重性和严肃性,更不能因为管理不善,造成群众对我们工作的不满。网络是把双刃剑,一方面,它有利于我们开展宣传教育工作,另一方面,一些有损烈士纪念设施保护单位的问题一经网络曝光,负面影响就会迅速扩散,局面会难以收拾,后果将不堪设想。所以,我们一定要想方设法维护好烈士纪念设施保护单位的良好形象。

烈士纪念设施的管理与保护,功在当代,利在千秋。只有管理好、保护好烈士纪念设施,才能使烈士的精神在新的时代下发出恒久的光芒。

[原文为 2011 年 6 月镇江市"慰烈工程"管理人员培训班讲课稿,刊发于《党旗颂——中国共产党九十年奋斗与辉煌(理论成果卷)》]

参考文献

［1］马英俊：《我国纪念碑符号特征研究》，南京艺术学院硕士论文，2008 年。

［2］安延山：《中国纪念馆概论》，文物出版社，1996 年。

［3］马纯立：《西安烈士陵园总体规划与纪念性建筑设计研究》，西安建筑科技大学硕士论文，2003 年。

［4］李建丽：《陈列文字说明如何撰写》，《中国文物报》，2010 年 9 月 22 日，第 8 版。

［5］齐玫：《博物馆陈列展览内容策划与实施》，文物出版社，2009 年。

［6］侯雄飞：《烈士陵园园林绿化的探讨》，《南方园艺》，2009 年第 4 期。

［7］李雷训：《烈士陵园绿化植物配置重要性的探讨》，《理论前沿》，2014 年第 1 期。

［8］蔡立荣：《烈士陵园绿化植物的配置》，《江苏林业科技》，1995 年第 4 期。

［9］李照东：《革命文物资料的搜集与鉴定》，文物鉴定培训班资料，2012 年。

［10］《博物馆藏品征集、保护、陈列艺术及内部管理实用手册》，银声音像出版社，2005 年。

［11］朱鹏：《加强陵园管理，守护烈士丰碑》，《法制与社会》，2009 年第 11 期。

［12］张凤坡：《烈士陵园，需要精心呵护的"圣洁之地"》，《中国国防报》，2009 年 4 月 13 日。

［13］朱桂莲：《爱国主义教育研究》，中国社会科学出版社，2008 年。

［14］薛文杰：《中国和平崛起视野下的爱国主义教育研究》，中国矿业大学博士论文，2013 年。

［15］刘毅，赵琴：《弘扬民族精神　加强中小学生爱国主义教育》，《北京观察》，2010 年第 4 期。

［16］吕巍：《浅谈烈士传记的写作》，《神州》，2011 年第 8 期。

［17］陆冬梅:《浅谈小学生爱国主义教育》,《都市家教:下半月》,2009年第1期。

［18］朱冬梅:《中西方未成年人道德教育的相似性及其启迪》,《信阳农业高等专科学校学报》,2006年第4期。

［19］房光宇:《"社会工作"首进政府工作报告反响热烈》,《中国社会报》,2015年3月9日。

［20］薛文杰:《中国和平崛起视野下的爱国主义教育研究》,中国矿业大学博士论文,2013年。

［21］刘梦:《小组工作》,高等教育出版社,2006年。

［22］《烈士精神 中国精神》,《中国社会报》,2013年7月5日。

［23］阎泽川:《烈士称号的由来与演变》,《内蒙古日报》,2013年9月11日。

后 记

经过半年多的思考与伏案,本书终于付梓,将要与读者见面了。

笔者在烈士纪念设施保护单位工作了23年,做过普通的档案资料管理工作;做过美术、摄影、陈展工作;做过文博讲解工作;做过各种纪念活动的组织策划工作。从普通职工到领导岗位,见证了镇江烈士陵园的建设与发展。由于政策法规和规范性文件的缺失,加上人们重视程度不够,烈士纪念设施的保护与管理工作常常会陷入某种困境之中。20多年的从业经历,有成功的经验,有失败的教训,有探索、有思考、有创新,也有困惑和不解,但对烈士纪念工作的热爱却始终没变。

近年来,党和国家高度重视烈士纪念工作,相继颁布了《烈士褒扬条例》《烈士安葬办法》《烈士纪念设施保护管理办法》《烈士公祭办法》等法规文件,制定了《烈士纪念设施保护单位服务规范》《国家级烈士纪念设施保护单位服务管理指引》等规范性文件,下发了《关于进一步加强烈士纪念工作的意见》等政策性文件。十二届全国人大常委会第七次会议决定,将9月30日确定为烈士纪念日。2014年的第一个烈士纪念日,以习近平为首的中央领导人在天安门广场以国家的名义举行了隆重的烈士公祭仪式。全国各地群众也纷纷到烈士纪念地开展公祭活动,全社会崇尚烈士的氛围日益浓厚,烈士纪念设施保护单位的发展迎来了新一轮的机遇。

长期以来,对烈士纪念设施保护管理工作进行深入研究的人员寥寥无几,在工作中有困惑时很难找到相关方面的参考书籍和文章,这是触动我写作本书的一大动因。本书是笔者对历年来有关政策法规的梳理,也是实际工作的总结。如果此书能成为具有实用价值的工具书,为广大烈士褒扬工作者提供一些指导和帮助,也就达到了笔者写作的目的。

在本书的写作过程中,得到了各级领导的大力支持,民政部优抚安置局烈士褒扬处处长朱玉军亲自为本书作序,民政部优抚安置局烈士褒扬处调研员李海龙、江苏省民政厅优抚安置局副调研员张永明、科长唐洪涛,镇江市民政局副局长陈平清、优抚处处长季晓红均对本书提出了修改意见和建议。镇江市烈士陵园钟淑蓉、张於平、包婷等多位同志帮助校稿,印骏同志协助提供图片,常州市烈士陵园也提供了部分资料,使本书得以顺利完稿,在此一并表示感谢！因条件所限，本书中所使用的部分图片未能与相关的著作权人取得联系。请相关著作权人与作者本人联系（出版社可提供联系方法），将依据国家相关规定致酬。

因工作局限，视野不够开阔，加之本人水平有限，不当之处，在所难免，希望大家批评指正。

吴晓霞

2015 年 5 月于镇江